现代分析技术在农产品质量安全中的应用

◎ 段晓然　项爱丽　齐　彪　主编

中国农业科学技术出版社

图书在版编目（CIP）数据

现代分析技术在农产品质量安全中的应用/段晓然，项爱丽，齐彪主编. --北京：中国农业科学技术出版社，2022.7

ISBN 978-7-5116-5680-3

Ⅰ. ①现… Ⅱ. ①段… ②项… ③齐… Ⅲ. ①农产品—质量检验—研究 Ⅳ. ①S37

中国版本图书馆CIP数据核字（2021）第272689号

责任编辑 李 华
责任校对 王 彦
责任印制 姜义伟 王思文

出 版 者 中国农业科学技术出版社
北京市中关村南大街12号 邮编：100081
电　　话 （010）82109708（编辑室） （010）82109704（发行部）
（010）82109709（读者服务部）
网　　址 https://castp.caas.cn
经 销 者 各地新华书店
印 刷 者 北京建宏印刷有限公司
成品尺寸 185 mm × 260 mm 1/16
印　　张 13
字　　数 289千字
版　　次 2022年7月第1版 2022年7月第1次印刷
定　　价 85.00元

《现代分析技术在农产品质量安全中的应用》
编 委 会

主　编　段晓然　项爱丽　齐　彪

副主编　张贺凤　史海涛　张丽芳　侯　蔷
张　亮　闫艳华　王雅静　康俊杰
李　梁　王　帅　庞学良　霍路曼
李　艺　董洁琼　赵瑞玲　苑中策
赵丽丽　张　谊　林　田　王　磊（男）
乔　晗　刘　博　王新娥　郑　玲
李　宁　胡　剑　马春文

编　委　薄会娜　张　芊　葛　凯　宋晓楠
汤思凝　武侠均　裴小亮　阴明杰
延新宇　王雪松　李英韬　周彦成
张建雄　郭宇航　周丽娜　崔亚楠
雷舒涵　王　溪　李明阳　张建永
王　琛　周　璇　张森怡　谷守国
刘会会　赵国军　高晶晶　李文杰
杨　硕　郑徐建　潘艳慧　刘宇奇
李博阳　侯俊杰　王　琳　梁珊珊
孙铭琦　李英奇　李　林　宋　旺
单睿琪　孟令雷　张书宏　郝立武
张　强　石可歆　李晓明　王　磊（女）
高　倩　李婷婷　杨　晨

前言

随着我国经济的快速发展和人民生活水平的逐步提高，消费观念也逐步发生变化，对农产品质量安全的关注度越来越高。严峻的农产品质量安全形势不仅影响到我国的国际声誉、政府形象和农产品供给主体的经济利益，更严重的是威胁到消费者的身体健康和生命安全，并对公众造成一定的心理恐慌。随着社会和政府对农产品质量安全事故的关注，相关政策法规的制定与执行，农产品质量安全检测水平不断提升，农产品质量安全事故得到了遏制。

本书在获得 2021 年天津市教育科学规划（重点）课题“校企深度融合的路径创新研究（BIE210023）”支持的基础上，着重介绍前沿性的最新现代分析技术，力图启发、开阔读者的研究思路；注重新技术、新方法的科学应用，致力引发及加强读者在本领域的研究兴趣；同时注重系统性、可读性，编者在丰富的研究资料及科研经验与科研成果的基础上，将本领域的实践和研究发展进行科学结合，力求内容深入浅出，使读者容易理解与掌握，以满足广大读者对本领域进行系统学习与研究的需求。希望读者能对该学科有一个清晰的系统把握，读有所值。

主　编

2022 年 3 月

目 录

1 绪论

1.1 农产品质量安全现状

农产品质量安全关系到人类健康、生命安全和社会稳定，是影响农业可持续发展与社会和谐稳定的重大社会问题，成为各国政府和人民关注的焦点。随着经济全球化和农产品国际化的进一步发展，农产品质量安全不仅关系到国家自身经济发展，更上升到对外国际形象，各国政府都十分重视农产品质量安全。

1.1.1 我国农产品质量安全现状

随着我国经济的快速发展和人民生活水平的逐步提高，消费观念也逐步发生变化，对农产品质量安全的关注度越来越高。目前中国农产品质量安全形势仍然严峻，主要表现在国内农产品质量安全事件频繁发生、国际农产品贸易屡屡受阻两个方面。

我国农产品质量安全总体形势非常严峻，根据《中国食品安全发展报告（2015）》统计，2005—2014 年，全国农产品质量安全事件发生达到了 227 386 起，平均每天发生约 62. 3 起。从农产品质量安全事件的种类分布来看，肉与肉制品、蔬菜与蔬菜制品、酒类、水果与水果制品和饮料发生事件量占整个事件总量的 40. 54%。在整个农产品供应链环节中，发生食品安全事件的环节主要是生产与加工环节。农产品 75. 50%的事件是由人为因素所导致的，主要是食品添加剂的滥用以及经济利益驱动的食品欺诈。

由于农产品质量安全不达标，导致我国农产品的出口屡屡受挫，在国际贸易中处于不利局面。例如 2005 年欧盟根据 2005/34/EC 指令，提高了对动物源产品中药物残留的规定，中国淡水虾被封锁。2006 年日本“积极清单制度”的实施，大大提高了中国农产品出口的门槛，直接影响近 80 亿美元的出口，涉及超过 6 300 家的农产品出口企业和主要生产地区的经济发展和农民收入。

严峻的农产品质量安全形势不仅影响到我国的国际声誉、政府形象和农产品供给主体的经济利益，更严重的是威胁到消费者的身体健康和生命安全，并对公众造成一定的心理恐慌。农产品质量安全事件频发让社会各界对食品安全问题如临大敌，食品安全监管也被提到一个重要的高度。我国各级政府均高度重视食品安全问题，近年来出台了一系列的政策法规和管理措施，旨在全面提高食品安全水平。

2001 年农业部正式启动了无公害食品行动计划，以污染源为重点控制农产品，积极推进农业生产标准化，全力提高农产品的质量安全；2002 年农业部第 13 号令《动物免疫标识管理办法》，规定猪、牛、羊等的动物疫病实行强制免疫，建立免疫档案管理制度，佩戴免疫耳标；2004 年国务院发布的《进一步加强食品安全工作的决定》指出“要建立统一规范的农产品质量安全标准体系，建立农产品质量安全例行监测制度和农产品质量安全追溯制度”；2005 年中央农村工作会议明确提升农产品质量和食品安全水平，严格农业投入品管理，大力推进农业标准化生产，建立全程可追溯、互联共享的农产品质量和食品安全信息平台；2006 年《中华人民共和国农产品质量安全法》正式实施，标志着我国长期存在的初级农产品质量安全监管无法可依的状况得到彻底改变；2009 年《中华人民共和国食品安全法》正式实施，并先后历经 2015 年、2018 年和 2021 年 3 次修订，对食品安全风险监测和评估、食品安全标准、食品生产经营、食品检验、食品进出口、食品安全事故处置、监督管理、法律责任作出了明确规定；2010 年国务院食品安全工作的高层次议事协调机构国务院食品安全委员会成立；2012 年《国务院关于加强食品安全工作的决定》中提出要进一步健全食品安全监管体系，加大食品安全监管力度，落实食品生产经营单位的主体责任，加强食品安全监管能力和技术支撑体系建设，加强食品安全工作的组织领导；2013 年全国两会通过的“大部制”改革方案，提出设立“食品药品监督管理总局”，集中整合食品安全办、食品药品监督局、质检总局在生产环节，工商总局在流通环节的监管权力，同时《国务院办公厅关于加强农产品质量安全监管工作的通知》文件中明确提出要强化属地管理责任，落实监管任务，推进农业标准化生产，加强畜禽屠宰环节监管，深入开展专项治理，提高监管能力；2014 年农业部《关于加强农产品质量安全检验检测体系建设与管理的意见》明确了加强农产品质检体系建设与管理的重要意义，加强农产品质检体系建设与管理的基本原则和主要目标；2015 年习近平总书记提出要“用最严谨的标准、最严格的监管、最严厉的处罚、最严肃的问责，加快建立科学完善的食品药品安全治理体系”。

随着社会和政府对农产品质量安全的关注，相关政策法规的制定与执行，农产品质量安全事故得到了遏制，农产品质量安全水平不断提升。从国家食品药品监督管理总局公开发布的检测数据来看，2015 年蔬菜、水果、肉类等主要农产品的抽检合格率均达 96%以上，水产品的抽检合格率也超过了 95.3%。具体见表 1-1 及图 1-1。

表 1-1　几种主要农产品 2015 年农产品安全监督抽检结果汇总

序号	农产品种类	抽检项目（项）	抽检数量（批次）	合格样品数量	不合格样品数量	样品合格率（%）
1	粮食及其制品	74	23 942	23 301	641	97.30
2	食用油、油脂及其制品	19	9 510	9 329	181	98.10

（续表）

序号	农产品种类	抽检项目（项）	抽检数量（批次）	合格样品数量	不合格样品数量	样品合格率（%）
3	肉及其制品	47	18 344	17 713	631	96. 60
4	蛋及其制品	17	2 339	2 291	48	97. 90
5	蔬菜及其制品	48	5 482	5 241	241	95. 60
6	水果及其制品	42	4 615	4 400	215	95. 30
7	水产及其制品	55	6 560	6 251	309	95. 30

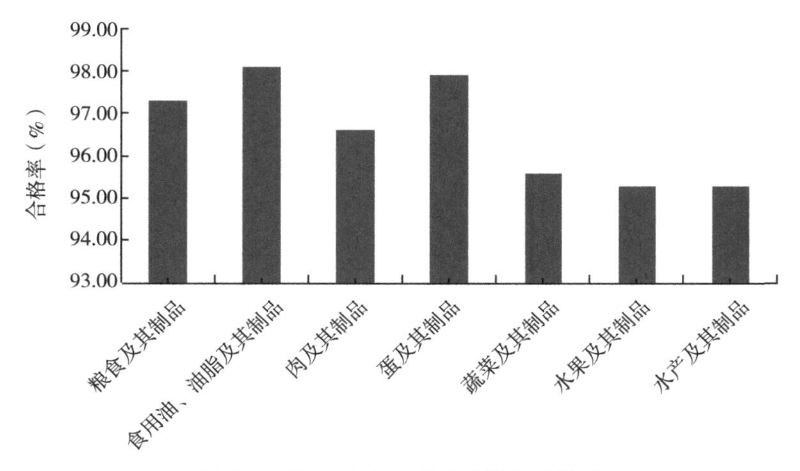

图 1-1　2015 年农产品抽检样品合格率

虽然我国农产品质量安全水平得到了一定的提升，并取得了显著的效果，但就目前情况来看，仍然存在一定的问题。

1.1.1.1　农产品产地环境污染较为严重

在农产品生产过程中，农业投入品的安全隐患并没有从根本上得以解决，主要表现在以下几个方面：一是化肥的过量和低效使用，导致农业生态环境受到破坏，土壤肥力下降，水体出现富营养化；二是滥用农药，导致水土中大量的农药残留；三是土壤重金属污染严重，工业“三废”、生活污水排放导致农田污染，从而使土壤受到侵害，重金属含量偏高，造成部分农产品有害成分超标；四是某些农产品加工企业在生产加工过程中超量使用添加剂、违规使用非法添加物，影响了农产品的质量。

1.1.1.2　监管体制不完善，责任不明确

农产品质量安全是一项综合性的工作，涉及多部门多环节，如认证机构负责产品质量认证，工商部门负责市场准入，质检部门负责加工企业原料把关，但又缺乏综合规划和统一部署，各部门都以不同角色参与农产品质量安全的监督和管理，没有统一牵头协调的主管单位，市场抽检常常重复，交叉管理，从而造成管理混乱。主要表现在：一是认证体系不完善，认证机构各自为政，没有建立权威的认证机

构；二是农业标准化建设体系不健全，水平偏低，制定周期长；三是检验检测体系薄弱，建设相对滞后；四是农产品质量安全的法律法规体系建设不健全。

1.1.1.3 生产主体组织化程度低，社会素质不高

我国农产品生产主体规模小，且是分散生产、独立经营，不利于推行技术和质量标准。加之生产者文化素质不高，安全意识低，给农产品质量带来隐患。小规模生产方式与低水平产业化经营已经严重制约了我国农产品质量安全水平的进一步提高。

1.1.2 国外农产品质量安全现状

农产品质量安全一直是国际社会重点关注的问题之一。国际上由于农产品质量安全引发的事件屡屡发生，从 1986 年开始肆虐英国的疯牛病、1998 年席卷东南亚国家的猪脑病、1999 年轰动世界的比利时二噁英污染鸡风波，到近年来的跨国品牌洋奶粉多次因检测不合格而导致产品遭遇下架或召回、2008 年日本“毒大米”事件、2010 年由沙门氏菌污染引发的美国“毒鸡蛋”事件、2011 年 5 月德国“毒黄瓜”事件、2013 年欧洲多国在肉制品中检出马肉成分的“马肉风波”，引发了人类前所未有的农产品质量安全危机。目前国际社会所面临的农产品质量安全现状同样难以令人乐观，安全监管任重道远。确保农产品质量安全是一个全球性问题，产生原因错综复杂，需要全球范围内通力合作，彻底改善现状。

1.2 现代分析检测技术

1.2.1 快速检测技术

快速检测技术尚无经典的定义，而是一种约定俗成的概念，即在短时间内，如几分钟、十几分钟，采用不同方式方法检测出被检物质是否处于正常状态，检测得到的结果是否符合标准规定值，被检物质本身是不是有毒有害物质，由此而发生的操作行为称之为快速检测技术。快速检测技术没有明确的时间限制，但基本上有一种共识，即包括样品制备在内，能够在 2h 以内出具检测结果，即可视为实验室快速检测方法；如果方法能够应用于现场，在 30min 内出具检测结果，即可视为现场快速检测方法；如果能够在十几分钟甚至几分钟内得到检测结果，可视其为比较理想的现场快速检测方法。

1.2.1.1 快速检测技术的特点

（1）试验过程简单，速度快，对操作人员要求低。

（2）样品不经前处理或经简单前处理或采用高效快速的样品前处理即可进行检测，试剂用量少，“绿色”，成本低。

（3）方法准确，灵敏度高，能满足相关规定限量检测需要。

（4）选择性或特异性好，有些方法能实现高通量或类目标物同时检测。

（5）便携或小型化，有些方法可实现自动化。

1.2.1.2 快速检测技术的种类

依据不同检测技术所基于的原理不同，快速检测技术可以分为以下几类。

（1）基于光学分析的快速检测技术，包括基于化学比色或可见光分光光度法的快速检测技术、基于荧光分子光谱的快速检测技术、基于太赫兹辐射的快速检测技术、表面增强拉曼光谱检测技术。

（2）基于免疫学的快速检测技术，包括基于酶联免疫的检测技术，基于胶体金试纸条的检测技术，基于适配体的快速检测技术。

（3）基于电化学的快速检测技术，由于电极敏感膜表面发生电化学反应，将化学信号转化成电信号，从而实现目标物快速检测的技术。敏感膜由酶、抗体、细胞、核酸、仿生材料等构成的传感器也称为电化学生物传感器。

（4）基于分子生物学手段的快速检测技术，包括基于 PCR 的快速检测技术、基于 PCR-ELISA 的快速检测技术、基因芯片快速检测技术。

1.2.2 仪器分析技术

仪器分析是指通过测量物质某些物理或化学性质、参数及其变化来确定物质的组成、成分含量及化学结构的分析方法。仪器分析的产生与生产实践、科学技术发展的迫切需要、方法核心原理发现及相关技术产生等密切相关。仪器分析法所基于的很多现象在一个世纪前或更早已为人知。然而，由于缺乏可靠和简单的仪器，它们的应用大多被延迟。20 世纪早期，化学工作者开始探索使用经典方法以外的其他现象以解决和分析问题，即分析物质的物理性质，如电导、电位、光吸收或发射、质荷比和荧光等，用于各类无机、有机、生物化学分析物的定量分析，开始出现较大型的分析仪器及仪器分析方法。例如，1919 年 Asron（阿斯顿）设计制造第一台质谱仪并用于测定同位素是早期仪器分析的典型代表。

第二次世界大战前后至 20 世纪 60 年代，物理学、电子学、半导体及原子能工业发展促进了分析化学中物理方法和仪器分析方法的大发展，因为化学方法在很多方面已不能解决科学技术发展所面临的许多新问题，如半导体超纯材料分析、石油化工、环境科学、生物医药学复杂混合物分析等。科学发展史也证明，仪器是现代科学发展的基础。分析化学的许多分支学科都是从某种重要仪器装置研制成功而建立和发展起来。例如，光谱仪的发明产生了光谱学，极谱仪的发明产生了极谱学，色谱仪的发明产生了色谱学，质谱仪的发明产生了质谱学等。近代分子反应动力学重大进展亦得益于李远哲等发明了可转动、高灵敏度、适用于分子束散射测定的质谱检测器。以化学计量学为基础的过程分析化学的发展，研究和开发各种在线分析仪器及分析方法使之成为自动化生产过程的组成部分，提供了过程质量控制新的技术手段。

1.2.2.1 仪器分析技术的特点

（1）试样用量少，适用于微量、半微量乃至超微量分析，可达到 μL、μg 级，甚至更低的 ng 级。

（2）检测灵敏度高，最低检出量和检出浓度大大降低，适用于痕量、超痕量成分测定。

（3）重现性好，分析速度快，操作简便，易于实现自动化、信息化和在线检测。

（4）可在物质原始状态下分析，实现试样非破坏性分析及表面、微区、形态等分析。

（5）可实现复杂混合物成分分离、鉴定或结构测定。

（6）一般相对误差较高，为 3%~5%。

（7）需要结构较复杂的昂贵仪器设备，分析成本较高。

1.2.2.2 仪器分析技术的种类

仪器分析技术种类较多，其方法原理、仪器结构、操作技术、适用范围等差别很大，多数形成相对较为独立的分支学科。基于物理、化学特征性质的不同，仪器分析方法一般包括以下几种类型。

（1）光学分析法。光学分析法或光分析法是基于分析物和电磁辐射相互作用产生辐射信号变化，包括辐射的发射、吸收、散射、折射、衍射等。光学分析法可分为光谱法和非光谱法，前者测量信号是物质内部能级跃迁所产生的发射、吸收和散射的光谱波长和强度；后者不涉及能级跃迁，不以波长为特征信号，通常测量电磁辐射某些基本性质（反射、折射、干涉和偏振等）变化。

（2）电分析化学法。电分析化学或电化学分析法是根据物质在溶液中的电化学性质及其变化规律进行分析的方法，测量电位、电荷、电流和电阻等电信号。

（3）分离分析法。分离分析法是指分离与测定一体化的仪器分离分析法或分离分析仪器方法，主要是以气相色谱、高效液相色谱、毛细管电泳等为代表的分离分析方法及其与上述仪器联用的分离分析技术。色谱分析包括分离和检测两部分。色谱分离基于物质在吸附剂、分离介质或分离材料上的吸附、吸着、蒸气压、溶解度、疏水性、离子交换、分子体积等多种物理化学性质差异。尽管色谱检测器与一般分析仪器原理相似，但设计、结构相差很大。分离分析法用于混合物，特别是各种复杂混合物的分离测定。

（4）其他仪器分析方法。其他仪器分析方法主要包括质谱法，即物质在离子源中被电离形成带电荷离子，在质量分析器中按离子质荷比（m/z）进行测定；热分析法，基于物质的质量、体积、热导或反应热等与温度之间关系的测定方法；根据反应速率进行分析的动力学方法；利用放射性同位素进行分析的放射化学分析法等。

1.3 农产品质量安全分析检测

我国是农产品生产和消耗大国，政府非常重视农产品的生产和质量。目前，我国农产品基本满足了国内城乡居民的需求。农产品供求关系发生了巨大的变化，已由卖方市场变为买方市场。随着人们生活水平的提高，对农产品质量种类的要求也在不断变化，农产品市场日益丰富，加工技术和工艺也在不断地增加和革新。然而，随之而来的农产品安全问题也不断凸显，如农药残留、兽药残留、重金属污染、细菌超标等。由于不当的农业投入，如农药、兽药及化肥的滥用，使生态环境恶化，由于市场准入体制不健全，监管、监测体系落后而导致农产品安全问题也不断地显现出来。因此，加强农产品质量安全检测工作，确保各个环节都能够充分发挥作用，促进农产品生产技术水平、产品质量产量的提升，建立一个合理的检测监测体系，已经受到政府及有关部门的重视。

1.3.1 农产品质量安全分析检测技术

常用的农产品质量安全分析检测技术，主要包括以下几种。

（1）快速检测技术，如酶抑制技术、基于免疫学原理的酶联免疫吸附测定和胶体金免疫层析技术、基于分子生物学原理的聚合酶链式反应技术和生物芯片技术、基于光学原理的比色技术和光谱学技术等。

（2）仪器分析技术，如原子吸收分光光度法、红外光谱分析法、荧光分光光度法、色谱法、色谱-质谱法等。

由于不同的分析方法存在较大差别，特别是在使用原理及适用性方面，在后续各章中将作具体介绍。

1.3.2 农产品质量安全检测工作中存在的问题

农产品质量安全检测工作对现代农业的发展有直接的影响。因此，要了解质量安全检测工作中存在的问题，针对具体的问题采取有效的改进措施，从而确保质量安全检测充分发挥作用。目前我国农产品质量安全检测工作主要存在如下几方面问题。

1.3.2.1 专业技术人才不足

人才能够推动技术的创新和发展，是社会发展中各个领域不可或缺的重要组成要素。在市场经济时代背景下，各行业与岗位的竞争归根结底是人才的竞争。在农产品质量安全检测工作中，人才队伍建设是关键。然而，由于我国农产品质量安全检测工作起步较晚，开展时间较短，因此相关专业人才严重储备不足，人才队伍较为薄弱。在社会经济高速发展的背景下，市场农产品的需求量不断增加，使质量安全检测工作的压力逐渐增大，而相关检测技术人员数量不能满足市场检测作业的要求，从而使得部分检测环节的任务质量下降。此外，现有检测人员的专业能力偏低。农产品的质量安全检测需要严格按照制定的检测标准进行，否则易在检测中出现各种各样的问题，而部分检测人员的检测技术不高，且不具备良好的职业素养，甚至在检测作业时出现主观判断错误等问题，降低了检测的科学性。

1.3.2.2 重视程度不足

虽然国家及各级政府部门已陆续出台农产品质量安全检测工作相关政策，然而对农产品质量安全检测工作的重视不足，使很多农业行业管理人员不能充分认识检测体系，产生错误认知，增加了检测工作开展难度。相关部门不重视农产品质量安全检测工作，宣传力度不足，使工作人员自身职能无法得到充分发挥，弱化执法强度，不能为农产品质量安全提供保障。

1.3.2.3 资金缺乏

由于资金缺乏而无法保障检测人员薪资福利待遇，导致具有较高学历和丰富经验的人员不愿从事此项工作，进一步削弱检测人才队伍的力量。此外，不能及时更新设备，使用的设备比较落后，无法高效开展农产品检测工作，不能保障检测结果的准确性和可靠性，因此也不能将检测结果作为有效的执法凭证和监管依据。

1.3.2.4 检测意识薄弱

我国一些基层干部针对农产品质量安全检测意识比较薄弱，不能深刻认识此项工作的意义，同时具有落后的思想，没有将专业的检测仪器设备配置在农产品生产企业内部。与此同时，农户由于自身知识储备的限制，也不具备检测意识，对于农产品检测部门的相关工作没有给予支持和配合，导致对检测工作造成不利的影响。

1.3.2.5 质量检测体系不完善

农产品的质量安全检测直接关系着人们的饮食安全问题，因此应积极组建质量安全检测机构，并按照指定的农产品质量安全标准推进检测工作，以此保证农产品的质量安全。然而，目前我国的农产品质量检测体系尚不完善，一方面体现在绝大多数的农产品质量安全检测技术工作主要依赖于政府相关部门和部分大型企业单独建立的质量检测机构，其检测标准与市场农产品质量安全检测的要求标准没有形成有效的对接，从而在实际检测中便会出现较大的出入，影响农产品的安全性。另一方面农产品的质量安全检测技术要求较高，市场上部分地方企业按照其自身的检测标准实施检测工作，但其检测的技术水平有限，同时不具备相应的检测资质，亦使得部分安全性得不到保证的农产品流入市场。此外，我国正处于社会发展的攻坚阶段，政策的频繁调整也以现代化建设大局为重，而各类政策的出台也对农产品质量检测体系的构建形成了一定的冲击，最终导致农产品质量检测体系在实际的发展中出现了诸多的局限性。久而久之，农产品质量检测工作没能形成规范的体系，其质量检测标准便也不能达到既定标准。

1.3.2.6 检测参数偏少

部分农产品检测机构具有较少数量的认证项目，并且具有较强的集中性，以种植业中农药残留及重金属污染类为主，在水产品、农业环境、畜禽产品方面具有较少参数，不能全面反映农产品的生产特点，覆盖范围不足。

1.3.2.7 检测方式待优化

检测方式是影响检测质量的重要因素之一。在农产品质量安全检测中，检测方式不合理会导致部分安全性得不到保障的农产品流入市场，严重威胁人们的身体健康。受限于技术水平和相关质量检测机构的思想认识，当下我国诸多地区的农产品质量安全检测技术仍然沿用传统落后的检测模式，其检测方式存在着极大的不合理性，包括检测技术上也存在着一定的漏洞，这些不合理之处使得部分农产品的质量检测工作无法达到制定的标准。

1.3.3 农产品质量安全检测工作问题的应对策略

1.3.3.1 加强人才培训与引进

针对人才不足问题，相关部门可以从以下方面着手，包括提高专业技术人才薪资福利待遇；加大培训技术人才力度，培训内容包括基础理论知识和实践技能，促进工作人员综合素质能力的提高；制定相应培训计划，定期培训技术人才，使其知识和技能得到加强，促进技术能力水平的提高；针对技术人员，开展实践演练，促进理论知识向实践能力的转化，确保能够将理论应用于实践工作中，为技术人员能够真正胜任农产品质量检测工作提供保障，培养一支具有高素质、高水平、高能力的人才队伍。

1.3.3.2 宣传力度需加大

相关部门必须加大宣传力度，使人们充分认识农产品质量安全的重要性，自觉保障农产品质量安全，认识到农产品质量安全直接关系自身利益，一旦农产品质量安全无法保障，会给自身生命安全带来严重威胁。对于国家而言，针对违法乱纪行为，需要加大管理力度和惩罚力度，严格禁止任意排放工业污染物，避免土地和水源受到污染，与此同时，需要加大农产品安全管制力度，促进政府工作效率的提高，保障食品安全。

1.3.3.3 资金投入力度需加大

农产品质量安全检测主要包括以下方面投入，培训检测人员费用、引进设备费用、检测工作产生的费用等，尤其是开展检测工作时需要使用的各类大型仪器，一般具有较高造价。相关部门必须不断加大资金投入力度，提供充足的经费，保障顺利开展农产品检测工作，进而不断完善农产品质量检测体制，大幅度提高检测效率和质量。

1.3.3.4 农产品质量安全检测体系的完善

改善当前农产品质量检测水平，需要对农产品质量检测体系进行完善，有关部门需要加大资金投入力度，将先进的检测设备引进来，促进检测人员综合素质能力的提升，运用科学的检测方法开展检测工作。同时大力倡导种植户种植绿色无公害食品，减少农药残留程度，促进农产品质量的提高。此外，借助网络信息技术，对检测信息开展管理工作，为检测信息的查询提供方便和快捷。

1.3.3.5 监管部门建设力度需加大

强有力的监督是做好工作的前提和基础。针对质量检测工作中出现的制度混乱问题和管理部门不协调情况，监管单位需要将相关部门各项职能充分发挥出来，将各项规章制度贯彻落实到位，从而为有序推进质量安全检测工作提供保障。企业需要从自身发展情况出发，针对监管机构，制定合理的管理政策，对管理机制进行不断优化，为管理机构的高效运转提供保障，使自身监督作用得以发挥，加大农产品质量安全监控力度，实现企业持续发展的目的。

1.3.3.6 确定检测品种、扩大检测参数

对于部分检测机构而言，需要与农产品生产特征及社会需求相结合，设置项目检测参数，设置的产品种类无须太多，只要能够满足当地需求即可，针对主要参数、涉及的安全指标，需要具备选择性特点，还需保证具有高度准确性和可靠性。

1.4 农产品质量安全检测的意义及发展趋势

随着我国农业产业的快速发展，人们对农产品的质量要求和标准也在不断提升，除了要保证农产品的产品自身生长品质，也要注意对农产品的质量安全予以充分的重视。如果农产品中残留有农药、兽药和其他有毒有害的物质，利用其生产的食品会严重影响人们的身体健康。而高质量的安全检测技术能够对农产品中的这些危害物质进行检测，从而及时结合相应的技术处理手段清除有毒有害物质，提升农产品的安全性，对农产品的良好发展也具有一定的积极促进作用。因此农产品质量安全检测工作至关重要，它是保障农产品质量安全的关键与核心。

在开展农产品质量安全检测工作过程中，必须满足实际工作需求，树立先进工作理念，健全相关监测体系，引进先进技术和设备，及时解决发现的问题，实现现代农业持续健康发展的目标。要以高质量发展为基本要求，突出绿色化、品牌化、优质化的特点。农产品质量安全检测体系更要紧随其后，突出检测设备标准化、检测手段多样化、检测人员专业化，为质量兴农保驾护航。

1.4.1 保障农业质量安全

通过农产品质量安全检测工作，可充分判断农产品的质量，从而针对检测结果提出相应措施，为农业生产质量安全提供保障。完整的检测过程包括从农产品生产到收获及流通等的整体阶段，因此检测人员需要实地深入农田，从而充分观测农产品生产地及周边环境情况，为农产品生产营造良好生产环境，同时引入动态监管机制，实现全面质量安全管控。在科技时代，先进技术及设备的广泛发展，为质量安

全检测工作注入新的活力，极大地促进检测准确度，提高检测的便捷性，与此同时，智能化、自动化检测成为发展的重要方向。综上，高科技检测设备的面世，为农业进一步发展提供源源不断的助力。

1.4.2 顺利落实经济活动

在农产品生产阶段，农户为了保证产量及质量会采用技术手段辅助生产活动，如借助化肥、农药等保证农产品得到良好的生长环境，但这些技术手段多依赖化学品，其本身具备一定的危害性，尤其近些年部分生产者为了获取更多的利润，大肆增加化肥、农药等的使用剂量，这使得很多产品上存在大量化学残留，这是导致农产品质量安全问题发生的原因之一。因此，质量检测工作至关重要，通过开展检测活动，有效阻绝不健康产品流入市场，从而杜绝这部分生产者的“发财路”，进而维护市场秩序，保证市场经济活动顺利开展，避免由于“特例”导致各经营者有样学样，纷纷破坏规则，最终导致农业经济活动受到严重阻碍。

1.4.3 维持农业市场秩序

在原来的市场经营中，大众对食品健康安全关注度较低，很多基层民众缺乏此方面的意识，同时国家对此领域重视度不足，从而导致农产品市场较为混乱，缺乏规范管理，市面上存在很多不正规的进货渠道，而商家从这些渠道以较为低廉的价格获取产品并将这些产品卖给消费者，从中获取较高的利润，这种现象不仅影响大众健康，也侵害消费者的正当权益，导致市场管理难以进行，整体环境相对混乱。但在质量安全检测后，可有效遏制上述现象出现，从源头上杜绝不正规农产品的“入场资格”，加强市场监管，有效遏制商家的不法行为，规范约束商家的进货渠道，从而间接促进农业市场秩序规范化。

1.4.4 保护农业生产环境

农业生产期间，部分生产人员专业知识不足，对新时代科学生产知识和技能理论掌握不充分，难以正确应用先进技术为农业生产活动提供助力。以化肥为例，随着科技发展，化肥研究不断深入，各生产厂家提供了多种配比的化肥种类，但很多生产者自身能力不足，无法分辨这些种类化肥的具体适宜环境，为了保证农产品长势喜人，而不加节制的大量应用肥料，不仅没有发挥更大价值反而起到相反作用，甚至导致种植土地受到化肥影响，形成了生产流程恶性循环。而开展农产品质量安全检测工作后，借助科学手段，对农产品实行动态监控，此举不仅提高农产品质量，也间接限制化学物质残留过多的农产品与正常农产品混为一谈，一定程度上督促生产者注意安全问题。此外，质量安全检测工作也可以更为全面的帮助人员了解农业生产存在的具体问题，从而针对性开展农业技术帮扶工作，使相关生产者科学运用技术手段，从而降低环境污染程度，维持生态平衡，为实现农业可持续发展目标提供更多支持。

1.4.5 规范农业生产活动

农业生产过程中，科学的生产技术和相应设备有重要价值，其可为农业活动提供巨大助力，借助现代化生产设备可充分发挥各资源优势，实现农业生产活动规范化发展。而生产过程规范化，也为农产品质量安全检测工作提供了便利。一是一定程度上提高了原始检测物资的合格率；二是减轻了质量安全检测工作任务量；三是为农业市场监管提供更大助力。

1.4.6 助力乡村振兴

在农业生产过程中，由政府公益检测部门对农产品进行不定期抽检，一方面可以确保农产品质量安全得到有效监控，另一方面可以用精准的检测、科学的数据切实助力农户科学种植、合理施肥、不断增收，在提升农产品口碑的同时，助推农业品牌化建设，从而助力乡村振兴。

综上所述，在现代农业生产的过程中，应该加强农产品质量安全检测工作，充分利用现代分析技术，通过全面、有效的检测可以了解农产品是否存在质量安全问题，并且根据检测结果分析引发问题的具体原因，进而促进农业生产技术的改进和提升，同时也可以为环境保护提供更多依据。

2 快速检测技术

2.1 简介

农产品质量安全一直是人们重点关注的问题之一。目前，我国的农产品行业大部分不具有规模性，生产者数量多、分散，从业者法治和自律意识比较弱，并且消费人群和销售渠道也很多，导致了农产品质量安全问题频发，严重威胁着广大人民群众的身体健康，进而影响经济发展与社会稳定。除环保和生产条件等客观因素导致外，大部分农产品质量安全问题源于对农药、兽药、添加剂、非法添加物等的违用、滥用。要有效解决该问题，就必须对农产品的生产、加工、流通和销售等各环节实施全程管理和监控，而目前监管部门所采取的采样后送实验室检测流程很难做到及时、快速、全面地从各环节监控食品安全状况，特别是针对生鲜农产品等。因此，需要发展一种快速、方便、准确、灵敏的分析检测技术。

快速检测技术是指利用快速检测设施设备（包括快检车、室、仪、箱等），按照食品药品监督管理总局或国务院其他有关部门规定的快检方法，对农产品进行某种特定物质或指标的快速定性定量检测的行为，主要适用于需要在短时间内显示结果的禁限用农兽药、禁用药物、非法添加物质、生物毒素等的定性检测。2018 年 12 月 29 日新修正颁布的《中华人民共和国食品安全法》第一百一十二条“县级以上人民政府食品安全监督管理部门在食品安全监督管理工作中可以采用国家规定的快速检测方法对食品进行抽查检测”，对快速检测方法的法律地位进行了调整，从初步筛查转变为抽查检测，抽查检测的结果确定不符合食品安全标准的，可以直接作为行政处罚的依据。2017 年国家食品药品监督管理总局出台了《关于规范食品快速检测方法使用管理的意见》指出，各省（区、市）、计划单列市、副省级省会城市食品药品监管部门要按照食品药品监管总局制定发布的《食品快速检测方法评价技术规范》和相应快检方法等要求，通过盲样测试、平行送实验室检验等方式对正在使用和拟采购的快检产品进行评价。相关法律法规、政策的实施为农产品质量安全快速检测技术的发展指明了方向。

现阶段我国农业生产仍以小农户分散经营方式为主，生产主体 90% 以上是农户和小微企业，大型分析仪器难以满足田间地头、生产基地、超市、批发市场、进出口岸的快速检测要求，因此发展低成本、便携的快速检测技术及产品在我国具有特殊的意义。首先，快速检测技术是食品安全监管人员的有力工具。在日常卫生监督过程中，除感官检测外，采用现场快速检测方法，及时发现可疑问题，迅速采取相应措施，这对提高监督工作效率和力度，保障农产品质量安全有着重要的意义。其次，快速检测是实验室常规检测的有益补充。为了保障食品安全，需要检测的产品、半成品以及生产环节有很多，逐一采集样品送实验室检测是不现实的。采用快速检测技术，可使食品安全预警前移，可以扩大食品安全控制范围。对有问题的样品必要时送实验室进一步检测，既提高了监督监测效率，又能提出有针对性的检测项目，达到现场检测与实验室检测的有益互补。再次，快速检测是大型活动卫生保障与应急事件处理的有效措施。在大型活动卫生保障中，快速检测可防止发生群发性食物中毒；在应急事件处理中，快速筛查食物中毒可疑因子，快速检测方法有其特殊的作用。最后，快速检测是我国国情的一种需要。

然而，快速检测技术在实际检测工作中还是存在很多问题，如缺少检测标准，严重制约了便携式检测仪器的发展，同时缺少便携仪器也限制了标准的制定；快检方法灵敏度差，检测范围窄，稳定性不足，快检设备质量缺少监管或第三方监督机制；结果判断主要依靠目视法，结果正确与否与个人操作关系很大；快检技术的制度建设还不健全，报告和记录制度不完善，检测过程不可追溯，这也限制了快检技术的推广。

本章系统介绍了目前国内农产品质量安全快速检测技术，并从实际应用和需求的角度，预测了该领域技术的发展方向，以期对我国农产品快检领域的良性发展提供有益的参考。

2.1.1 酶抑制法

酶抑制法是相对成熟的一种对部分农药残留进行快速检测的技术，目前在我国农药残留快速检测中使用最为广泛。其检测原理是根据有机磷和氨基甲酸酯类农药能特异性地抑制昆虫中枢和周围神经系统中乙酰胆碱酯酶（AchE）的活性，破坏神经的正常传导，使昆虫中毒致死这一毒力学原理，将乙酰胆碱酯酶与样品反应，根据乙酰胆碱酯酶活性受到抑制的情况，可判断出样品中是否含有有机磷与氨基甲酸酯类农药。

酶抑制法的广泛应用对现场检测成效显著。目前，国内已有仪器生产企业以NY/T 448—2001《蔬菜上有机磷和氨基甲酸酯类农药残毒快速检测方法》为基础建立相关的检测方法，并生产了速测仪器推广应用，成为传统仪器分析法的有效补充，但速测仪的功能和酶的性能还需要改进。酶抑制法操作简便、易行、成本低、前期投入少，但有以下不足。

（1）属于定性（半定量）的检测方法，不能给出准确的定量结果，不能按标准判定合格与否，只能作为田间生产检测和市场初级检测。

（2）目前选用的酶只能用于蔬菜中有机磷和氨基甲酸酯类农药的残留量检测，不适用于蔬菜中其他类型农药残留的检测。

（3）对某些种类的蔬菜中农药残留量的检测结果可能出现假阳性或假阴性。

（4）酶的稳定性较差，质量不能保证。

（5）根据酶源或酶的种类不同，其灵敏度差异较大，绝大多数灵敏度不能达到国家标准中对蔬菜中农药残留限量标准的最低要求，势必造成误判。

近年来新发展的薄层-酶抑制法（TLC-EI），综合了薄层分析和酶抑制技术的优点，灵敏度高，适应性广泛。对某些用传统快检方法不易检出的农药亦可灵敏检出，是一种很有发展前途且实用的残留量测定技术。

2.1.2 酶联免疫吸附测定法

酶联免疫吸附测定法（Enzyme-linked immunosorbent assay，ELISA）是用于检测样本中微量物质的固相免疫测定方法，它是在免疫酶技术的基础上发展起来的一种免疫测定技术，于1971年由瑞典学者Engvall和Perlmann、荷兰学者Van Weerman和Schuurs分别报道提出。由于具有简便、快速、灵敏及可现场实时监测等优点，ELISA法目前已成为农产品质量安全快速检测的重要手段，广泛应用于动物源产品中兽药残留的检测、植物源产品中农药残留的检测、生物毒素检测、病原微生物的检测、过敏性残留物的检测等领域。

ELISA法是一种非均相的标记免疫分析，其测定原理是将抗原或抗体结合至某种固相载体的表面，并保持其免疫活性；将抗原或抗体与某种酶联结成酶标抗原或抗体，这种酶标抗原或抗体既保留其免疫活性，又保留酶的活性。在测定时，把受检标本（测定其中的抗体或抗原）和酶标抗原或抗体按不同的步骤与固相载体表面的抗原或抗体进行反应；加入待测定样品，使其与被吸附的抗原或抗体及后加入的酶标二抗之间发生免疫学反应，用洗涤的方法使固相载体上形成的抗原抗体复合物与其他物质分开，最后结合在固相载体上的酶量与标本中受检物质的量成一定的比例；加入酶反应底物，底物被酶催化变为有色产物，产物的量与标本中受检物质的量直接相关，故可根据颜色反应的深浅来进行直接定性或定量分析。终止反应，根据显色反应所产生的颜色的深浅用酶标仪进行定性和定量分析。由于酶的催化效率很高，间接放大了免疫反应的结果，使测定方法达到很高的灵敏度（5~10μg/mL）。ELISA法中的抗体对于结构非相关的靶抗原表现极高的特异性，但某些与被检测组分结构密切相关或相似的物质，或待测组分的代谢产物可能与抗待测组分抗体发生不同程度的交叉反应，如果样品中存在这些物质，将导致定量检测准确度降低，使该组分的定量检测降为半定量或定性检测，或者出现定性假阳性与假阴性，从而大大影响ELISA法在实际应用的可靠性。因此，ELISA法检测常应用于大量筛选，对检出阳性者再进行复检。

ELISA法是以抗原与抗体的特异性免疫反应为基础建立的方法，通常采用以下几种不同类型的检测方法。

（1）直接法。首先对抗原或抗体进行酶标记，并将酶标记的抗原或抗体直接与固相载体结合，之后加入酶反应底物，最后测定其产物的吸光度值以计算待测抗原或抗体的含量。

（2）间接法。将酶标记在二抗上，当抗体和固定在固相载体上的抗原形成复合物之后，再以酶标二抗和复合物结合，通过测定酶反应产物的颜色可以（间接）反应抗体和抗原的结合情况，进而计算出抗原或抗体的量。

（3）夹心法。将未标记的抗体结合于固相载体上，使其捕获待测定样品中的抗原；再用酶标记的抗体与抗原反应形成抗体-抗原-酶标抗体复合物，进而测定抗原的含量。

（4）竞争法。可用于测定抗原，也可用于测定抗体。以测定抗原为例，将特异抗体与固相载体连接，形成固相抗体；然后使受检标本和一定量酶标抗原的混合溶液，与固相抗体反应；受检抗原和酶标抗原竞争与固相抗体结合，因此结合于固相的酶标抗原量与受检抗原的量成反比。最后通过显色反应，测定抗原的量。

在实际检测中，一般采用商品化的 ELISA 试剂盒进行测定。完整的 ELISA 试剂盒主要包含以下各组分。

（1）已包被抗原或抗体的固相载体（免疫吸附剂）。

（2）酶标记的抗原或抗体（结合物）。

（3）酶的底物。

（4）阴性对照品和阳性对照品（定性测定中），参考标准品和控制血清（定量测定中）。

（5）酶联物（结合物）及标本的稀释液。

（6）洗涤液。

（7）反应终止液。

2.1.3 免疫层析法

免疫层析技术（Immunochromatographic assay，ICA）是 20 世纪 80 年代初发展起来的一种快速检测技术。该方法具有检测速度快、操作简单、可视化、成本低等优点，广泛应用于临床诊断、食品安全以及环境检测等领域。

免疫层析技术的基本原理是基于抗原和抗体的特异性结合。免疫层析试纸条组装以及检测原理示意图如图 2-1 所示。将抗原或抗体固定在硝酸纤维素膜的检测线上，采用金纳米颗粒、磁性纳米颗粒、荧光微球、量子点等材料标记抗体。由于毛细作用，标记抗体和待测物随样本溶液在硝酸纤维素膜上流动，并从样品垫端流向吸水垫端；标记抗体首先与待测物结合，当到达检测线时，剩余的标记抗体会与固定在检测线上的抗原结合；随着待测物浓度的增加，与检测线抗原结合的抗体量会发生变化，从而检测线区域的标记信号也随之发生变化；而质控线上的二抗总能与标记抗体结合，待测物浓度对质控线信号影响不大。因此，根据检测区域标记抗体信号的变化可对代谢物进行定性、半定量以及定量检测。

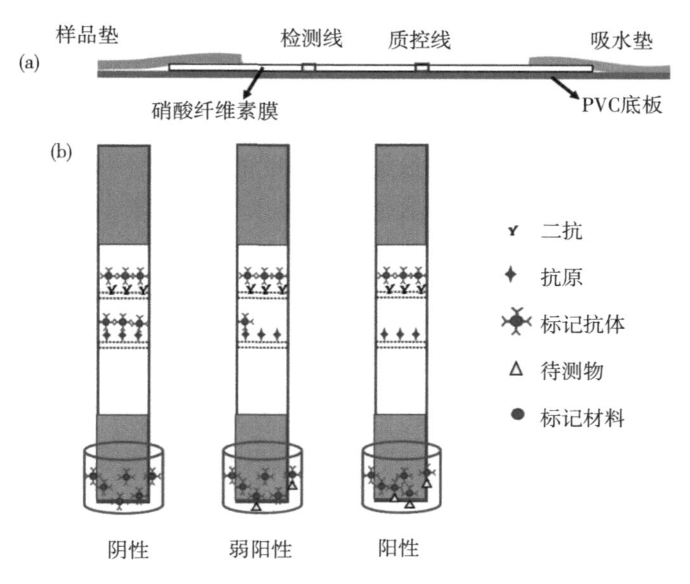

图 2-1 免疫层析试纸条组装（a）以及检测原理（b）示意图

近年来，随着纳米材料科学和光电信息技术的发展，抗体标记材料、试纸条检测模式以及检测数据输出方式等都得到了不断发展。抗体标记材料呈现多样化发展，比如胶体金、荧光乳胶微球、磁纳米颗粒、上转换发光材料、量子点等，它们都能与抗体通过静电或共价键结合，而不改变抗体的生物特性，且能显示一定的信号变化，可通过肉眼观察或仪器进行读取。每种抗体标记材料都有各自的特点。胶体金是最传统的抗体标记材料，合成技术最为成熟，颗粒大小均一，颜色肉眼可见，稳定性较高，也是目前实际应用最为广泛的抗体标记材料。荧光乳胶微球需要借助紫外灯显现出颜色变化，但稳定性和灵敏度都有所提高。磁纳米颗粒具有生物相容性，既可在检测线聚集形成颜色，又可以产生磁信号通过读数器读出，磁信号灵敏度高但容易受外界环境影响。上转换发光材料和量子点均属于较新型的材料，具有良好的光稳定性，但其检测同荧光微球一样，都需要额外的光源。

免疫层析试纸条的检测模式由单一靶标模式检测向多靶标高通量检测模式发展。一般情况下，免疫层析试纸条含有一条质控线和一条检测线；一条检测线只能对应检测一种或一类待测物；单检测线高通量检测依赖于抗体的高交叉反应性。通过增加检测线数量可增加目标物的检测数量。此外，将多个试纸条并列形成复合试纸条，也可增加目标检测物质的数量，该方法已经广泛应用于瘦肉精残留检测，如“瘦肉精快速检测三联卡”可实现猪肉、猪尿等样本中盐酸克伦特罗、莱克多巴胺、沙丁胺醇 3 种物质的同时检测。

随着光电检测技术和人工智能技术的发展，市场上出现了各种试纸条定量扫描仪，免疫层析检测技术正在实现由定性检测走向定量检测的过渡。如美国 Charm 公司开发的真菌毒素快速定量检测系统，与仪器检测分析方法的结果高度一致，且已经通过美国农业部等权威机构认证，在美国、日本等很多国家都得到了广泛的认可和使用。便携化和智能化是试纸条检测仪发展的新趋势，通过开发智能化图像采集、图像分析、数据转换且可安装于智能手机上的软件，可进一步实现试纸条检测的普及化，从而真正实现对食品安全的实时监控。

此外，试纸条检测仪的无线化数据传输功能的开发，不仅便于检测人员对数据的快速处理和分析，也可利于快检数据库的筹建，便于监督部门进一步完善监督和管理评价体系。总之，免疫层析检测技术必将在我国农产品质量安全检测行业中扮演越来越重要的角色。

2.1.4 生物传感器法

生物传感器（Biosensor）是将传感技术与农药免疫技术相结合建立起来的技术，属于免疫分析技术的一种延伸或分支，由一种生物敏感部件与转换器紧密配合的分析装置，这种生物敏感部件对特定化学物质或生物活性物质具有可逆响应，通过测定 pH 值、电导等物理化学信号的变化，即可测定农药残留量。生物传感器法是目前农药残留分析技术研究热点，在测定方法多样化、提高测量灵敏度、缩短反应时间、提高仪器自动化程度和适应现场检测能力等方面已取得了长足发展。

利用农药对靶标酶活性的抑制作用研制酶传感器，利用农药与特异性抗体结合反应研制免疫传感器可用于对相应农药残留进行快速、定性和定量检测。目前，生物传感器存在的主要问题是分析结果的稳定性、重现性和使用寿命。但是，生物传感器的作用，特别是现场测试方面将扩大使用的趋势是不容置疑的。

2.1.5 光谱法

光谱法是利用光谱中所负载的特定分子信息对生物物质进行检测和识别，该技术的特点在于可以脱离实验室环境从而避免污染，实现高效率、高精确度的在线检测。其在农产品质量安全检测中的应用主要是高光谱成像技术、近红外光谱技术、表面拉曼光谱技术、荧光光谱技术等。

高光谱成像技术可以通过光谱检测器捕获样品光谱特征对样品质量进行实时监控，可以预测农产品的新鲜度和细菌的腐败程度，也可用于质量控制和质量分析（如颜色、pH 值、嫩度、持水性等）。相比于传统的检测方法，其操作更为简单，可以进行无损和在线检测，具有良好的应用前景。

近红外光是介于可见光和中红外光之间的一种电磁波，近红外光谱技术（Near infrared spectroscopy，NIS）利用一定波长下的红外光电磁波扫描样品，而不同的物质在红外光谱区中的吸收特征都是不同的，通过形成的红外光谱信息对检测样品进行定量或定性分析。近红外光谱技术具有分析过程简单、成本低、分析速度快、重现性好等特点，可以做定量和定性分析。

拉曼光谱（Raman spectra）是一种振动光谱，当入射光照射到一个物质上时会产生非弹性碰撞，引起入射光子和物质分子之间的能量交换，从而导致入射光子的频率发生改变，这种现象即称为拉曼散射。拉曼光谱利用光被分子散射后产生的频率变化，得到有关分子振动及转动方面的信息，进而得到分子定性与结构信息。但常规拉曼光谱由于散射的截面很小，所以拉曼信号很弱，检测灵敏度低。表面增强拉曼光谱（Surface-enhanced raman spectroscopy，SERS）技术是指光照射到粗糙的纳米基底表面，产生化学或者物理变化，从而引起拉曼信号显著增强的现象，它是将拉曼技术与纳米技术结合，以构筑的 SERS 金属纳米基底材料调控信号增强（图 2-2）。SERS 检测不需要对样品进行前处理，且免去样品制备过程，减少误差，测定时间短，操作简便，与拉曼光谱技术相比具有更高的分辨率和灵敏度，可以达到 10^{14}倍单分子拉曼信号的增强效果，在痕量物质检测和微生物检测上应用潜力巨大。然而目前仅有少数金属（包括金、银、铜及碱金属等）显示出较强的 SERS 效应，且实际研究中仍有许多复杂现象无法用现有 SERS 理论解释清楚，都在一定程度上限制了 SERS 的广泛应用。此外，在 SERS 检测技术研究中，决定分析物光谱增强特性的最主要因素是 SERS 活性基底的表面等离子体共振及其变化，SERS 基底不仅决定了 SERS 信号的强度，同时也决定了获得信号的稳定性和可重复性。所以研究开发更稳定，更灵敏的活性基底是未来 SERS 检测技术的发展方向。

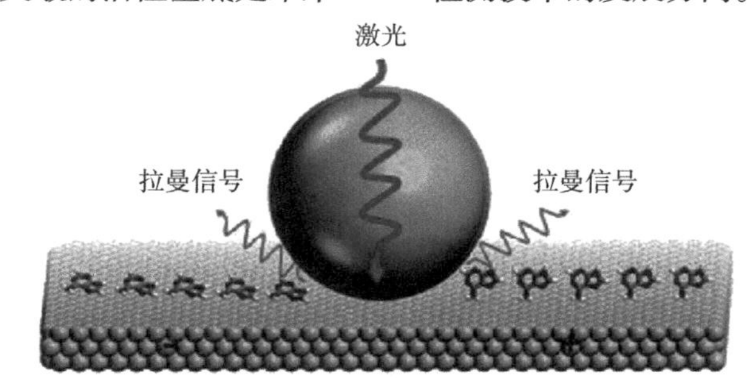

图 2-2　SERS 信号增强示意图

2.1.6　PCR 法

聚合酶链式反应（Polymerase chain reaction，PCR）是一种用于放大扩增特定 DNA 片段的分子生物学技术，它具有快速、灵敏、特异性、成本低等特点。随着多学科交叉的发展，PCR 技术逐渐被应用于农产品质量安全快速检测领域，特别是在转基因食用农产品检测及物种真伪鉴别方面。

常用的 PCR 方法主要包括实时荧光定量 PCR（Real - time fluomgenetic quantitative PCR，RT-PCR）、多重 PCR（Multiplex PCR）以及环介导等温核酸扩增（Loop-mediated isothermal amplification，LAMP）技术等。实时荧光定量 PCR 技术是在普通 PCR 反应体系中加入荧光化学物质，通过荧光信号的积累实时监测整个进程，以标准曲线进行定量分析。多重 PCR 又称多重引物 PCR 或复合 PCR，它是在同一 PCR 反应体系里加上两对以上引物，同时扩增出多个核酸片段的 PCR 反应。多重 PCR 反应体系通过同时扩增多个片段极大地缩短了扩增时间，提高了普通 PCR 方法的特异性和敏感性，避免了基因扩增过程中的误引和不良产物。LAMP

技术的基本原理是针对待测基因靶序列的 6 个特异性区域设计两对引物（分别称为上游内部引物 FIP、下游内部引物 BIP、上游外部引物 F3 和下游外部引物 B3），利用一种具有链置换活性的 DNA 聚合酶（Bst DNA polymerase）在恒温条件（65℃左右）保温 30~60min，即可实现核酸的大量扩增。在食用农产品检测中，以转入的外源基因为靶基因序列，合成上述 4 种类型引物，即可使用 LAMP 技术检测（图 2-3）。与普通 PCR 相比 LAMP 不需要模板的热变性、温度循环、电泳及紫外观察等过程，大为缩短了检测时间，且具有较高特异性。

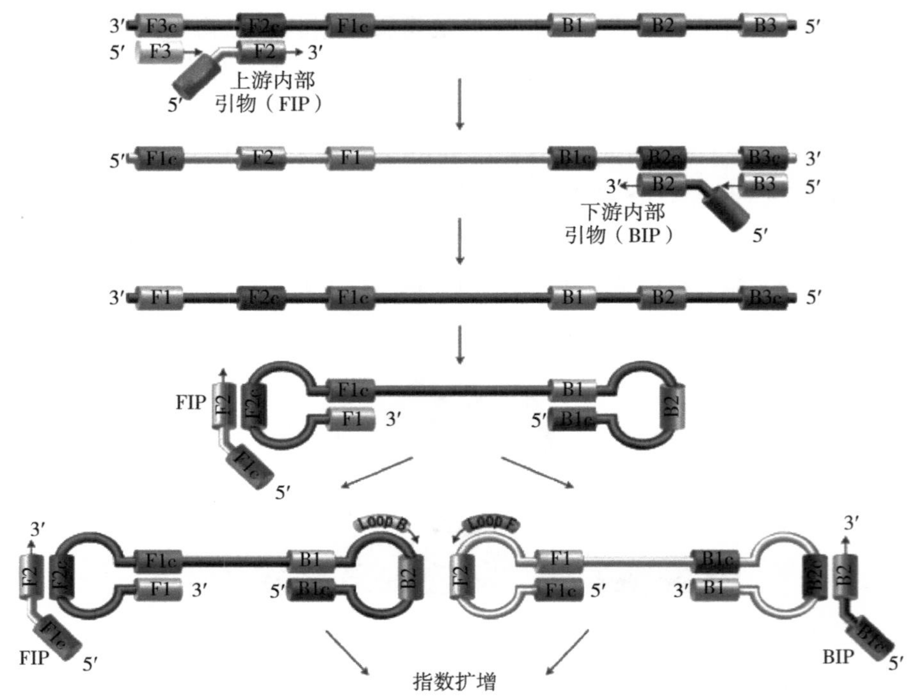

图 2-3　LAMP 技术原理示意图

PCR 检测方法优势突出，能准确、有效地鉴别出农产品中是否掺有转基因成分，作为食品安全质量监管中的法定检测方法，也是具有最终仲裁效力的确证方法，具有不可替代的地位。但是该技术必须依赖 PCR 仪，对试验操作难度和环境要求较高，且所用试剂耗材较贵，检测成本高昂，对于基层单位现场快速检测适用性不强。

2.1.7　生物芯片法

生物芯片是 20 世纪 90 年代初出现的一种新兴的微量分析技术，它融合了生物学、物理学、化学和计算机等多种学科，具有高度交叉性。其基本原理是利用原位合成或微矩阵点样等方法，将大量基因片段、基因探针、抗原抗体、多肽分子或细胞等生物大分子有序地固定在硅胶片、玻璃片或高分子聚合物薄片等支撑物的表面，形成密集的二维分子排列，然后与已标记待测生物样品中的靶分子杂交，通过精密的扫描光学仪器来采集数据，并借助计算机软件对数据进行分析，最后判断出样品中靶分子的种类和数量。目前生物芯片已经在医疗、农业、环境、食品等各个领域都有重大突破和发展。

生物芯片的发展历史较短，但所包含的种类却很多，到目前为止，其分类方式和种类尚无完全统一的标准。根据用途可以分为电子芯片和分析芯片；根据作用方式可以分为主动式芯片和被动式芯片；根据构造可以分为阵列型芯片、微流控芯片和纳米芯片等；按照成分又可分为基因芯片、蛋白质芯片、细胞芯片、组织芯片和芯片实验室等，按照成分分类是目前最常见的一种分类方式。与传统的分析方法相比，生物芯片具有明显的优势，单个生物芯片即可同时实现多个分析样品的检测，且分析检测时使用较少试剂即可得出结果，具有高通量、高精密度的优点，在农产品质量安全快速检测领域，特别是有害物污染或残留检测、转基因农产品检测中发挥重要作用。

随着生物芯片技术的迅速发展，其制作过程也由于用途和功能的不同呈现出多种多样。图 2-4 是常用的蛋白质芯片制作和分析的基本步骤。制备生物芯片所需要的载体一般是固定片状或薄膜状材料，而且要求其表面具有活性基因，使用最多的是玻璃片。

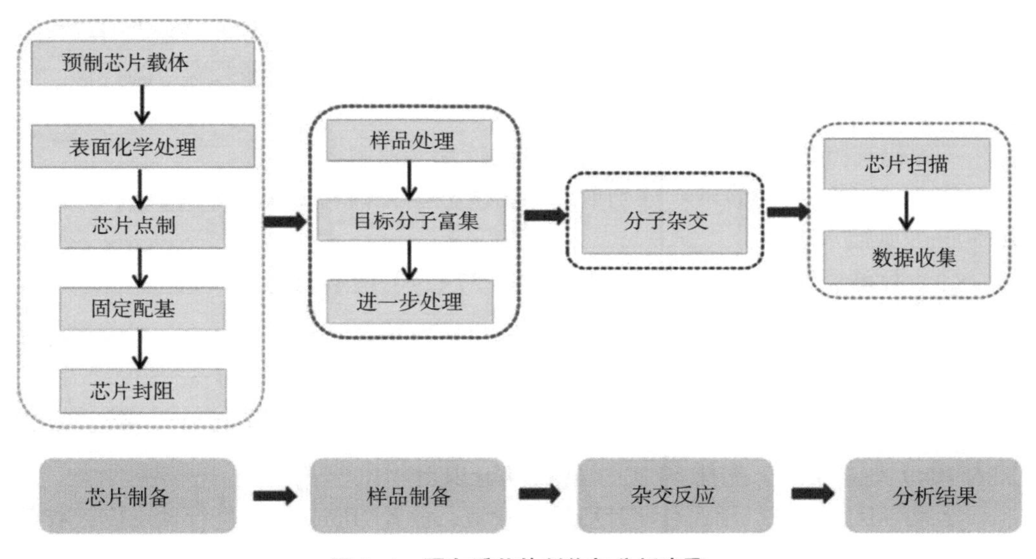

图 2-4　蛋白质芯片制作与分析步骤

生物芯片的制备主要分为 4 个步骤：芯片的制备、样品的制备、杂交反应、芯片的检测与分析。芯片的制备过程一般是先用化学方法来处理固定材料，然后使基因片段或者是其他生物大分子按照一定的顺序排列在芯片上。芯片种类较多，不同的芯片其制作方法略有不同，但基本可以分为原位合成和预合成后点样两个步骤。大多数的样品成分较为复杂，一般不能直接与芯片发生反应，在分析检测之前，应该对样品进行生物处理。例如基因芯片，往往需要先逆转录成 cDNA 且进行标记后才能实现检测。生物芯片进行杂交反应的特点是探针固化，一次可以对大量生物样本进行检测分析。杂交反应是生物芯片检测最关键的步骤，在检测之前一般需要优化杂交条件，此过程和排列在载体上生物大分子的类型和性质有关。如果载体上固定的探针是基因片段，就要根据基因的类型、片段长度以及芯片的用途优化杂交条件；如果载体上固定的探针是蛋白质分子，要优化反应条件使得抗原、抗体能够特异性结合。生物芯片检测完样品后，需要用激光共聚扫描仪等科技设备来将芯片检测结果转变成可供分析处理的图像与数据。因此生物芯片需要一个专门的系统来处理芯片数据，该系统包括芯片图像分析、数据提取以及数据统计学分析和生物学分析等主要功能。

2.2 实例分析

2.2.1 蔬菜中有机磷和氨基甲酸酯类农药残留量的快速检测

2.2.1.1 速测卡法（纸片法）

（1）原理。胆碱酯酶可催化靛酚乙酸酯（红色）水解为乙酸与靛酚（蓝色），有机磷或氨基甲酸酯类农药对胆碱酯酶有抑制作用，使催化、水解、变色的过程发生改变，由此可判断出样品中是否有高剂量有机磷或氨基甲酸酯类农药的存在。

（2）试剂。

①固化有胆碱酯酶和靛酚乙酸酯试剂的纸片（速测卡）。

②pH 值 7.5 缓冲溶液：分别取 15.0g 磷酸氢二钠和 1.59g 无水磷酸二氢钾，用 500mL 蒸馏水溶解。

（3）仪器。常量天平，有条件时配备（37±2）℃恒温装置。

（4）分析步骤。

整体测定法

①将蔬菜样品，擦去表面泥土，剪成 $1cm^2$ 左右的碎片，取 5g 放入带盖瓶中，加入 10mL 缓冲溶液，振摇 50 次，静置 2min 以上。

②取一片速测卡，用白色药片蘸取提取液，放置 10min 以上进行预反应，有条件时在 37℃恒温装置中放置 10min，预反应后的药片表面必须保持湿润。

③将速测卡对折，用手捏 3min 或用恒温装置恒温 3min，使红色药片与白色药片叠合发生反应。

④每批测定应设一个缓冲液的空白对照卡。

表面测定法（粗筛法）

①擦去蔬菜表面泥土，滴 2~3 滴缓冲溶液在蔬菜表面，用另一片蔬菜在滴液处轻轻摩擦。

②取一片速测卡，将蔬菜上的液滴滴在白色药片上。

③放置 10min 以上进行预反应，有条件时在 37℃恒温装置中放置 10min，预反

应后的药片表面必须保持湿润。

④将速测卡对折，用手捏 3min 或用恒温装置恒温 3min，使红色药片与白色药片叠合发生反应。

⑤每批测定应设一个缓冲液的空白对照卡。

(5) 结果判定。结果以酶被有机磷或氨基甲酸酯类农药抑制（为阳性）、未抑制（为阴性）表示。

与空白对照卡比较，白色药片不变色或略有浅蓝色均为阳性结果。白色药片变为天蓝色或与空白对照卡相同，为阴性结果。

对阳性结果的样品，可用其他分析方法进一步确定具体农药品种和含量。

(6) 速测卡技术指标。

①灵敏度指标：速测卡对部分农药的检出限见表 2-1。

表 2-1　速测卡对部分农药的检出限

农药名称	检出限（mg/kg）	农药名称	检出限（mg/kg）	农药名称	检出限（mg/kg）
甲胺磷	1.7	乙酰甲胺磷	3.5	久效磷	2.5
对硫磷	1.7	敌敌畏	0.3	甲萘威	2.5
水胺硫磷	3.1	敌百虫	0.3	丁硫克百威	1.0
马拉硫磷	2.0	乐果	1.3	呋喃丹	0.5
氧化乐果	2.3				

②符合率：在检出的 30 份以上阳性样品中，经气相色谱法验证，阳性结果的符合率应在 80%以上。

(7) 说明。

①葱、蒜、萝卜、韭菜、芹菜、香菜、茭白、蘑菇及番茄汁液中，含有对酶有影响的植物次生物质，容易产生假阳性。处理这类样品时，可采取整株（体）蔬菜浸提或采用表面测定法。对一些含叶绿素较高的蔬菜也可采取整株（体）蔬菜浸提的方法，减少色素的干扰。

②当温度条件低于 37℃时，酶反应的速度随之放慢，药片加液后放置反应的时间应相对延长。延长时间的确定，应以空白对照卡用手指（体温）捏 3min 时可以变蓝，即可往下操作。注意样品放置的时间应与空白对照卡放置的时间一致才有可比性。空白对照卡不变色的原因，一是药片表面缓冲溶液加的少、预反应后的药片表面不够湿润；二是温度太低。

③红色药片与白色药片叠合反应的时间以 3min 为准，3min 后的蓝色会逐渐加深，24h 后颜色会逐渐退去。

2.2.1.2　抑制率法（分光光度法）

(1) 原理。在一定条件下，有机磷和氨基甲酸酯类农药对胆碱酯酶正常功能有抑制作用，其抑制率与农药的浓度呈正相关。正常情况下，酶催化神经传导代谢产物（乙酰胆碱）水解，其水解产物与显色剂反应，产生黄色物质，用分光光度计在 412nm 处测定吸光度随时间的变化值，计算抑制率，通过抑制率可以判断出样品中是否有高剂量有机磷或氨基甲酸酯类农药的存在。

（2）试剂。

①pH 值 8.0 缓冲溶液：分别取 11.9g 无水磷酸氢二钾和 3.2g 磷酸二氢钾，用 1 000mL 蒸馏水溶解。

②显色剂：分别取 160mg 二硫代二硝基苯甲酸（DTNB）和 15.6mg 碳酸氢钠，用 20mL 缓冲溶液溶解，4℃冰箱中保存。

③底物：取 25.0mg 硫代乙酰胆碱，加 3.0mL 蒸馏水溶解，摇匀后置 4℃冰箱中保存备用。保存期不超过 2 周。

④乙酰胆碱酯酶：根据酶的活性情况，用缓冲溶液溶解，3min 的吸光度变化 ΔA_0值应控制在 0.3 以上。摇匀后置 4℃冰箱中保存备用，保存期不超过 4d。

⑤可选用由以上试剂制备的试剂盒。乙酰胆碱酯酶的 ΔA_0 值应控制在 0.3 以上。

（3）仪器。分光光度计或相应测定仪；常量天平；恒温水浴或恒温箱。

（4）分析步骤。

①样品处理：将蔬菜样品冲洗掉表面泥土，剪成 $1cm^2$ 左右的碎片，取样品 1g，放入烧杯或提取瓶中，加入 5mL 缓冲溶液，振荡 1~2min，倒出提取液，静置 3~5min，待用。

②对照溶液测试：先于试管中加入 2.5mL 缓冲溶液，再加入 0.1mL 酶液、0.1mL 显色剂，摇匀后于 37℃放置 15min 以上（每批样品的控制时间应一致）。加入 0.1mL 底物摇匀，此时检液开始显色反应，应立即放入仪器比色池中，记录反应 3min 的吸光度变化值 ΔA_0。

③样品溶液测试：先于试管中加入 2.5mL 样品提取液，其他操作与对照溶液测试相同，记录反应 3min 的吸光度变化值 ΔA_0。

（5）结果的表述计算。

①结果计算公式：

$$抑制率（\%）=[(\Delta A_0-\Delta A_t)/\Delta A_0]\times 100$$

式中，ΔA_0为对照溶液反应 3min 吸光度的变化值；ΔA_t为样品溶液反应 3min 吸光度的变化值。

②结果判定：结果以酶被抑制的程度（抑制率）表示。

当蔬菜样品提取液对酶的抑制率≥50%时，表示蔬菜中有高剂量有机磷或氨基甲酸酯类农药存在，样品为阳性结果。阳性结果的样品需要重复检验 2 次以上。

对阳性结果的样品，可用其他方法进一步确定具体农药品种和含量。

（6）酶抑制率法技术指标。

①灵敏度：酶抑制率法对部分农药的检出限见表 2-2。

表 2-2　酶抑制率法对部分农药的检出限

农药名称	检出限（mg/kg）	农药名称	检出限（mg/kg）
敌敌畏	0.1	氧化乐果	0.8
对硫磷	1.0	甲基异柳磷	5.0
辛硫磷	0.3	灭多威	0.1
甲胺磷	2.0	丁硫克百威	0.05
马拉硫磷	4.0	敌百虫	0.2
乐果	3.0	呋喃丹	0.05

②符合率：在检出的抑制率≥50%的 30 份以上样品中，经气相色谱法验证，阳性结果的符合率应在 80%以上。

2.2.2　动物性食品中己烯雌酚残留检测——酶联免疫吸附测定法

2.2.2.1　范围

适用于猪肉、猪肝、虾样本中己烯雌酚残留量的快速筛选检测。可疑样品应用仪器方法进行确认。

2.2.2.2　原理

采用间接竞争 ELISA 方法，在微孔条上包被偶联抗原，试样中残留的己烯雌酚与酶标板上的偶联抗原竞争己烯雌酚抗体，加入酶标记的羊抗鼠抗体后，显色剂显色，终止液终止反应。用酶标仪在 450nm 波长处测定吸光度，吸光度值与己烯雌酚残留量呈负相关，与标准曲线比较即可得出己烯雌酚残留含量。

2.2.2.3　样品制备

取新鲜或解冻的空白或供试动物组织，剪碎，置于组织匀浆机中高速匀浆。-20℃以下冰箱中贮存备用。

2.2.2.4　试剂和材料

以下所有试剂，均为分析纯试剂；水为符合 GB/T 6682 规定的二级水。

（1）乙腈，丙酮，三氯甲烷，氢氧化钠，磷酸（85%）。

（2）己烯雌酚检测试剂盒（2~8℃保存）。96 孔板（12 条×8 孔，包被有己烯雌酚偶联抗原）；己烯雌酚系列标准溶液（0μg/L>0.1μg/L>0.3μg/L>0.9μg/L>2.7μg/L>8.1μg/L）；己烯雌酚抗体工作液；酶标记物工作液；2 倍浓缩缓冲液；20 倍浓缩洗涤液；底物液 A 液；底物液 B 液；终止液。

（3）乙腈-丙酮溶液（84+16，体积比）。取乙腈 84mL 和丙酮 16mL，混匀。

（4）2mol/L 氢氧化钠溶液。称取 8.0g 氢氧化钠，用 100mL 水溶解，冷却至室温。

（5）6mol/L 磷酸溶液。100mL 磷酸加去离子水 150mL，混合均匀。

（6）缓冲液工作液。用水将 2 倍浓缩缓冲液按 1∶1 体积比进行稀释（1 份 2

倍浓缩缓冲液+1份水）用于溶解干燥的残留物。2~8℃保存，有效期1个月。

（7）洗涤液工作液。用水将20倍浓缩洗涤液按1∶19体积比进行稀释（1份20倍浓缩洗涤液+19份水）用于酶标板的洗涤。2~8℃保存，有效期1个月。

2.2.2.5　仪器与设备

酶标仪（配备450nm滤光片）；匀浆器；涡旋混合器；离心机；微量移液器（单道20μL、50μL、100μL、1 000μL；多道250μL）；天平（感量0.01g）；分析天平（感量0.000 01g）；氮气吹干装置。

2.2.2.6　试料的制备

（1）取制备后的供试样品，作为供试试料。

（2）取制备后的空白样品，作为空白试料。

（3）取制备后的空白样品，添加适宜浓度的标准溶液作为空白添加试料。

2.2.2.7　测定

（1）提取。称取（2±0.02）g匀浆后的试料，加乙酸-丙酮（84+16，体积比）6mL，振荡10min，15℃，3 000r/min离心10min；取上清液3.0mL，60℃水浴下氮气吹干；加入氯仿0.5mL，涡动20s，再加入2mol/L氢氧化钠溶液2.0mL，涡动30s，3 000r/min离心5min；取上清液1.0mL，加入6mol/L磷酸溶液200μL，涡动5s，再加入乙腈3.0mL萃取，振荡10min，3 000r/min离心10min；取上层有机相1.0mL，60℃水浴下氮气吹干；用缓冲工作液1.0mL溶解残留物，取50μL作为试样液分析。本方法的稀释倍数为6倍。

（2）试样测定。

①将试剂盒在室温（19~25℃）下放置1~2h。

②按每个标准溶液和试样溶液做2个或2个以上的平行试验，计算所需酶标板条的数量，插入板架。

③加系列标准液或试样液50μL到对应的微孔中，随即加己烯雌酚抗体工作液50μL/孔，轻轻振荡混匀，用盖板膜盖板后置37℃避光反应30min。

④倒出孔中液体，将酶标板倒置在吸水纸上拍打以保证完全除去孔中液体，加洗涤液工作液250μL/孔，5s后倒掉孔中液体，将酶标板倒置在吸水纸上拍打以保证完全除去孔中的液体。重复操作2遍以上（或用洗板机洗涤）。

⑤加酶标记物工作液100μL/孔，用盖板膜盖板后置37℃反应30min。

⑥取出酶标板，重复④洗板步骤。

⑦依次加底物液A液和B液各50μL/孔，轻轻振荡混匀，37℃下避光显色15min。

⑧加终止液50μL/孔，轻轻振荡混匀，设定酶标仪在450nm波长处测量吸光度值。

2.2.2.8　结果判定和表述

用所获得的标准溶液和试样溶液吸光度值的比值进行计算，公式如下：

$$相对吸光度值（\%）=\frac{B}{B_0}\times100$$

式中，B 为标准（试样）溶液的吸光度值；B_0 为空白（浓度为 0 标准溶液）的吸光度值。

将计算的相对吸光度值（%）对应己烯雌酚标准品浓度（μg/L）的自然对数作半对数图，对应的试样浓度可从校正曲线算出，乘以其对应的稀释倍数即为样本中己烯雌酚的实际浓度。此筛选结果为阳性的样品，需要用确证方法进行验证。

2.2.2.9 检测方法灵敏度、准确度、精密度

（1）灵敏度。本方法在猪肉、猪肝、虾样品中己烯雌酚的检测限均为 2μg/kg。

（2）准确度。本方法在 3~12μg/kg 添加浓度水平上的回收率均为 60%~110%。

（3）精密度。本方法的批内变异系数≤20%，批间变异系数≤30%。

2.2.3 乙酰胆碱酯酶生物传感器法测定苹果中马拉硫磷农药残留

2.2.3.1 原理

以碘化乙酰硫代胆碱为底物，向电解池的两支铂电极上施加一个恒定的微电流进行电解。乙酰胆碱酯酶催化底物碘化乙酰硫代胆碱分解生成具有电化学活性的物质硫醇，记录电解过程中电位 E 随时间 t 的变化值，得一典型的“S”形曲线。该去极化曲线的斜率 dE/dt 反映了水解速率，即酶的催化速率。反应如下：

$$CH_3COS(CH_2)_2N(CH_3)_3I+H_2O\xrightarrow[pH7.4]{AChE}HS(CH_2)_2N(CH_3)_3I+CH_3COOH$$

在一定条件下，酶活性越强，酶促反应越快，去极化曲线的斜率 dE/dt 越大。加入有机磷农药后，酶活性被抑制，酶促反应进行得不完全，去极化曲线的斜率 dE/dt 减小。通过比较酶被抑制前后 dE/dt 的大小，对有机磷农药进行定量测定。

2.2.3.2 试剂

乙酰胆碱酯酶（EC 3.1.1.7，VI-S 型，来自电鳗，500U/mg）；碘化乙酰硫代胆碱；三羟甲基氨基甲烷（Tris，分析纯）；马拉硫磷标准品；BR 缓冲溶液；二次蒸馏水。

2.2.3.3 仪器

微机电化学分析系统；饱和甘汞电极、铂对电极；恒温电解池；超级恒温水浴、程序升温控制仪；涡旋混合器；微量注射器。

2.2.3.4 操作步骤

（1）准确称取 2.000 0g 苹果样品切碎，置于 100mL 具塞锥形瓶中，加入 50mL 0.1mol/L pH 值 7.0 的 BR 缓冲溶液作提取试剂，剧烈振荡 10min，使蔬菜水果中的有机磷农药残留充分溶入溶液中，倒出提取液，静置 3~5min，备用。

（2）取 5 份等体积 5mL 的上述提取上清液置于 5 只 100mL 容量瓶中，分别加入 0mL、0.5mL、1mL、2mL、4mL 的 5μg/L 的马拉硫磷标准溶液，然后用二次蒸

馏水稀释至刻度，摇匀，备用。

（3）选取5组活力相近的固定化酶，分别放入（2）中5种浓度的溶液中抑制10min，测定抑制前后固定化酶活力大小，得到有机磷农药残留对固定化酶的抑制率。

2.2.3.5　结果与判定

苹果样品中马拉硫磷农药残留数据结果见表2-3。

表2-3　苹果样品中马拉硫磷农药残留数据

农药标准浓度（μg/L）	抑制率（%）			
	1	2	3	平均值
0	12.79	12.37	13.05	12.74
0.25	19.28	19.64	19.75	19.56
0.50	25.80	26.11	25.99	25.97
1.00	36.48	36.66	37.23	36.79
2.00	56.67	56.45	55.81	56.31

将表2-3数据以农药浓度和农药平均抑制率作图，得回归方程 $y=21.50x+14.15$，相关系数 $\gamma=0.9978$。由此可以得出苹果样品中马拉硫磷农药残留量为0.66μg/L。该方法对马拉硫磷的检出限为 4.80×10^{-11} mol/L。

2.2.4　转基因产品检测——实时荧光定性聚合酶链式反应（PCR）检测方法

2.2.4.1　原理

提取样品DNA后，通过实时荧光PCR技术对样品DNA进行筛选检测，根据实时荧光PCR扩增结果，判断该样品中是否含有转基因成分。对外源基因检测结果为阳性的样品，或已知为转基因阳性的样品，如需进一步进行品系鉴定，则对品系特异性片段进行实时荧光PCR检测，根据结果判定该样品中含有哪种（些）转基因品系成分。

2.2.4.2　仪器设备

实时荧光PCR仪；样品粉碎仪或研磨机；天平（感量0.01g）；水浴锅或恒温孵育器；冷冻离心机；高压灭菌锅；涡旋振荡器；生物安全柜；pH计；核酸蛋白分析仪或紫外分光光度计；微量移液器（2μL、10μL、100μL、200μL、1 000μL）。

2.2.4.3　主要试剂

除特别说明外，所有试剂均为分析纯或生化试剂，实验室用水应符合GB/T 6682中一级水的规格。

（1）实时荧光PCR预混液。为TaqDNA聚合酶（5U/μL）、PCR反应缓冲液、$MgCl_2$（3~7mmol/L）、dNTPs（含dATP、dUTP、dCTP、dGTP）、UNG酶等混合

配制的溶液。

（2）ROX。荧光校正试剂（50×，使用时稀释至1×）。

（3）引物和探针。

①筛选检测引物探针：筛选检测基因的引物和探针参照 GB/T 19495.4—2018 中附录 A 中表 A.1 的序列合成，加超纯水配制成 100μmol/L 储备液，实时荧光 PCR 扩增的引物和探针工作液浓度为 10μmol/L。

②品系特异性检测引物探针：根据需要检测的转基因植物品系，参照 GB/T 19495.4—2018 中附录 B 中表 B.1 的序列合成引物和探针，加超纯水配制成 100μmol/L 储备液，实时荧光 PCR 扩增的引物和探针工作液浓度为 10μmol/L。

2.2.4.4 检测步骤

（1）取样和制样。按照 GB/T 19495.7 中规定的方法执行。

（2）样品 DNA 的提取和纯化。按照 GB/T 19495.3 中规定的方法或采用具有相同效果的植物基因组 DNA 提取试剂盒进行 DNA 提取。每个样品应制备 2 个测试样品提取 DNA（提取平行重复）。

（3）DNA 浓度测定和定量。按照 GB/T 19495.3 中规定的方法执行。

（4）实时荧光 PCR 检测。

①转基因成分筛选检测基因的选择：对于未知是否为转基因产品的样品，按照表 2-4 选用筛选基因进行检测。

表 2-4 转基因筛选检测基因选用

物种	选用基因
大豆及其加工品	内源基因，*pCaMV 35S*，*pFMV 35S*，*tNOS*，*BAR*，*PAT*，*GOX*，*CP4-EPSPS*，*CTP2-CP4-EPSPS*，*tE9*
玉米及其加工品	内源基因，*pCaMV 35S*，*pFMV 35S*，*tNOS*，*NPT II*，*BAR*，*PAT*，*GOX*，*CP4-EPSPS*，*CTP2-CP4-EPSPS*，*Cry3A*，*tCaMV 35S*，*PMI*，*Cry I A*（*c*），*pRice Eactin*
油菜及其加工品	内源基因，*PCaMV 35S*，*pEMV 35S*，*tNOS*，*NPT II*，*BAR*，*PAT*，*GOX*，*CP4-EPSPS*，*CTP2-CP4-EPSPS*，*pNOS*，*pSSuAra*，*pTA29*，*tCaMV 35S*，*tE9*，*tOCS*，*tg7*
水稻及其加工品	内源基因，*pCaMV 35S*，*tNOS*，*BAR*，*Cry I A*（*b*），*Cry I A*（*c*）
棉花及其加工品	内源基因，*pCaMV 35S*，*pFMV 35S*，*tNOS*，*NPT II*，*BAR*，*PAT*，*CP4-EPSPS*，*pUbi*，*tE9*，*Cry I A*（*b*），*Cry I A*（*c*）
马铃薯及其加工品	内源基因，*pCaMV 35S*，*pFMV 35S*，*tNOS*，*NPT II*，*CP4-EPSPS*，*Cry3A*，*pNOS*
亚麻及其加工品	内源基因，*pCaMV 35S*，*pFMV 35S*，*tNOS*，*NPT II*
甜菜及其加工品	内源基因，*pCaMV 35S*，*pFMV 35S*，*tNOS*，*NPT II*，*PAT*，*CP4-EPSPS*，*CTP2-CP4-EPSPS*
苜蓿及其加工品	内源基因，*pFMV 35S*，*CTP2-CP4-EPSPS*，*tE9*
番茄	*pCaMV 35S*，*pFMV 35S*，*tNOS*，*NPT II*，*Cry I A*（*c*）
苹果	*pCaMV 35S*，*pFMV 35S*，*tNOS*，*NPT II*
菊苣	*pCaMV 35S*，*pFMV 35S*，*tNOS*，*BAR*，*NPT II*

（续表）

物种	选用基因
剪股颖	*pCaMV 35S*，*pFMV 35S*，*tNOS*，*CP4-EPSPS*
烟草	*pCaMV 35S*，*pFMV 35S*，*tNOS*，*NPT II*
李子	*pCaMV 35S*，*pFMV 35S*，*tNOS*，*NPT II*
甜瓜	*pCaMV 35S*，*pFMV 35S*，*tNOS*，*NPT II*
木瓜	*pCaMV 35S*，*pFMV 35S*，*tNOS*，*NPT II*
小麦	*pCaMV 35S*，*pFMV 35S*，*tNOS*，*CP4-EPSPS*
茄子	*pCaMV 35S*，*pFMV 35S*，*tNOS*，*NPT II*，*Cry I A*（*c*）
桉树	*pCaMV 35S*，*pFMV 35S*，*tNOS*，*NPT II*

②实时荧光 PCR 反应体系：实时荧光 PCR 反应体系配制见表 2-5，每个样品设置 2 个平行重复。

表 2-5　实时荧光 PCR 检测体系

名称	储液浓度	终浓度
10×PCR 缓冲液	10×	1×
$MgCl_2$	25mmol/L	2.5mmol/L
dNTPs（含 dUTP）	2.5mmol/L	0.2mmol/L
UNG 酶	5U/μL	0.075U/μL
上游引物	10μmol/L	GB/T 19495.4—2018 中附录 A 中表 A.1、表 B.1
下游引物	10μmol/L	GB/T 19495.4—2018 中附录 A 中表 A.1、表 B.1
探针	10μmol/L	GB/T 19495.4—2018 中附录 A 中表 A.1、表 B.1
Tap 酶	5U/μL	0.05U/μL
DNA 模板		50~250ng
超纯水		补足至 250μL

注：1. 可选用含有 PCR 缓冲液、$MgCl_2$、dNTP 和 Tap 酶等成分的基于 Taqman 探针的实时荧光 PCR 预混液进行实时荧光 PCR 扩增。
2. ROX 荧光试剂仅在具有 ROX 校正通道的实时荧光 PCR 仪上进行扩增时添加，否则用超纯水补足。
3. 反应体系中各试剂的量可根据具体情况或不同的反应总体积进行适当调整。

③实时荧光 PCR 反应程序：实时荧光 PCR 反应参数为 50℃/2min；95℃/10min；95℃/15s；60℃/60s，40 个循环。

注：95℃/10min 的反应参数专门适用于化学变构的热启动 Taq 酶。以上参数可根据不同型号实时荧光 PCR 仪和所选 PCR 扩增试剂体系不同作调整。

④仪器检测通道的选择：将 PCR 反应管或反应板放入实时荧光 PCR 仪后，设置 PCR 反应荧光信号收集条件，应与探针标记的报告基团一致。具体设置方法可参照仪器使用说明书。

⑤试验对照的设立：

——阳性对照，为目标转基因植物品系基因组 DNA，或含有上述片段的质粒标准分子 DNA。

——阴性对照，相应的非转基因植物样品 DNA。

——空白对照，设两个，一是提取 DNA 时设置的提取空白对照（以双蒸水代替样品），二是 PCR 反应的空白对照（以双蒸水代替 DNA 模板）。

2.2.4.5 结果判定

（1）质量控制。下述指标有一项不符合者，需重新进行实时荧光 PCR 扩增。

——空白对照，内源基因检测 *Ct* 值≥40，外源基因或品系特异性检测 *Ct* 值≥40。

——阴性对照，内源基因检测 *Ct* 值≤30，转化事件特异性检测 *Ct* 值≥40。

——阳性对照，内源基因检测 *Ct* 值≤30，转化事件特异性检测 *Ct* 值。

（2）结果判定。测试样品外源基因检测 *Ct* 值≥40，内源基因检测 *Ct* 值≤30，则可判定该样品不含所检基因或品系。

测试样品外源基因检测 *Ct* 值≤35，内源基因检测 *Ct* 值≤30，判定该样品含有所检基因或品系。

测试样品外源基因检测 *Ct* 值在 35~40，应调整模板浓度，重做实时荧光 PCR。再次扩增后的外源基因检测 *Ct* 值仍在 35~40，则可判定为该样品含有所检基因或品系。再次扩增后的外源基因检测 *Ct* 值≥40，则可判定为该样品不含有所检基因或品系。

2.2.4.6 结果表述

结果为阳性的，表述为“检出 XXXX 外源基因”或“检出 XXX 转基因品系”。

结果为阴性的，表述为“未检出 XXXX 外源基因”或“未检出 XXX 转基因品系”。

对于核酸无法有效提取的样品，检测结果为“未检出核酸成分”。

2.2.4.7 防污染措施

检测过程中防止交叉污染的措施按照 GB/T 27403 和 GB/T 19495.2 中的规定执行。

2.2.4.8 最低检出限

各基因片段的实时荧光 PCR 扩增的最低检出限（LOD）为 0.01%。

2.2.5 生物芯片法快速检测毒死蜱等 10 种农药多残留

2.2.5.1 仪器与试剂

UV-2550 紫外分光光度计（日本岛津公司）；PHS-3C pH 计（上海雷磁环保工程公司）；Milli-Q 超纯水仪（美国 Millipore 公司）；Allegra-64R 台式高速离心机（美国 Beckman 公司）；GB500-X 芯片点样仪（爱尔兰 PolyPico Technologies 公司）；图像扫描仪（日本 EPSON 公司）；Analysis Only 4100 芯片数

据分析软件（美国 GenePix Pro 公司）；Agilent 7000C 气相色谱串联质谱仪（GC-MS/MS，美国 Agilent 公司）；超高效液相色谱串联质谱仪（UPLC-MS/MS，美国 Waters 公司）。

氯金酸、柠檬酸三钠、N-羟基丁二酰亚胺、1-（3-二甲基氨丙基）-3-乙基碳二亚胺、牛血清白蛋白（BSA）、鸡卵清白蛋白（OVA）、银增强液 A 和银增强液 B、聚乙烯吡咯烷酮（PVP）、聚乙二醇（PEG）、邻苯二胺（OPD）、N-丙基乙二胺（PSA）（美国 Sigma-Aldrich 公司），其他试剂均为分析纯（国药集团化学试剂公司）。脱脂奶粉（上海光明乳业公司），8mg/mL 羊抗鼠 IgG（二抗，上海捷宁生物公司），琼脂糖（北京 Solarbio 公司），芯片围栏（北京博奥生物公司），载玻片（浙江同力信息科技公司）。试验用水为超纯水（18.2MΩ·cm）。

毒死蜱、三唑磷、甲氰菊酯、克百威、噻虫啉、吡虫啉、百菌清、多菌灵、涕灭威、异菌脲标准品（100μg/mL，农业农村部环境保护科研监测所），百菌清、多菌灵、涕灭威、异菌脲的包被抗原和农药相应的抗体购于无锡杰圣杰康生物科技有限公司。

苹果、黄瓜、红茶样品购于超市。

2.2.5.2 醛基玻片制备

载玻片先用超纯水清洗，再将其完全浸没于食人鱼刻蚀液（98% H_2SO_4：30% H_2O_2=3：1，体积比），80℃处理 40min，然后用超纯水清洗 3 次，氮气吹干。

将氨基硅烷化后的玻片放入含 3%～4%（体积比）戊二醛的磷酸盐缓冲溶液（PBS，0.01mol/L，pH 值 7.4）中，室温下浸泡 2h，取出后先用 PBS 清洗 3 次，然后用超纯水清洗 3 次，氮气吹干，于 4℃ 干燥保存，备用。

2.2.5.3 胶体金及金标二抗探针的制备

以金标二抗为信号探针，采用经典的柠檬酸三钠还原法制备 20nm 胶体金用于标记二抗。采用盐沉淀法和吸光度法，进行胶体金标记体系 pH 值和最适标记量优化。在二抗标记浓度为 80mg/L 条件下，用 0.1mol/L K_2CO_3 调节胶体金溶液 pH 值为 6.0、6.5、7.0、7.5、8.0、8.5、9.0 和 9.5，筛选最适标记 pH 值；在最适 pH 值条件下，进行胶体金最适标记量优化，分别设置 10mg/L、20mg/L、40mg/L、80mg/L 和 100mg/L 的二抗标记浓度，筛选最适标记量。在最适条件下，制备金标二抗探针。

2.2.5.4 芯片点样与检测方法

（1）点样。将各农药包被原用 30%甘油-0.05mol/L CBS（pH 值 9.6）缓冲液稀释后，用微量点样仪点样包被于醛基化玻片上（3nL/点，冷冻干燥 2h），10 种农药包被抗原在醛基玻片上的排布阵列如图 2-5 所示。

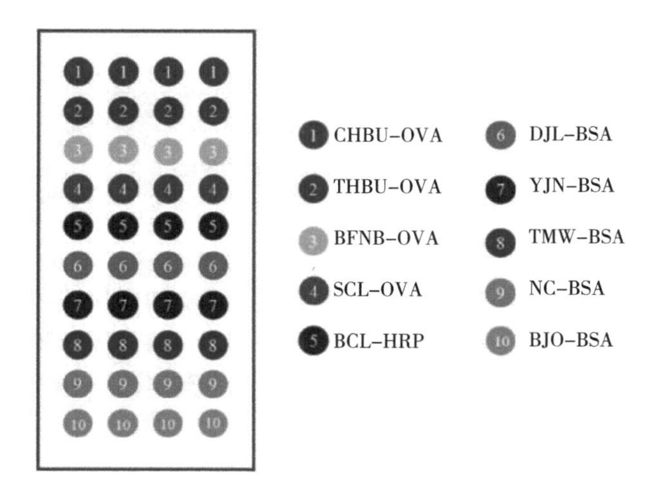

图 2-5 免疫芯片上 10 种包被原分布

注：1~10 包被原分别为毒死蜱、三唑磷、克百威、噻虫啉、吡虫啉、多菌灵、异菌脲、涕灭威、甲氰菊酯和百菌清。

（2）芯片围栏分区。将芯片围栏粘贴在相应的区域，0.05% Tween-20-0.01mol/L PBS（PBST）洗涤 2 次。

（3）封闭。5%脱脂奶粉-PBS，100μL/孔，37℃孵育 30min，PBST 洗涤 2 次。

（4）一抗反应。加入抗体和待测样品（农药标准品或水果、蔬菜、茶叶等提取液），10 种抗体稀释液和待测样品各 25μL/孔，振荡混匀后，37℃孵育 30min，PBST 洗涤 2 次。

（5）金标二抗反应。加入金标二抗 20 倍稀释液（100μL/孔），37℃孵育 30min，用 PBST 和超纯水各洗涤 1 次。

（6）银增强反应。加入银增强 A 液和 B 液等体积混合液，100μL/孔，室温孵育 15min，超纯水洗涤 2 次。

（7）芯片扫描。将芯片置于图像扫描仪进行扫描成像，用 Adobe photoshop 7.0.1 生成 16 位灰度图，将所得图片置于芯片数据分析软件中获得每个检测区域的信号值，用于定量计算。

（8）数据分析。采用芯片数据分析软件计算每个检测点的信号值和背景值，扣除背景值后得到相对信号值。抑制率（I）的计算公式如下：

$$I\ (\%) = \frac{S_b - S_s}{S_b} \times 100$$

式中，I 为抑制率；S_b 为空白样品的信号值；S_s 为检测样品的信号值。

以抑制率为纵坐标，农药浓度对数为横坐标绘制标准曲线，并计算抑制率 IC_{50}。

2.2.5.5 实际样品分析

用甲醇将毒死蜱等 10 种农药标准品进行梯度稀释，将农药混合标样分别添加于黄瓜、苹果、红茶空白样品（经质谱仪检测，毒死蜱等 10 种农药的初始残留量均小于仪器检测限）中。

（1）芯片检测。采用简化的 QuEChERS 法对待测样品进行快速前处理。称取水果、蔬菜样品 10g（茶叶样品 1g，加入 10mL 超纯水浸泡 10min），加入 10mL 乙腈，振荡提取 3min，加入 1g NaCl 和 5g 无水 $MgSO_4$，振荡提取 3min，4 000r/min 离心 5min。取 5mL 上清液，加入 0.1g PSA，静置 30min 后，吸取 2mL 上清液，氮气吹干，用反应缓冲液（20%甲醇-PBS）定容，过 0.22μm 有机滤膜后待测。采用 2.2.5.4 节的方法进行测定。

（2）仪器检测。黄瓜、苹果和红茶样品中 10 种农药残留的前处理与检测方法参照中华人民共和国农业行业标准 NY/T 761—2008，其中噻虫啉、多菌灵、吡虫啉和涕灭威 4 种农药用 UPLC-MS/MS 检测，其余 6 种农药用 GC-MS/MS 检测。

2.2.5.6　结果与讨论

（1）芯片的包被抗原与农药抗体工作浓度优化。采用 10 组包被抗原-农药抗体组合，分别为毒死蜱-OVA，三唑磷-OVA，克百威-OVA，噻虫啉-OVA，吡虫啉-HRP，多菌灵-BSA，异菌脲-BSA，涕灭威-BSA，甲氰菊酯-BSA，百菌清-BSA 和相应的农药抗体组合，一个阵列组合中包含以上 10 种包被抗原，一张玻片包含 7 个阵列组合。免疫芯片反应过程如图 2-6 所示。

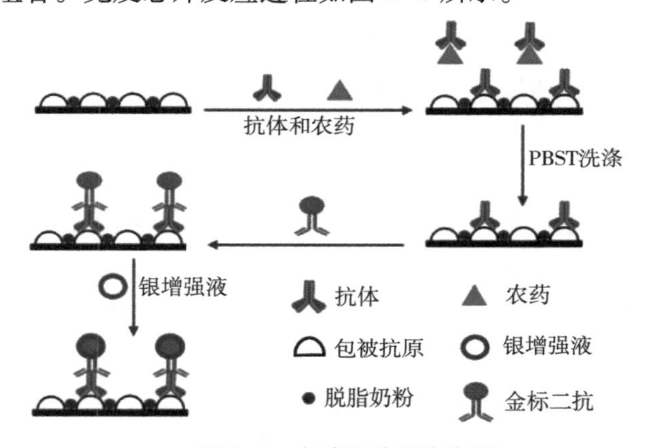

图 2-6　免疫芯片反应步骤

为实现各组包被抗原-农药抗体反应均获得较高的信号响应、灵敏度和特异性，根据芯片检测点的扫描分析数据，最终确定芯片中包被抗原-农药抗体工作浓度。其中，包被抗原在免疫芯片上的点样浓度为 0.02~1.00g/L，一抗浓度为 0.20~5.00mg/L；将 50mg/L 二抗用于胶体金标记，反应时金标探针稀释 20 倍。优化得到包被抗原-农药抗体组合浓度见表 2-6。

表 2-6　包被抗原和农药抗体工作浓度优化结果

农药	包被抗原	包被抗原点样浓度（g/L）	农药抗体浓度（mg/L）
毒死蜱	CHBU-OVA	0.10	0.31
三唑磷	THBU-OVA	0.10	0.62

（续表）

农药	包被抗原	包被抗原点样浓度（g/L）	农药抗体浓度（mg/L）
克百威	BFNB-OVA	0.10	2.00
噻虫啉	SCL-OVA	0.02	0.62
吡虫啉	BCL-HRP	0.25	1.00
多菌灵	DJL-BSA	0.10	0.20
异菌脲	YJN-BSA	0.50	0.62
涕灭威	TMW-BSA	1.00	5.00
甲氰菊酯	NC-BSA	0.08	0.30
百菌清	BJQ-BSA	0.10	0.50

（2）免疫芯片方法的分析性能。采用10种农药的系列标准溶液进行测试，通过芯片扫描仪成图并获取信号值进行定量分析，得出10种农药的抑制中浓度（IC_{50}）、标准曲线方程（R^2>0.96）和线性范围见表2-7，芯片测试扫描见图2-7。

表2-7　免疫芯片检测10种农药的标准曲线及灵敏度

农药	回归方程	IC_{50}（μg/L）	线性范围（IC_{20}-IC_{80}）（μg/L）	ELISA IC_{50}（μg/L）
毒死蜱	y=12.820ln$x$+16.497	13.64	1.31~141.66	7.99
三唑磷	y=10.378ln$x$+45.883	1.49	0.08~26.77	0.85
克百威	y=12.881ln$x$+27.349	5.80	0.57~59.59	5.57
噻虫啉	y=10.064ln$x$+22.277	15.72	0.80~309.70	13.29
吡虫啉	y=12.148ln$x$+37.210	3.16	0.28~36.40	2.34
多菌灵	y=12.042ln$x$+30.379	5.10	0.42~61.60	2.95
异菌脲	y=13.608ln$x$+24.309	6.97	0.70~68.81	10.37
涕灭威	y=16.222ln$x$+27.739	3.94	0.62~25.07	3.11
甲氰菊酯	y=15.129ln$x$+14.194	10.66	1.47~77.45	5.33
百菌清	y=10.961ln$x$+36.420	3.45	0.22~53.30	3.60

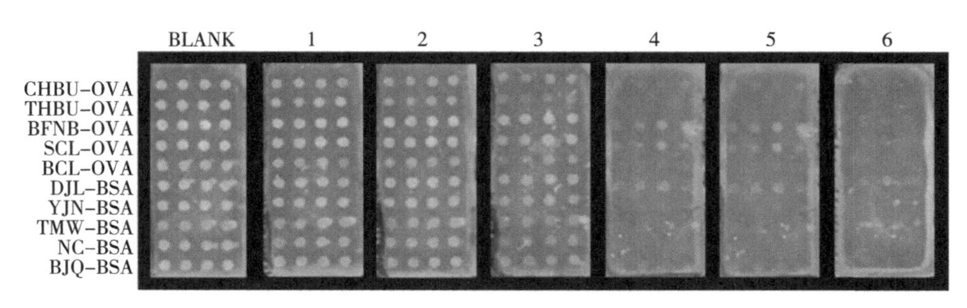

图2-7　免疫芯片对10种农药的检测结果

结果表明，以醛基玻片为固相载体构建的免疫芯片方法，对各农药的IC_{50}与采用同样包被抗原和农药抗体建立的间接竞争 ELISA 方法对各农药的 IC_{50}相当。本方法以 IC_{20}为检出限，以黄瓜中毒死蜱农药残留为例，其 IC_{20} = 1. 31μg/L，黄瓜样品提取需要 10 倍稀释，则理论最低检出量为 13. 1μg/kg，可满足黄瓜中毒死蜱最大残留限量 100μg/kg 的检测要求；同理，其他 9 种农药的最低检出量也可满足黄瓜中最大残留限量（MRL）检测要求。

（3）样品的基质效应。免疫芯片用于检测苹果、黄瓜、红茶样品中的 10 种农药，需首先考察样品基质对检测结果的干扰程度，通常采用样品稀释法降低基质效应。本研究采用简化的 QuEChERS 法对待测样品进行提取、净化、浓缩和定容，根据最终定容体积可计算出样品基质的稀释倍数。设置样品稀释系列梯度（1 倍、10 倍、20 倍和 40 倍），进行各基质不同稀释倍数下的 10 种农药的芯片法检测，实验结果表明，黄瓜样品稀释 10 倍，苹果和茶叶样品稀释 20 倍，其基质干扰可忽略，不影响方法的检出限。因而，样品提取净化后取 2mL 上清液，氮气吹干，黄瓜样品采用 20mL 的反应缓冲液定容（10 倍稀释），苹果和茶叶样品采用 40mL 的反应缓冲液定容（20 倍稀释）。以蔬菜样品（黄瓜）为例，其添加回收率及批内、批间差异见表 2-8。苹果、黄瓜、红茶样品的添加回收率为 82. 1%~120. 8%，批内相对标准偏差（RSD）为 2. 1%~14. 8%，批间 RSD 为 3. 6%~12. 1%，表明基于醛基玻片的农药多残留检测方法具备良好的准确度和精确度，符合农药残留分析的要求。

表 2-8　10 种农药在黄瓜中的添加回收率

农药种类	添加浓度（μg/kg）	检测浓度（μg/kg）	回收率（%，n=3）	批内相对标准偏差（%，n=3）	批间相对标准偏差（%，n=3）
毒死蜱	15	12. 93	86. 2±3. 0	3. 5	4. 4
	50	47. 59	95. 2±9. 2	9. 7	6. 3
	250	243. 90	97. 6±12. 5	12. 8	4. 5
三唑磷	15	16. 64	110. 9±5. 8	5. 2	7. 4
	50	49. 26	98. 5±5. 5	5. 6	11. 4
	500*	435. 63	87. 1±7. 3	8. 4	8. 9
克百威	15	12. 66	84. 4±3. 4	4. 0	5. 1
	50	48. 16	96. 3±8. 8	9. 2	6. 9
	500	461. 32	92. 3±5. 2	5. 7	12. 1
噻虫啉	15	16. 41	109. 4±4. 2	3. 8	7. 3
	50	46. 15	92. 3±4. 6	5. 0	11. 3
	500	439. 35	87. 9±4. 2	4. 8	5. 5
吡虫啉	15	16. 89	112. 6±4. 8	4. 3	6. 4
	50	49. 13	98. 3±5. 1	5. 2	10. 1
	250	231. 14	92. 5±3. 0	3. 3	5. 1

（续表）

农药种类	添加浓度（μg/kg）	检测浓度（μg/kg）	回收率（%，n=3）	批内相对标准偏差（%，n=3）	批间相对标准偏差（%，n=3）
多菌灵	15	15.81	105.4±15.6	14.8	8.1
	50	51.39	102.8±9.0	8.8	10.0
	500	488.68	97.7±5.6	5.7	10.4
异菌脲	15	16.49	109.9±6.0	5.5	5.4
	50	44.06	88.1±5.2	5.9	6.5
	500	456.73	91.4±4.6	5.0	7.4
涕灭威	15	14.70	98.0±6.3	6.5	5.7
	50	44.73	89.5±5.3	5.9	5.0
	250	233.97	93.6±10.0	10.7	8.3
甲氰菊酯	15	15.62	104.2±8.6	8.3	6.2
	50	47.17	94.3±4.4	4.6	10.3
	500	438.87	87.8±6.1	7.0	7.2
百菌清	15	16.41	109.4±11.6	10.6	5.8
	50	46.52	93.0±9.7	10.4	6.3
	500	495.89	99.2±4.6	4.7	9.6

注："＊"表示三唑磷 500ng/g 添加浓度档超出了三唑磷的芯片检测线性范围，因而检测分析时需将待测液再稀释 2 倍。

（4）芯片法与仪器法检测结果的相关性。分别使用免疫芯片方法和液（气）相色谱-质谱联用仪器方法检测苹果、黄瓜、红茶样品上 10 种农药添加回收量（图 2-8），将两种检测结果进行相关性分析，得到线性回归方程，苹果：$y=1.0419x-0.9035$，$R^2=0.9730$；黄瓜：$y=1.0037x+2.4689$，$R^2=0.9741$；红茶：$y=1.0046x+7.2808$，$R^2=0.9591$。结果表明，免疫芯片分析方法和质谱分析方法对 10 种农药的检测结果具有良好的相关性，两种检测方法对黄瓜样品检测的相关性曲线见图 2-8。

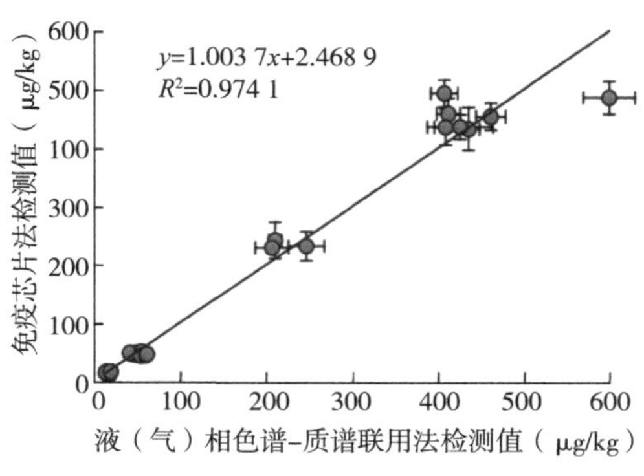

图 2-8 免疫芯片和质谱仪测定结果的相关性分析（黄瓜样品）

2.2.5.7 结论

建立了农药多残留免疫芯片检测体系，并应用于3类农作物—水果（苹果）、蔬菜（黄瓜）、茶叶（红茶）中毒死蜱等10种常见农药残留的快速筛查，而且有望应用于其他农产品的农药残留检测。

2.2.6 动物源性食品中克伦特罗、莱克多巴胺及沙丁胺醇的快速检测——胶体金免疫层析法

2.2.6.1 范围

适用于猪肉、牛肉等动物肌肉组织中克伦特罗、莱克多巴胺及沙丁胺醇的快速测定。

2.2.6.2 原理

本方法采用竞争抑制免疫层析原理。样品中克伦特罗、莱克多巴胺、沙丁胺醇与胶体金标记的特异性抗体结合，抑制抗体和检测卡中检测线（T线）上抗原的结合，从而导致检测线颜色深浅的变化。通过检测线与控制线（C线）颜色深浅比较，对样品中克伦特罗、莱克多巴胺、沙丁胺醇进行定性判定。

2.2.6.3 试剂与材料

除另有规定外，本方法所用试剂均为分析纯，水为GB/T 6682规定的二级水。

（1）试剂。甲醇（色谱纯），氢氧化钠，磷酸二氢钾，磷酸氢二钠，盐酸，氯化钠，氯化钾，三氮化钠，乙二胺四乙酸二钠，三羟甲基氨基甲烷（即Tris），乙酸乙酯，磷酸二氢钠。

①氢氧化钠溶液（1mol/L）：称取氢氧化钠4g，用水溶解并稀释至100mL。

②缓冲液：准确称取磷酸二氢钾0.3g，磷酸氢二钠1.5g，溶于约800mL水中，充分混匀后用盐酸或氢氧化钠溶液调节pH值至7.4，用水稀释至1 000mL，混匀。4℃保存，有效期3个月。

③展开液：准确称取磷酸二氢钾2g，磷酸氢二钠1.44g，氯化钠8g，氯化钾0.2g，三氮化钠0.5g，乙二胺四乙酸二钠1.0g溶于约500mL水中，充分混匀后用水稀释至1 000mL。

④Tris缓冲液（pH值9.0，1mol/L）：称取Tris 121.14g，溶于约700mL水中，充分混匀后加入盐酸调节pH值至9.0后用水定容至1 000mL。

⑤Tris缓冲液（pH值9.0，10mmol/L）：精密量取1mol/L Tris缓冲液1mL，用水稀释定容至100mL。

⑥磷酸二氢钠溶液（0.2mol/L）：称取磷酸二氢钠24.0g，用水溶解并稀释至1 000mL。

⑦磷酸氢二钠溶液（0.2mol/L）：称取磷酸氢二钠28.4g，用水溶解并稀释至1 000mL。

⑧磷酸盐缓冲液（pH值7.4，0.2mol/L）：量取磷酸二氢钠溶液19mL，加入

81mL 磷酸氢二钠溶液，混匀。

⑨磷酸盐缓冲液（pH 值 7.4，10mmol/L）：精密量取 0.2mol/L 磷酸盐缓冲液 50mL，用水稀释至 1 000mL。

（2）参考物质。克伦特罗、莱克多巴胺、沙丁胺醇参考物质的中文名称、英文名称、CAS 登录号、分子式、相对分子量见表 2-9，纯度≥97%。

表 2-9　克伦特罗、莱克多巴胺、沙丁胺醇参考物质的中文名称、英文名称、CAS 登录号、分子式、相对分子质量

序号	中文名称	英文名称	CAS 登录号	分子式	相对分子质量
1	克伦特罗	Clenbuterol	37148-27-9	$C_{12}H_{18}Cl_2N_2O$	277.19
2	莱克多巴胺	Ractopamine	97825-25-7	$C_{18}H_{23}NO_3$	301.38
3	沙丁胺醇	Salbutamol	18559-94-9	$C_{13}H_{21}NO_3$	239.31

（3）标准溶液配制。

①标准储备液：精密称取适量克伦特罗、莱克多巴胺、沙丁胺醇参考物质，分别置于 100mL 容量瓶中，用甲醇溶解并稀释至刻度，摇匀，分别制成浓度为 100μg/mL 的克伦特罗、莱克多巴胺、沙丁胺醇标准储备液。-18℃保存，有效期 1 年。

②克伦特罗标准中间液（1μg/mL）：精密量取克伦特罗标准储备液（100μg/mL）1mL，置于 100mL 容量瓶中，用甲醇稀释至刻度，摇匀，制成浓度为 1μg/mL 的克伦特罗标准中间液。临用新制。

③克伦特罗标准工作液（20ng/mL）：精密量取克伦特罗标准中间液（1μg/mL）1mL，置于 50mL 容量瓶中，用甲醇稀释至刻度，摇匀，制成浓度为 20ng/mL 的克伦特罗标准工作液。临用新制。

④莱克多巴胺标准中间液（1μg/mL）：精密量取莱克多巴胺标准储备液（100μg/mL）1mL，置于 100mL 容量瓶中，用甲醇稀释至刻度，摇匀，制成浓度为 1μg/mL 的莱克多巴胺标准中间液。临用新制。

⑤莱克多巴胺标准工作液（20ng/mL）：精密量取莱克多巴胺标准中间液（1μg/mL）1mL，置于 50mL 容量瓶中，用甲醇稀释至刻度，摇匀，制成浓度为 20ng/mL 的莱克多巴胺标准工作液。临用新制。

⑥沙丁胺醇标准中间液（1μg/mL）：精密量取沙丁胺醇标准储备液（100μg/mL）1mL，置于 100mL 容量瓶中，用甲醇稀释至刻度，摇匀，制成浓度为 1μg/mL 的沙丁胺醇标准中间液。临用新制。

⑦沙丁胺醇标准工作液（20ng/mL）：精密量取沙丁胺醇标准中间液（1μg/mL）1mL，置于 50mL 容量瓶中，用甲醇稀释至刻度，摇匀，制成浓度为 20ng/mL 的沙丁胺醇标准工作液。临用新制。

（4）材料。

①克伦特罗试剂盒/检测卡（条）：含胶体金试纸条及配套的试剂。

②莱克多巴胺试剂盒/检测卡（条）：含胶体金试纸条及配套的试剂。

③沙丁胺醇试剂盒/检测卡（条）：含胶体金试纸条及配套的试剂。

④固相萃取柱：丙烯酸系弱酸性阳离子交换柱。

2.2.6.4　仪器和设备

电子天平（感量为 0.01g 和 0.000 1g）；组织粉碎机；水浴箱；离心机（转速≥4 000r/min）；移液器（10μL、100μL、1mL、5mL）；读数仪（可选）；固相萃取装置（可选）；其他产品（说明书操作中需用的仪器）。

环境条件：温度 10~40℃，湿度≤80%。

2.2.6.5　分析步骤

（1）试样制备。取适量具有代表性样品的可食部分，充分粉碎混匀。

（2）试样提取和净化。称取适量试样，按照方法一或方法二提取步骤分别对空白试样、加标质控样品、待测样进行处理。

①方法一（隔水煮法）：称取粉碎混匀的样品 5g（精确至 0.01g）于 50mL 离心管，置 90℃水浴中加热 20min 至离心管中可清晰看见有组织液渗透，4 000r/min 离心 10min，将上清液转至另一离心管，重复离心操作一次。准确量取上清液 900μL，加入缓冲液 100μL 混匀，即得待测液。本方法推荐水浴加热，也可按照试剂盒说明书进行操作。

②方法二（固相萃取法）：称取粉碎混匀的样品 5g（精确至 0.01g）于 50mL 离心管，加入 10mmol/L Tris 缓冲液 5mL，剧烈振摇 5min，放置 20min，加入乙酸乙酯 10mL，剧烈振摇 1min。以 4 000r/min 离心 2min，上清液待净化。连接好固相萃取装置，并在固相萃取柱上方连接 30mL 注射器针筒，将上述上清液全部倒入 30mL 针筒中，用手缓慢推压注射器活塞，控制液体流速约 1 滴/s，使注射器中液体全部流过固相萃取柱，尽可能将固相萃取柱中溶液去除干净。将固相萃取柱下方的接液管更换为洁净的离心管，向固相萃取柱中加入 0.5mL 10mmol/L 磷酸盐缓冲液。用手缓慢推压注射器活塞，控制液体流速约 1 滴/s，使固相萃取柱中的液体全部流至离心管中，即得待测液。

注：试样制备过程可按照试剂盒说明书进行操作，不做限定。

（3）测定步骤。

①检测卡与金标微孔测定步骤：测试前，将未开封的检测卡恢复至室温。吸取 100μL 上述待测液于金标微孔中，上下抽吸 5~10 次直至微孔试剂混合均匀。室温温育 5min，将反应液全部加入检测卡的加样孔中，1min 后加入 1 滴展开液。检测卡加入样本后 10min 进行结果判定。

②无金标微孔时，检测卡测定步骤：测试前，将未开封的检测卡恢复至室温。吸取 100μL 上述待测液直接加入检测卡加样孔中，1min 后加入 1 滴展开液。检测

卡加入样本后 10min 进行结果判定。

③试纸条与金标微孔测定步骤：测试前，将未开封的试纸条恢复至室温。吸取 100μL 上述待测液于金标微孔中，上下抽吸 5~10 次直至微孔试剂混合均匀。室温温育 1min，将试纸条样品垫插入金标微孔中。室温温育 4min，从微孔中取出试纸条，去掉试纸条下端样品垫，进行结果判定。

注：测定步骤建议按照试剂盒说明书进行操作；结果判定建议使用读数仪，读数仪的具体使用参照仪器使用说明书。

（4）质控试验。每批样品应同时进行空白试验和加标质控试验。

①空白试验：称取空白试样，按照（2）和（3）步骤与样品同法操作。

②加标质控试验：称取空白试样 5g（精确至 0.01g）置于 50mL 离心管中，加入适量克伦特罗标准工作液（20ng/mL），使克伦特罗浓度为 0.5μg/kg，按照（2）和（3）步骤与样品同法操作。

称取空白试样 5g（精确至 0.01g）置于 50mL 离心管中，加入适量莱克多巴胺标准工作液（20ng/mL），使莱克多巴胺浓度为 0.5μg/kg，按照（2）和（3）步骤与样品同法操作。

准确称取空白试样 5g（精确至 0.01g）置于 50mL 离心管中，加入适量沙丁胺醇标准工作液（20ng/mL），使沙丁胺醇浓度为 0.5μg/kg，按照（2）和（3）步骤与样品同法操作。

2.2.6.6　结果判定要求

（1）读数仪测定结果。通过仪器对结果进行判读。

①无效：当质控线（C 线）不显色时，无论检测线（T 线）是否显色，均表示试验结果无效。

②阳性结果：若检测结果显示“+”（阳性），表示试样中含有待测组分且其含量大于等于方法检测限。

③阴性结果：若检测结果显示“-”（阴性），表示试样中不含待测组分或其含量低于方法检测限。

（2）目视判定。通过对比质控线（C 线）和检测线（T 线）的颜色深浅进行结果判定。

①无效：当质控线（C 线）不显色时，无论检测线（T 线）是否显色，均表示试验结果无效。

②阳性结果：质控线（C 线）显色，若检测线（T 线）不出现或出现但颜色浅于质控线（C 线），表示试样中含有待测组分且其含量高于方法检测限，判为阳性。

③阴性结果：质控线（C 线）显色，若检测线（T 线）颜色深于或等于质控线（C 线），表示试样中不含待测组分或其含量低于方法检测限，判为阴性。

（3）质控试验要求。空白试样测定结果应为阴性，加标质控样品测定结果应为阳性。

2.2.6.7 结论

当检测结果为阳性时，应对结果进行确证。

2.2.6.8 性能指标

（1）检测限克伦特罗、莱克多巴胺、沙丁胺醇检出限均为0.5μg/kg。

（2）灵敏度≥95%。

（3）特异性≥85%。

（4）假阴性率≤5%。

（5）假阳性率≤15%。

注：性能指标计算方法见表2-10。

表2-10 性能指标计算方法

样品情况[a]	检测结果[b]		总数
	阳性	阴性	
阳性	N11	N12	N1. =N11+N12
阴性	N21	N22	N2. =N21+N22
总数	N. 1=N11+N12	N. 2=N21+N22	N=N1. +N2. 或 N. 1+N. 2
显著性差异（χ^2）	χ^2=（|N12-N21|-1）^{2}/（N12+N21），自由度（df）=1		
灵敏度（p+,%）	p+=N11/N1.		
特异性（p-,%）	p-=N22/N2.		
假阴性率（pf-,%）	pf-=N12/N1. =100-灵敏度		
假阳性率（pf+,%）	pf+=N21/N2. =100-特异性		
相对准确度（%）[c]	（N11+N22）/（N1. +N2.）		

注：[a]由参比方法检验得到的结果或者样品中实际的公议值结果。

[b]由待确认方法检验得到的结果。灵敏度的计算使用确认后的结果。

N：任何特定单元的结果数，第一个数字指行，第二个数字指列。例如：N11表示第一行，第一列，N1. 表示所有的第一行，N. 2表示所有的第二列；N12表示第一行，第二列。

[c]为方法的检测结果相对准确性的结果，与一致性分析和浓度检测趋势情况综合评价。

3 原子吸收光谱法

3.1 简介

3.1.1 概述

原子吸收光谱法（Atomic absorption spectroscopy，AAS）又称为原子吸收分光光度法简称为原子吸收法，是基于气态的基态原子外层电子对紫外光和可见光范围的相对应原子共振辐射线的吸收强度来定量被测元素含量为基础的分析方法，是一种广泛用于测定微量及痕量无机组分的有效方法。

早在 17 世纪人们已经研究了光吸收现象。1760 年 Lambert 建立了光的吸收定律，1802 年 Wollastone 发现了太阳光谱中的黑线，1820 年 Brewster 认为这些黑线是由于大气层对太阳光线的吸收所产生的，1900 年 Planck 建立了光吸收和发射的量子理论，1916 年 Paschen 发明了空心阴极灯。这些都为原子吸收光谱法得以实现奠定了基础，在后续的几十年中又有相关的理论和研究不断地对原子吸收光谱法进行补充和完善。

虽然关于原子吸收的理论一直不断地发展和完善，但是直到 1955 年 Walsh、Alkemade 和 Milatz 独立发表了相关原子吸收光谱分析的论文后，原子吸收光谱法才逐渐成为一种常规的分析方法，Walsh 提出的原子吸收光谱法的理论基础为使用锐线光源（空心阴极灯）代替连续光源、用吸收谱线的峰值吸收代替积分吸收、基态原子的浓度和它对特征辐射的吸收符合吸收定律。这些理论一直是以后的原子吸收光谱法发展的基础与依据。在随后的半个世纪中，原子吸收光谱法在仪器研究和相关技术等各个方面都有了很大的发展与完善，原子吸收光谱法也以其灵敏度高、适用性广、操作简便和使用成本低等特点在各个领域中获得了广泛的应用。

自从 1960 年世界上第一台 AAS 仪器推向市场以来，随着科学技术的发展，原子吸收光谱仪器也经历了突飞猛进、一日千里的发展变革过程，经历了由旋钮人工操作的仪器发展为高度自动化的现代仪器，由晶体管分离元件到 IC 元件大规模集成电路的演变过程，AAS 仪器分析功能日臻完善。塞曼效应、空心阴极灯自吸效应扣除背景的应用，使得被测元素在很高的背景下也能顺利测定。化学改进技术、平台和探针技术以及在此基础上发展起来的稳定温度平台石墨炉技术（STPF）的应用，可以对复杂组成的样品有效地实现原子吸收测定。

3.1.2 原子吸收分光光度法的原理

原子吸收的基本原理为从空心阴极灯或光源中发射出一束特定波长的入射光，在原子化器中待测元素的基态原子蒸气对其产生吸收，未被吸收的部分透射过去。通过测定吸收特定波长的光量大小，来求出待测元素的含量。原子吸收光谱分析法的定量关系可用郎伯-比耳定律 $A=kbc$ 来表示。即：

$$A=kbc$$

式中，A 为吸光度；k 为吸光系数；b 为吸收池光路长度，即基态原子层厚度（火焰宽度）；c 为被测样品浓度，即蒸气中基态原子的浓度。

在一定浓度范围内，b 一定的情况下，原子吸收光谱法的计算公式是：

$$A=K'c$$

式中，K'为和试验条件有关的总相关系数，即比例常数；c 为待测样品中未知元素的浓度。

该法具有灵敏度高、精确高；在一定范围内测得一系列具有浓度梯度标液的吸光度，以浓度和对应吸光度对应范围获得标准曲线。在相同的试验条件下，测定待测试样溶液，根据测得的吸光度，由标准曲线获得试样中待测元素的含量。原子吸收由以下部分组成。

（1）光源。光源的功能是发射被测元素的特征共振辐射。对光源的基本要求是：发射的共振辐射的半宽度要明显小于吸收线的半宽度；辐射强度大、背景低，低于特征共振辐射强度的 1%；稳定性好，30min 之内漂移不超过 1%；噪声小于 0.1%；使用寿命长于 5A · h。空心阴极放电灯是能满足上述各项要求的理想光源，应用最广。

（2）原子化器。其功能是提供能量，使试样干燥，蒸发和原子化。在原子吸收光谱分析中，试样中被测元素的原子化是整个分析过程的关键环节。实现原子化的方法，最常用的有火焰原子化法和非火焰原子化法两种。火焰原子化法是原子光谱分析中最早使用的原子化方法，至今仍在广泛地被应用；非火焰原子化法应用最广的是石墨炉电热原子化法。

（3）分光器。它由入射和出射狭缝、反射镜和色散元件组成，其作用是将所需要的不同吸收线分离出来。

（4）检测系统。原子吸收光谱仪中广泛使用的检测器是光电倍增管。

原子吸收光谱分析法与原子发射光谱分析法相比，尽管干扰较少并易于克服，但在实际工作中干扰效应仍然经常发生，而且有时表现得很严重，因此了解干扰效应的类型、本质及其抑制方法很重要。原子吸收光谱中的干扰效应一般可分为物理干扰、化学干扰、电离干扰和光谱干扰 4 类。

标准曲线法，又称校正曲线法，是用已经知道的标准曲线，测定样品的吸光度值 A，根据被测元素的吸光度值 A，从校正曲线求得其含量。利用其简便、快速的特点，用于组成简单的试样。

基体匹配法是将等量基体加入标准系列溶液中，建立相应的曲线，用于待分析溶液中待测元素测定的方法。该方法为了消除基体干扰，适用于基体成分较高的样品测定。

氘灯背景校正是为了扣除背景吸收和共存元素的影响，适用于波长在190~360nm的背景校正。工作原理是：垂直于光源和原子化器之间增加了氘灯光源与切光器，氘灯在发射连续光谱，通过切光器的频率，让光源所发射的特征谱线和一定光谱通带氘灯所发射的谱线分时通过原子化器，当特征谱线进入原子化器时，原子化器中的基态原子核外层电子对它进行吸收，同时也产生分子吸收和光散射背景吸收，检测得到原子吸收（A_1）和背景吸收（A_2）的总吸收（A）。当氘灯所发射的谱线进入原子化器后，宽带背景吸收要比窄带原子吸收大许多倍，此时原子吸收可忽略不计，检测只获得背景吸收（A_2）。根据光吸收定律加和性，两束谱线吸收结果差：

$$A_1=A-A_2$$

得到扣除背景吸收以后的原子吸收（A_1）。

火焰原子吸收装置简单，操作方便，因而得到广泛应用。该法具有灵敏度高，精确高；选择性好，干扰少；速度快，易于实现自动化；可测元素多，范围广；结构简单，成本低等特点，也正因为如此，该法的发展也相当迅速。

3.1.3 原子吸收光谱法的分类

从测定元素时的不同的原子化方式分为火焰原子吸收光谱法、石墨炉原子吸收光谱法和流动注射氢化物发生-原子吸收光谱法

3.1.3.1 火焰原子吸收光谱法

火焰原子吸收光谱法是利用火焰产生的热能实现原子化，火焰的功能是蒸发溶剂、破坏和解离分子及产生被测元素的基态原子。其优点如下。

（1）提供的原子吸收分析条件稳定，测定的重现性好，测定的相对偏差可以达到0.2%。

（2）分析速度快。

（3）应用范围广，使用乙炔-空气火焰，可以测定35种元素，利用氧化亚氮-乙炔高温火焰或富氧空气-乙炔火焰能测定的元素达70多种。

（4）操作方法简便，在原子分析中有长期使用火焰的历史，易为分析工作者所掌握。

火焰原子化器由喷雾器、雾化室、燃烧器、火焰4部分组成。喷雾器是将试样溶液转化为雾状的装置，可将不同比重、不同黏度、不同表面张力的溶液转化为稳定均匀的雾状溶液。雾化室将雾状溶液与各种气体充分混合，形成更细的气溶胶进入燃烧器。燃烧器产生火焰并使试样蒸发和原子化，有单缝和三缝两种形式，可以通过调节高度和角度让光通过火焰适宜的部位并有最大吸收。火焰分焰心（发射强的分子带和自由基，很少用于分析）、内焰（基态原子最多，为分析区）和外焰

(火焰内部生成的氧化物扩散至该区并进入环境)。火焰的稳定性与供气速度有关，当供气速度大于燃烧速度时，火焰稳定，但过大则导致火焰不稳或吹熄火焰，过小则可造成回火。任何一种火焰均可按燃气与助燃气的比例（助燃比）分为3类具有不同性质的火焰：化学计量型火焰、富燃火焰和贫燃火焰。化学计量型火焰是指助燃比近似于二者反应的计量关系，又称中性火焰，此类型火焰温度高、稳定、干扰小、背景低，适于大多数元素的分析；富燃火焰燃气比例较大，燃烧不完全、温度略低，具有还原性，适于难分解的氧化物的元素分析，但干扰较大、背景高；贫燃火焰助燃气大于化学计量火焰，此类火焰温度最低，具氧化性，适于易解离和易电离的元素，如碱金属。

3.1.3.2 石墨炉原子吸收光谱法

石墨炉原子吸收光谱法是利用电加热石墨管产生的热能实现原子化，电加热的功能是除去溶剂、热解和驱除试样基体及将被测元素转化为自由原子。其优点如下。

（1）检出限绝对值可以低至pg级，比火焰原子化法低3~4个数量级。

（2）可以直接以溶液、固体和悬浮液进样，用样量小，通常溶液用量为10~20μL，固体用样量为10~20mg，样品溶液的物理性质（表面张力、黏度和密度）对进样的影响小。用蒸气发生法进样时，还可以原位富集，进一步提高测定灵敏度。

（3）温度最高可达3 000℃，升温速度快，可以分析元素的范围广。

（4）样品在短时间内快速原子化，样品利用率高，注入炉内的样品几乎都得到充分利用。

（5）原子化在强还原性环境和惰性气体保护下进行，有利于破坏金属氧化物和保护已原子化的自由原子不重新被氧化，自由原子在石墨管内平均停留时间比火焰中长，达到1s甚至更长。

（6）允许在真空紫外区进行原子吸收光谱测定。

（7）随着石墨管改性技术的发展，结合化学改进剂的应用，可以直接测定复杂基体中的痕量元素。稳定温度平台石墨炉技术的发展，甚至可以实现无标分析。

3.1.3.3 流动注射氢化物发生-原子吸收光谱法

通过化学反应使某些金属及类金属元素生成挥发性的化合物（化学蒸气发生），已有较长历史。其中最成功的就是这些元素的氢化物发生，氢化物发生-原子吸收光谱分析法（HG-AAS）目前已成为有效测定挥发性元素As、Bi、Ge、Se、Sb、Sn、Te、Pb等的重要方法。HG-AAS得到巨大发展和备受青睐的原因是它具有以下特点。

（1）形成氢化物，进样效率和原子化效率提高后，将大大提高分析灵敏度。

（2）形成氢化物后，分析物与基体分离，富集了分析元素，降低或消除基体干扰，可提高分析灵敏度和保证分析精密度。

（3）与流动注射结合在线分离基体，试剂用量少，分析速度快，易实现自动化。

（4）提供了原子吸收方法中气体进样新途径。

（5）提供了与其他分析技术联用的可行性。

（6）促进了 AAS 形态分析技术的发展。

3.2 实例分析

3.2.1 石墨炉原子吸收光谱法测定农产品中的镉

3.2.1.1 范围

本方法适用于各类农产品中镉的测定。方法检出限为 0.001mg/kg，定量限为 0.003mg/kg。

3.2.1.2 原理

试样经灰化或酸消解后，注入一定量样品消化液于原子吸收分光光度计石墨炉中，电热原子化后吸收 228.8nm 共振线，在一定浓度范围内其吸光度值与镉含量成正比，采用标准曲线法定量。

3.2.1.3 试剂和材料

除非另有说明，本方法所用试剂均为分析纯，水为 GB/T 6682 规定的二级水。所用玻璃仪器均需以硝酸溶液（1+4）浸泡 24h 以上，用水反复冲洗，最后用去离子水冲洗干净。

（1）硝酸（HNO_3），优级纯。

（2）盐酸（HCL），优级纯。

（3）高氯酸（$HClO_4$），优级纯。

（4）过氧化氢（H_2O_2，30%）。

（5）磷酸二氢铵（$NH_4H_2PO_4$）。

（6）1%硝酸溶液。取 10.0mL 硝酸加入 100mL 水中，稀释至 100mL。

（7）盐酸溶液（1+1）。取 50mL 盐酸慢慢加入 50mL 水中。

（8）硝酸-高氯酸混合溶液（9+1）。取 9 份硝酸与 1 份高氯酸混合。

（9）磷酸二氢铵溶液（10g/L）。称取 10.0g 磷酸二氢铵，用 100mL 硝酸溶液（1%）溶解后定量移入 1 000mL 容量瓶，用硝酸溶液（1%）定容至刻度。

（10）标准品。金属镉（Cd）标准品，纯度为 99.99%或经国家认证并授予标准物质证书的标准物质。

（11）镉标准储备液（1 000mg/L）。准确称取 1g 金属镉标准品（精确至 0.000 1g）于小烧杯中，分次加 20mL 盐酸溶液（1+1）溶解，加 2 滴硝酸，移入 1 000mL 容量瓶中，用水定容至刻度，混匀；或购买经国家认证并授予标准物质证书的标准物质。

（12）镉标准使用液（100ng/mL）。吸取镉标准储备液 10.0mL 于 100mL 容量瓶中，用硝酸溶液（1%）定容至刻度，如此经多次稀释成每毫升含 100ng 镉的标准使用液。

（13）镉标准曲线工作液。准确吸取镉标准使用液 0mL、0.50mL、1.0mL、1.5mL、2.0mL、3.0mL 于 100mL 容量瓶中，用硝酸溶液（1%）定容至刻度，即得到含镉量分别为 0ng/mL、0.50ng/mL、1.0ng/mL、1.5ng/mL、2.0ng/mL、3.0ng/mL 的标准系列溶液。

3.2.1.4 仪器和设备

（1）原子吸收分光光度计，附石墨炉。

（2）镉空心阴极灯。

（3）电子天平，感量为 0.1mg 和 1mg。

（4）可调温式电热板、可调温式电炉。

（5）马弗炉。

（6）恒温干燥箱。

（7）压力消解器、压力消解罐。

（8）微波消解系统，配聚四氟乙烯或其他合适的压力罐。

3.2.1.5 试样制备

（1）干试样。粮食、豆类去除杂质，坚果类去杂质、去壳，磨碎成均匀的样品，颗粒度不大于 0.425mm。储于洁净的塑料瓶中，并做好标记，于室温下或按样品保存条件下保存备用。

（2）鲜（湿）试样。蔬菜、水果等用食品加工机打成匀浆或碾磨成匀浆，储于洁净的塑料瓶中，并做好标记，于-18～-16℃冰箱中保存备用。

（3）液态试样。按样品保存条件保存备用。含气样品使用前应除气。

3.2.1.6 试样消解

可根据实验室条件选用以下任何一种方法消解，称量时应保证样品的均匀性。

（1）压力罐消解。称取干试样 0.3～0.5g（精确至 0.000 1g）、鲜（湿）试样 1～2g（精确到 0.001g）于聚四氟乙烯内罐，加硝酸 5mL 浸泡过夜。再加过氧化氢溶液（30%）2～3mL（总量不能超过罐容积的 1/3）。盖好内盖，旋紧不锈钢外套，放入恒温干燥箱，120～160℃保持 4～6h，在箱内自然冷却至室温，打开后加热赶酸至近干，将消化液洗入 10mL 或 25mL 容量瓶中，用少量硝酸溶液（1%）洗涤内罐和内盖 3 次，洗液合并于容量瓶中并用硝酸溶液（1%）定容至刻度，混匀备用。同时做试剂空白试验。

（2）微波消解。称取干试样 0.3～0.5g（精确至 0.000 1g）、鲜（湿）试样 1～2g（精确到 0.001g）置于微波消解罐中，加 5mL 硝酸和 2mL 过氧化氢。微波消化程序可以根据仪器型号调至最佳条件。消解完毕，待消解罐冷却后打开，消化液呈无色或淡黄色，加热赶酸至近干，用少量硝酸溶液（1%）冲洗消解罐 3 次，将溶液转移至 10mL 或 25mL 容量瓶中，并用硝酸溶液（1%）定容至刻度，混匀备用。同时做试剂空白试验。

（3）湿法消解。称取干试样 0.3~0.5g（精确至 0.000 1g）、鲜（湿）试样 1~2g（精确到 0.001g）于锥形瓶中，放数粒玻璃珠，加 10mL 硝酸-高氯酸混合溶液（9+1），加盖浸泡过夜，加一小漏斗在电热板上消化，若变棕黑色，再加硝酸，直至冒白烟，消化液呈无色透明或略带微黄色，放冷后将消化液洗入 10mL 或 25mL 容量瓶中，用少量硝酸溶液（1%）洗涤锥形瓶 3 次，洗液合并于容量瓶中并用硝酸溶液（1%）定容至刻度，混匀备用。同时做试剂空白试验。

（4）干法灰化。称取干试样 0.3~0.5g（精确至 0.000 1g）、鲜（湿）试样 1~2g（精确到 0.001g）、液态试样 1~2g（精确到 0.001g）于瓷坩埚中，先小火在可调式电炉上炭化至无烟，移入马弗炉 500℃ 灰化 6~8h，冷却。若个别试样灰化不彻底，加 1mL 混合酸在可调式电炉上小火加热，将混合酸蒸干后，再转入马弗炉中 500℃ 继续灰化 1~2h，直至试样消化完全，呈灰白色或浅灰色。放冷，用硝酸溶液（1%）将灰分溶解，将试样消化液移入 10mL 或 25mL 容量瓶中，用少量硝酸溶液（1%）洗涤瓷坩埚 3 次，洗液合并于容量瓶中并用硝酸溶液（1%）定容至刻度，混匀备用。同时做试剂空白试验。

试验要在通风良好的通风橱内进行。对含油脂的样品，尽量避免用湿式消解法消化，最好采用干法消化，如果必须采用湿式消解法消化，样品的取样量最大不能超过 1g。

3.2.1.7　仪器参考条件

根据所用仪器型号将仪器调至最佳状态。原子吸收分光光度计（附石墨炉及镉空心阴极灯）测定参考条件如下。

波长 228.8nm，狭缝 0.2~1.0nm，灯电流 2~10mA，干燥温度 105℃，干燥时间 20s。

灰化温度 400~700℃，灰化时间 20~40s。

原子化温度 1 300~1 300℃，原子化时间 3~5s。

背景校正为氘灯或塞曼效应。

3.2.1.8　标准曲线的制作

将标准曲线工作液按浓度由低到高的顺序各取 20μL 注入石墨炉，测其吸光度值，以标准曲线工作液的浓度为横坐标，相应的吸光度值为纵坐标，绘制标准曲线并求出吸光度值与浓度关系的一元线性回归方程。标准系列溶液应不少于 5 个点的不同浓度的镉标准溶液，相关系数不应小于 0.995。如果有自动进样装置，也可按程序稀释来配制标准系列。

3.2.1.9　试样溶液的测定

于测定标准曲线工作液相同的试验条件下，吸取样品消化液 20μL（可根据使用仪器选择最佳进样量），注入石墨炉，测其吸光度值。代入标准系列的一元线性回归方程中求样品消化液中镉的含量，平行测定次数不少于两次。若测定结果超出标准曲线范围，用硝酸溶液（1%）稀释后再行测定。

3.2.1.10 基体改进剂的使用

对有干扰的试样，和样品消化液一起注入石墨炉 5μL 基体改进剂磷酸二氢铵溶液（10g/L），绘制标准曲线时也要加入与试样测定时等量的基体改进剂。

3.2.1.11 分析结果的表述

试样中镉含量计算公式：

$$X=\frac{c\times V}{m\times 1\ 000}$$

式中，X 为试样中镉的含量（mg/kg 或 mg/L）；c 为样品溶液镉浓度减去空白溶液中镉的浓度（ng/mL）；V 为消化液总体积（mL）；m 为样品质量或体积（g）；1 000为换算系数。

以重复性条件下获得的两次独立测定结果的算术平均值表示，结果保留两位有效数字。

3.2.1.12 精密度

在重复性条件下获得的两次独立测定结果的绝对差值不得超过算术平均值的 20%。

3.2.2 火焰原子吸收光谱法测定水产品中的铅

3.2.2.1 原理

试样经处理后，铅离子在一定 pH 值条件下与二乙基二硫代氨基甲酸钠（DDTC）形成络合物，经 4-甲基-2-戊酮（MIBK）萃取分离，导入原子吸收光谱仪中，经火焰原子化，在 283.3nm 处测定的吸光度。在一定浓度范围内铅的吸光度值与铅含量成正比，与标准系列比较定量。

3.2.2.2 试剂和材料

除非另有说明，本方法所用试剂均为分析纯，水为 GB/T 6682 规定的二级水。

（1）硝酸（HNO_3），优级纯。

（2）高氯酸（$HClO_4$），优级纯。

（3）硫酸铵［（$NH_4)_2SO_4$］。

（4）柠檬酸铵［$C_6H_5O_7(NH_4)_3$］。

（5）溴百里酚蓝（$C_{27}H_{28}O_5SBr_2$）。

（6）二乙基二硫代氨基甲酸钠［DDTC，$(C_2H_5)_2NCSSNa_3H_2O$］。

（7）氨水（$NH_3\cdot H_2O$），优级纯。

（8）4-甲基-2-戊酮（MIBK，$C_6H_{12}O$）。

（9）盐酸（HCl），优级纯。

（10）硝酸溶液（5+95）。量取50mL硝酸，加入950mL水中，混匀。

（11）硝酸溶液（1+9）。量取50mL硝酸，加入450mL水中，混匀。

（12）硫酸铵溶液（300g/L）。称取30g硫酸铵，用水溶解并稀释至100mL，混匀。

（13）柠檬酸铵溶液（250g/L）。称取25g柠檬酸铵，用水溶解并稀释至100mL，混匀。

（14）溴百里酚蓝水溶液（1g/L）。称取0.1g溴百里酚蓝，用水溶解并稀释至100mL，混匀。

（15）DDTC溶液（50g/L）。称取5g DDTC，用水溶解并稀释至100mL，混匀。

（16）氨水溶液（1+1）。吸取100mL氨水，加入100mL水，混匀。

（17）盐酸溶液（1+11）。吸取10mL盐酸，加入110mL水，混匀。

（18）硝酸铅［$Pb(NO_3)_2$］。纯度>99.99%，或经国家认证并授予标准物质证书的一定浓度的铅标准溶液。

（19）铅标准储备液（1 000mg/L）。准确称取1.598 5g（精确至0.000 1g）硝酸铅，用少量硝酸溶液（1+9）溶解，移入1 000mL容量瓶，加水至刻度，混匀。

（20）铅标准使用液（10.0mg/L）。准确吸取铅标准储备液（1 000mg/L）1.00mL于100mL容量瓶中，加硝酸溶液（5+95）至刻度，混匀。

3.2.2.3　仪器和设备

所有玻璃器皿均需硝酸（1+5）浸泡过夜，用自来水反复冲洗，最后用去离子水冲洗干净。

（1）原子吸收光谱仪，配火焰原子化器，附铅空心阴极灯。

（2）分析天平，感量0.1mg和1mg。

（3）可调式电热炉。

（4）可调式电热板。

3.2.2.4　试样制备

样品用水洗净，晾干，取可食部分，制成匀浆，储于塑料瓶中。

3.2.2.5　试样前处理

（1）湿法消解。称取试样0.2~3g（精确至0.001g）于带刻度消化管中，加入10mL硝酸和0.5mL高氯酸，在可调式电热炉上消解（参考条件：120℃/0.5~1h，升至180℃/2~4h，升至200~220℃）。若消化液呈棕褐色，再加少量硝酸，消解至冒白烟，消化液呈无色透明或略带黄色，取出消化管，冷却后用水定容至10mL，混匀备用。同时做试剂空白试验。亦可采用锥形瓶，于可调式电热板上，按上述操作方法进行湿法消解。

（2）微波消解。称取试样0.2~0.8g（精确至0.001g）于微波消解罐中，加入

5mL 硝酸，按照微波消解的操作步骤消解试样，消解条件参考表 3-1。冷却后取出消解罐，在电热板上于 140～160℃ 赶酸至 1mL 左右。消解罐放冷后，将消化液转移至 10mL 容量瓶中，用少量水洗涤消解罐 2～3 次，合并洗涤液于容量瓶中并用水定容至刻度，混匀备用。同时做试剂空白试验。

表 3-1 微波消解升温程序

步骤	设定温度（℃）	升温时间（min）	恒温时间（min）
1	120	5	5
2	160	5	10
3	180	5	10

（3）压力罐消解。称取试样 0.2～1g（精确至 0.001g）于消解内罐中，加入 5mL 硝酸。盖好内盖，旋紧不锈钢外套，放入恒温干燥箱，于 140～160℃ 下保持 4～5h。冷却后缓慢旋松外罐，取出消解内罐，放在可调式电热板上于 140～160℃ 赶酸至 1mL 左右。冷却后将消化液转移至 10mL 容量瓶中，用少量水洗涤内罐和内盖 2～3 次，合并洗涤液于容量瓶中并用水定容至刻度，混匀备用。同时做试剂空白试验。

3.2.2.6 仪器参考条件

根据各自仪器性能调至最佳状态。参考条件参见表 3-2。

表 3-2 火焰原子吸收光谱法仪器参考条件

元素	波长（nm）	狭缝（nm）	灯电流（mA）	燃烧头高度（mm）	空气流量（L/min）
铅	283.3	0.5	8～12	6	8

3.2.2.7 标准曲线的制作

分别吸取铅标准使用液 0mL、0.250mL、0.500mL、1.00mL、1.50mL 和 2.00mL（相当 0μg、2.50μg、5.00μg、10.0μg、15.0μg 和 20.0μg 铅）于 125mL 分液漏斗中，补加水至 60mL。加 2mL 柠檬酸铵溶液（250g/L），溴百里酚蓝水溶液（1g/L）3～5 滴，用氨水溶液（1+1）调 pH 值至溶液由黄变蓝，加硫酸铵溶液（300g/L）10mL，DDTC 溶液（1g/L）10mL，摇匀。放置 5min 左右，加入 10mL MIBK，剧烈振摇提取 1min，静置分层后，弃去水层，将 MIBK 层放入 10mL 带塞刻度管中，得到标准系列溶液。将标准系列溶液按质量由低到高的顺序分别导入火焰原子化器，原子化后测其吸光度值，以铅的质量为横坐标，吸光度值为纵坐标，制作标准曲线。

3.2.2.8 试样的测定

将试样消化液及试剂空白溶液分别置于 125mL 分液漏斗中，补加水至 60mL。加 2mL 柠檬酸铵溶液（250g/L），溴百里酚蓝水溶液（1g/L）3～5 滴，用氨水溶液（1+1）调 pH 值至溶液由黄变蓝，加硫酸铵溶液（300g/L）10mL，DDTC 溶液

（1g/L）10mL，摇匀。放置5min左右，加入10mL MIBK，剧烈振摇提取1min，静置分层后，弃去水层，将MIBK层放入10mL带塞刻度管中，得到试样溶液和空白溶液。将试样溶液和空白溶液分别导入火焰原子化器，原子化后测其吸光度值，与标准系列比较定量。

3.2.2.9 分析结果的表述

试样中铅含量计算公式：

$$X=\frac{c\times V}{m\times 1\ 000}$$

式中，X为样品中铅的含量（mg/kg）；c为样品溶液中铅的浓度（ng/mL）；V为消化液总体积（mL）；m为样品质量或体积（g）。

当铅含量≥10.0mg/kg时，计算结果保留3位有效数字；当铅含量<10.0mg/kg时，计算结果保留两位有效数字。

3.2.2.10 精密度

在重复性条件下获得的两次独立测定结果的绝对差值不得超过算术平均值的20%。

3.2.2.11 其他

以称样量0.5g计算，方法的检出限为0.4mg/kg，定量限为1.2mg/kg。

3.2.3 石墨炉原子吸收光谱法测定粮食中铬的含量

3.2.3.1 范围

适用于粮食中铬的测定，本方法检出限为0.01mg/kg，定量限为0.03mg/kg。

3.2.3.2 原理

试样经消解处理后，采用石墨炉原子吸收光谱法，在357.9nm处测定吸收值，在一定浓度范围内其吸收值与标准系列溶液比较定量。

3.2.3.3 试剂和材料

除非另有规定，本方法所用试剂均为优级纯，水为GB/T 6682规定的二级水。

（1）硝酸（HNO_3）。

（2）高氯酸（$HClO_4$）。

（3）磷酸二氢铵（$NH_4H_2PO_4$）。

（4）硝酸溶液（5+95）。量取50mL硝酸慢慢倒入950mL水中，混匀。

（5）硝酸溶液（1+1）。量取250mL硝酸慢慢倒入250mL水中，混匀。

（6）磷酸二氢铵溶液（20g/L）。称取2.0g磷酸二氢铵，溶于水中，并定容至100mL，混匀。

（7）标准品。重铬酸钾（$K_2Cr_2O_7$）：纯度>99.5%或经国家认证并授予标准物质证书的标准物质。

（8）铬标准储备液。准确称取基准物质重铬酸钾（110℃，烘 2h）1.431 5g（精确至 0.000 1g），溶于水中，移入 500mL 容量瓶中，用硝酸溶液（5+95）稀释至刻度，混匀。此溶液每毫升含 1.000mg 铬。或购置经国家认证并授予标准物质证书的铬标准储备液。

（9）铬标准使用液。将铬标准储备液用硝酸溶液（5+95）逐级稀释至每毫升含 100ng 铬。

（10）标准系列溶液的配制。分别吸取铬标准使用液（100ng /mL）0mL、0.500mL、1.00mL、2.00mL、3.00mL、4.00mL 于 25mL 容量瓶中，用硝酸溶液（5+95）稀释至刻度，混匀。各容量瓶中每毫升分别含铬 0ng、2.00ng、4.00ng、8.00ng、12.0ng、16.0ng，或采用石墨炉自动进样器自动配制。

3.2.3.4 仪器设备

所用玻璃仪器均需以硝酸溶液（1+4）浸泡 24h 以上，用自来水反复冲洗，最后用去离子水冲洗干净。

（1）原子吸收光谱仪，配石墨炉原子化器，附铬空心阴极灯。

（2）微波消解系统，配有消解内罐。

（3）可调式电热炉。

（4）可调式电热板。

（5）压力消解器，配有消解内罐。

（6）马弗炉。

（7）恒温干燥箱。

（8）电子天平，感量为 0.1mg 和 1mg。

3.2.3.5 样品前处理

粮食去除杂物后，粉碎，装入洁净的容器内，作为试样。密封，并做好标记，试样应于室温下保存。

（1）微波消解。准确称取试样 0.2～0.6g（精确至 0.001g）于微波消解罐中，加入 5mL 硝酸，按照微波消解的操作步骤消解试样（消解条件参见表 3-1）。冷却后取出消解罐，在电热板上于 140～160℃ 赶酸至 0.5～1.0mL。消解罐放冷后，将消化液转移至 10mL 容量瓶中，用少量水洗涤消解罐 2～3 次，合并洗涤液，用水定容至刻度。同时做试剂空白试验。

（2）湿法消解。准确称取试样 0.5～3.0g（精确至 0.001g）于消化管中，加入 10mL 硝酸、0.5mL 高氯酸，在可调式电热炉上消解（参考条件：120℃保持 0.5～1h，升温至 180℃保持 2～4h，升温至 200～220℃）。若消化液呈棕褐色，再加硝酸，消解至冒白烟，消化液呈无色透明或略带黄色，取出消化管，冷却后用水定容至 10mL。同时做试剂空白试验。

（3）高压消解。准确称取试样 0.3～1.0g（精确至 0.001g）于消解内罐中，加入 5mL 硝酸。盖好内盖，旋紧不锈钢外套，放入恒温干燥箱，于 140～160℃ 下保持4~5h。在箱内自然冷却至室温，缓慢旋松外罐，取出消解内罐，放在可调式电热板上于140~160℃赶酸至0.5~1.0mL。冷却后将消化液转移至10mL容量瓶中，用少量水洗涤内罐和内盖2~3次，合并洗涤液于容量瓶中并用水定容至刻度。同时做试剂空白试验。

（4）干法灰化。准确称取试样0.5~3.0g（精确至0.001g）于坩埚中，小火加热，炭化至无烟，转移至马弗炉中，于550℃恒温3~4h。取出冷却，对于灰化不彻底的试样，加数滴硝酸，小火加热，小心蒸干，再转入550℃高温炉中，继续灰化1~2h，至试样呈白灰状，从高温炉取出冷却，用硝酸溶液（1+1）溶解并用水定容至10mL。同时做试剂空白试验。

3.2.3.6 仪器测试条件

根据各自仪器性能调至最佳状态。参考条件见表3-3。

表3-3 石墨炉原子吸收法参考条件

元素	波长（nm）	狭缝（nm）	灯电流（mA）	干燥（℃/s）	灰化（℃/s）	原子化（℃/s）
铬	357.9	0.2	5~7	（85~120）/（40~50）	900/（20~30）	2700/（4~5）

3.2.3.7 标准曲线的制作

将标准系列溶液工作液按浓度由低到高的顺序分别取10μL（可根据使用仪器选择最佳进样量），注入石墨管，原子化后测其吸光度值，以浓度为横坐标，吸光度值为纵坐标，绘制标准曲线。

3.2.3.8 试样测定

在与测定标准溶液相同的试验条件下，将空白溶液和样品溶液分别取10μL（可根据使用仪器选择最佳进样量），注入石墨管，原子化后测其吸光度值，与标准系列溶液比较定量。对有干扰的试样应注入5μL（可根据使用仪器选择最佳进样量）的磷酸二氢铵溶液（20.0g/L）。

3.2.3.9 分析结果的表述

试样中铬含量计算公式：

$$X=\frac{c\times V}{m\times 1\,000}$$

式中，X为试样中铬的含量（mg/kg）；c为样品溶液铬浓度减去空白溶液的浓度（ng/mL）；V为消化液总体积（mL）；m为样品质量或体积（g）。

当分析结果≥1mg/kg时，保留3位有效数字；当分析结果<1mg/kg时，保留两位有效数字。

3.2.3.10 精密度

在重复性条件下获得的两次独立测定结果的绝对差值不得超过算术平均值的20%。

3.2.4 火焰原子吸收光谱法测定土壤中的铜

3.2.4.1 范围

本方法适用于土壤中铜的测定，方法检出限为1mg/kg，测定下限为4mg/kg。

3.2.4.2 原理

土壤经酸消解后，试样中的铜在空气-乙炔火焰中原子化，其基态原子对铜的特征谱线产生选择性吸收，其吸收强度在一定范围内与铜的浓度成正比。

3.2.4.3 试剂和材料

（1）盐酸（HCl）。

（2）硝酸（HNO_3）。

（3）高氯酸（$HClO_4$）。

（4）氢氟酸（HF）。

（5）盐酸溶液（1+1）。

（6）硝酸溶液（1+1）。

（7）硝酸溶液（1+99）。

（8）铜标准储备液（1 000mg/L）。称取1g金属铜标准品（精确至0.000 1g），用30mL硝酸溶液（1+1）加热溶解，冷却后用水定容至1L。贮存于聚乙烯瓶中，4℃以下冷藏保存，有效期2年。或购买经国家认证并授予标准物质证书的标准物质。

（9）铜标准使用液（100mg/L）。吸取铜标准储备液10.0mL于100mL容量瓶中，用硝酸溶液（1%）定容至刻度，摇匀。贮存于聚乙烯瓶中，4℃以下冷藏保存，有效期1年。

3.2.4.4 仪器和设备

（1）火焰原子吸收分光光度计。

（2）光源。铜元素锐线光源或连续光源。

（3）电热消解装置。温控电热板或石墨电热消解仪，温控精度±5℃。

（4）微波消解装置，功率600~1 500W，配备微波消解罐。

（5）聚四氟乙烯坩埚或聚四氟乙烯消解管，50mL。

（6）分析天平，感量为0.1mg。

（7）一般实验室常用器皿和设备。

3.2.4.5 样品的制备

除去土壤样品中的异物（枝棒、叶片、石子等），将采集的样品在实验室中风干、破碎、过筛，保存备用。

3.2.4.6 土壤干物质含量的测定

具盖容器和盖子于（105±5）℃下烘干1h，稍冷，盖好盖子，然后置于干燥器中至少冷却 45min，测定带盖容器的质量 m_0，精确至 0.01g。用样品勺将 10~15g 风干土壤试样转移至已称重的具盖容器中，盖上容器盖，测定总质量 m_1，精确至 0.01g。取下容器盖，将容器和风干土壤试样一并放入烘箱中，在（105±5）℃下烘干至恒重，同时烘干容器盖。盖上容器盖，置于干燥器中至少冷却 45min，取出后立即测定带盖容器和烘干土壤的总质量 m_2，精确至 0.01g。用下式计算土壤干物质含量：

$$w_{dm}\ (\%) = \frac{m_2 - m_0}{m_1 - m_0} \times 100$$

3.2.4.7　试样的消解

（1）电热板消解。称取 0.2~0.3g（精确到 0.1mg）样品于 50mL 聚四氟乙烯坩埚中，用水润湿后加入 10mL 盐酸，于通风橱内电热板上 90~100℃加热，使样品初步分解，待消解液蒸发至剩余约 3mL 时，加入 9mL 硝酸，加盖加热至无明显颗粒，加入 5~8mL 氢氟酸，开盖，于 120℃加热 30min，稍冷，加入 1mL 高氯酸，于 150~170℃加热至冒白烟，加热时应经常摇动坩埚。若坩埚壁上有黑色碳化物，加入 1mL 高氯酸加盖继续加热至黑色碳化物消失，再开盖，加热赶酸至内容物呈不流动的液珠状（趁热观察）。加入 3mL 硝酸溶液（1+99），温热溶解可溶性残渣，全量转移至 25mL 容量瓶中，用硝酸溶液（1+99）定容至标线，摇匀，保存于聚乙烯瓶中，静置，取上清液待测，于 30d 内完成分析。

（2）石墨电热消解。称取 0.2~0.3g（精确到 0.1mg）样品于 50mL 聚四氟乙烯消解管中，用水润湿后加入 5mL 盐酸，于通风橱内石墨消解仪上 100℃加热 45min。加入 9mL 硝酸加热 30min，加入 5mL 氢氟酸加热 30min，稍冷，加入 1mL 高氯酸，加盖 120℃加热 3h，开盖，150℃加热至冒白烟，加热时应经常摇动消解管。若消解管内壁上有黑色碳化物，加入 0.5mL 高氯酸加盖继续加热至黑色碳化物消失，开盖，160℃加热赶酸至内容物呈不流动的液珠状（趁热观察）。加入 3mL 硝酸溶液（1+99），温热溶解可溶性残渣，全量转移至 25mL 容量瓶中，用硝酸溶液（1+99）定容至标线，摇匀，保存于聚乙烯瓶中，静置，取上清液待测，于 30d 内完成分析。

（3）微波消解。称取试样 0.2~0.3g（精确至 0.000 1g）于消解罐中，用水润湿后加入 3mL 盐酸、6mL 硝酸、2mL 氢氟酸，移入微波消解系统消解，取出冷却，用水冲洗罐盖和内壁，定容，摇匀备测。保存于聚乙烯瓶中，静置，取上层液待测，于 30d 内完成分析。

土壤样品种类复杂，基体差异较大，在消解时视消解情况，可适当补加硝酸、高氯酸等酸，调整消解温度和时间等条件；石墨消解法亦可参考仪器推荐消解程序，方法性能需满足本方法要求；视样品实际情况，试样定容体积可适当调整。

3.2.4.8　仪器测试条件

根据仪器操作说明书调节仪器至最佳工作状态。参考测量条件见表 3-4。

表 3-4　仪器参考测量条件

元素	光源	灯电流（mA）	测定波长（nm）	通带宽度（nm）	火焰类型
铜	锐线光源	5.0	324.7	0.5	中性

3.2.4.9　标准曲线的制作

取 100mL 容量瓶，用硝酸溶液（1+99）将铜标准使用液分别稀释成 0.10mg/L、0.50mg/L、1.00mg/L、3.00mg/L、5.00mg/L 标准系列。

按仪器测定条件，用标准曲线零浓度点调节仪器零点，由低浓度到高浓度依次测定标准系列的吸光度，以铜元素标准系列质量浓度为横坐标，相应的吸光度为纵坐标，制作标准曲线。

3.2.4.10　分析结果的表述

土壤中铜的质量分数，按照下式进行计算：

$$w_i=\frac{(\rho_i-\rho_0)\times V}{m\times w_{dm}}$$

式中，w_i 为土壤中铜的质量分数（mg/kg）；ρ_i 为试样中铜的质量浓度（mg/L）；ρ_0为空白试样中铜的质量浓度（mg/L）；V 为消解后试样的定容体积（mL）；m 为土壤样品的称样量（g）；w_{dm}为土壤样品的干物质含量（%）。

3.2.5　火焰原子吸收光谱法测定水溶肥料中的铁

3.2.5.1　原理

试样溶液中的铁在微酸性介质中，于空气-乙炔火焰中原子化，所产生的原子蒸气吸收从铁空心阴极灯射出特征波长为 248.3nm 的光，吸光度的大小与铁基态原子浓度成正比。

3.2.5.2　试剂和材料

（1）盐酸溶液（1+1）。

（2）铁标准储备液（1 000mg/L）。

（3）铁标准溶液（100mg/L）。吸取铁标准储备液 10.00mL 于 100mL 容量瓶中，加入盐酸溶液（1+1）10mL，用水定容，混匀。

（4）溶解乙炔。

3.2.5.3　仪器与设备

（1）通常实验室仪器。

（2）水平往复式振荡器或具有相同功效的振荡装置。

（3）原子吸收分光光度计，附有空气-乙炔燃烧器及铁空心阴极灯。

3.2.5.4　样品的制备

（1）固体试样。经多次缩分后，取出约 100g，将其迅速研磨至全部通过

0.50mm 孔径筛（如样品潮湿，可通过 1.00mm 筛子），混合均匀，置于洁净、干燥的容器中。称取 0.2~3g 试样（精确至 0.000 1g）置于 250mL 容量瓶中，加水约 150mL，置于（25±5）℃振荡器内，在（180±20）r/min 的振荡频率下振荡 30min。取出后用水定容，混匀，干过滤，弃去最初几毫升滤液后，滤液待测。

（2）液体试样。经多次摇动后，迅速取出约 100mL，置于洁净、干燥的容器中。称取 0.2~3g 试样（精确至 0.000 1g）置于 250mL 容量瓶中，用水定容，混匀，干过滤，弃去最初几毫升滤液后，滤液待测。

3.2.5.5 标准曲线的绘制

分别吸取铁标准溶液 0mL、0.50mL、1.00mL、2.00mL、5.00mL 于 5 个 100mL 容量瓶中，加入 4mL 盐酸溶液（1+1），用水定容，混匀。此标准系列铁的质量浓度分别为 0mL/L、0.50mg/L、1.00mg/L、2.00mg/L、5.00mg/L。在选定最佳工作条件下，于波长 248.3nm 处，使用空气-乙炔火焰，以铁含量为 0mg/L 的标准溶液为参比溶液调零，测定各坐标溶液的吸光值。

以各标准溶液铁的质量浓度（mg/L）为横坐标，相应的吸光值为纵坐标，绘制工作曲线（可根据不同仪器灵敏度调整标准曲线的质量浓度）。

3.2.5.6 测定

吸取一定体积的试样溶液于 100mL 容量瓶中，加入 4mL 盐酸溶液（1+1），用水定容，混匀。在与测定标准系列溶液相同的条件下，测定其吸光值，在工作曲线上查出相应铁的质量浓度（mg/L）。

3.2.5.7 分析结果的表述

铁含量以质量分数表示，按下式计算：

$$w\ (\%) = \frac{(\rho-\rho_0)D\times 250}{m\times 10^6}\times 100$$

式中，ρ 为由工作曲线查出的试样溶液中铁的质量浓度（mg/L）；ρ_0 为由工作曲线查出的空白溶液中铁的质量浓度（mg/L）；D 为测定时试样溶液的稀释倍数；250 为试样溶液的体积（mL）；m 为试样的质量（g）。

取平行测定结果的算术平均值为测定结果，结果保留到小数点后两位。

3.2.5.8 允许差

平行测定结果的相对相差不大于 10%；不同实验室测定结果的相对相差不大于 30%；当测定结果小于 0.15%时，平行测定结果及不同实验室测定结果相对相差不计。

4　近红外光谱法

4.1　简介

4.1.1　概述

光谱分析作为物质分析的一种重要方法，它们基于测量辐射的波长和强度，并且可以进行定性、定量分析。现在常用的有原子发射光谱分析、原子吸收光谱分析、紫外吸收光谱分析、红外吸收光谱分析等。而这些分析中，近红外光谱分析这几年发展迅速。现代近红外光谱（NIR）分析技术是近年来分析化学领域迅猛发展的高新分析技术，越来越引起国内外分析专家的注目，在分析化学领域被誉为分析“巨人”，已经被国外认为 20 世纪末仅次于计算机普及的一次重要革命。

4.1.2　红外光谱分类

红外光谱分类见表 4-1。

表 4-1　红外光谱分类

名称	λ（μm）	σ（cm^{-1}）	能级跃迁类型
近红外（泛频区）	0.78~2.5	12 820~4 000	O、H、N-H 及 C-H 键的备频吸收
中红外（基本振动区）	2.5~25	4 000~400	分子中基团振动，分子转动
远红外（转动区）	25~300	400~33	分子转动，晶格振动

4.1.3　近红外光谱发展史

近红外光谱区是 Herschel 在 1800 年进行太阳光谱可见区红外部分能量测量中发现的，为了纪念 Herschel 的历史性发现人们将近红外谱区中介于 780~1 100nm 的波段称为 Herschel 谱区。

红外光谱分析技术作为一种有效的分析手段在 20 世纪 30 年代就得到了认可，当时红外仪器主要用于分子结构理论的研究。近红外区的光谱吸收带是有机物质中能量较高的化学键（主要是-CH、-OH、-NH）在中红外光谱区基频吸收的倍频、合频和差频吸收带叠加而成的。由于近红外谱区光谱的严重重叠性和不连续性，物质近红外光谱中与成分含量相关的信息很难直接提取出来并给予合理的光谱解析。而有机物在中红外谱区的吸收带较多、谱带窄、吸收强度大及有显著的特征吸收性，传统的光谱学家和化学分析家习惯于在中红外基频吸收波段进行光谱解析，所以近红外谱区在很长一段时间内是被人忽视和遗忘的谱区。

随着红外仪器技术的发展，更加稳定的电源、信号放大器、更灵敏的光子探测器、微型计算机等的发展使得近红外光谱区作为一段独立的且有独特信息特征的谱区得到了重视和发展。

Norris 作为近红外光谱分析技术发展的奠基人，于 20 世纪 50 年代在美国农业部的支持下开始进行近红外光谱分析技术用于农产品（包括谷物、饲料、水果、蔬菜等）成分快速定量检测的探讨研究。Norris 的早期工作主要是探求合理的近红外光谱分析方法用于研究物质在近红外光照射下所体现出的光谱吸收特性和散射特性，他首先提出了多元线性回归（MLR）算法在物质成分近红外光谱定标模型建立和光谱信息提取解析方面所体现出的优势，这为后来系统的近红外光谱技术理论体系的形成起到了很重要的作用。20 世纪 60 年代，Norris 领导的课题组进行了大量的光谱学方法论证，其中包括可见和近红外波段透射、反射及透反射等测量方法比较，在这一阶段的工作中最大的成果莫过于得到了植物叶子和谷物的反射吸收光谱，这为近红外光谱技术的发展提供了更大的优势和方便。与此同时，Norris 研制出世界上第一台近红外扫描光谱仪，这台光谱仪是在 Cary 14 单色仪的基础上改进得到的，拥有与微型计算机进行数据传输的功能，也就是在这台扫描光谱仪上，多元线性回归分析方法在提取与成分相关的光谱信息方面的优势得到了演示，这台仪器就成了后来近红外光谱分析仪器发展的雏形。

谷物水分近红外分析仪的研制成功及大范围的推广使用是近红外分析技术发展的一个里程碑。水分在任何生物中都存在且有较大的比重，而且水分的近红外吸收光谱有很强的特征性，吸收强度很高，其倍频、合频吸收带相互分离，光谱分辨率高，所以近红外水分分析仪的分析性能较为稳定且精度很高，在近红外光谱分析仪器家族中最早得到了农业和工业界的认可。但是事物总有两面性，水分中 OH 的强吸收特征对于物质中其他成分的光谱分析及含量测定则形成了很强的干扰，如何排除水分吸收对各成分及其他各成分之间的相互干扰就成为近红外光谱分析技术中的一个关键问题被提了出来，相关光谱定标分析方法的提出有效地解决了这一问题。Shenk、Hoove、McClure、Hamid 在 Norris 的领导下在 20 世纪 70 年代设计完成了可以用于草料和烟草成分定量分析的近红外光谱分析仪器。

基于前人所总结的近红外光谱分析技术经验积累以及仪器研制技术的成熟，多家公司（如 Dickie-John、Bran Leubbe、Technicon）加入了近红外分析仪器商业化的队伍，其中 Dickie-John 公司生产了世界上第一台商用滤光片型近红外光谱仪，Bran Leubbe 生产了世界上第一台商用光栅扫描型近红外光谱仪，1971 年全世界第一台商用近红外 Neotec Grain Quality Analyzer 进入市场，在整个农业领域各个方面进行近红外分析技术的推广使用，使得该技术在农业应用领域进入了成熟期。1975年加拿大粮食委员会接受近红外方法作为测定小麦蛋白质的官方方法。1984美国公职分析家学会（AOAC）指出NIR成为分析饲料中蛋白质、酸性洗涤纤维、中性洗涤纤维的标准方法。近红外仪器技术和定标技术的发展过程中，诸多的疑难问题被一一解决，其中包括仪器自身的工作稳定性、待测样品的物理及化学特征对定标模型的影响、样品制备影响、环境因素（如温度、湿度、环境光照、振动等）等，这些问题通过大量的试验和应用讨论已经得到了比较满意的解释。

在20世纪80年代前，虽然近红外分析仪器采用多元线性回归技术建立定标模型在农业应用领域得到了较为满意的结果，但是多回归变量如何能够在特定的组合下完成待测成分近红外光谱吸光度数据与参考化学数据之间的相关计算、各个光谱变量与待测成分之间有如何的特征关系、样品颗粒度及散射影响所导致的不稳定性等问题仍是急需得到合理解释的。长期以来，虽然近红外分析仪器的分析性能已经在农业领域得到了认可，对于研究者和用户双方都把近红外分析技术作为一个较为成型的“黑匣子”技术。直到多元统计变量方法（化学计量学）在20世纪80年代得到了发展并将该方法引入到近红外光谱解析及定标技术中来，近红外分析技术才真正达到了定标理论与实践的统一，促进了该技术与化学计量学的并肩发展，所以80年代被称为是“化学计量学的时代”。

在这一时期掀起了一个将化学计量学用于数据预处理以实现近红外光谱解析和定标模型优化的高潮，其主要针对问题是样品颗粒度、装填密度等因素所导致的散射问题。Ian Cowe和Jim McNicol首先将主成分回归分析方法用于近红外光谱的数据降维压缩处理以实现定标模型稳定，通过对回归主因子的优选达到了排除非测量因素（如颗粒度尺寸及分布）和非线性因素影响的目的，达到了很好的效果。同时令他们惊奇的是，稳定的定标模型所采用的主因子与待测成分的主要近红外光谱吸收带有很强的对应关系，对定标模型合理性可以给出满意的解释。

伴随着化学计量学技术在近红外光谱分析领域的不断发展，研究人员可以更加准确地掌握近红外光谱吸光度信息与物质化学成分信息之间的线性相关性，虽然化学计量学方法本身的改进并没有在定量分析结果准确性方面有多大的改善。

近红外光谱分析仪器的性能随着光学技术、电子技术、硬件技术以及计算机和软件技术的不断进步也有了极大地改善，高信噪比的傅立叶变换型、光栅扫描型光谱分析仪研制成功并开始进入仪器市场，滤光片型近红外分析仪的研制则进入了成熟期并成为近红外仪器中的主流产品。与此同时，近红外光谱分析技术在除农业以外的其他领域（如纺织业、化工业、制药业、造纸业等）也进入了实际应用阶段，尤其是在工业现场分析、在线质量监控等方面该技术显示了其独有的优势。进入20世纪90年代，许多基于不同分光原理的新型近红外分析仪器如二极管列阵型、声光调制型、成像光谱型等出现了，这些仪器在快速现场实时测量方面有很好的发展潜力，是当代近红外光谱分析仪器发展的典型代表。

近红外光谱分析技术经过了近半个世纪的发展历程现已经成为21世纪里的最

有应用前途的分析技术之一，许多国家现已建立了专门的科研力量进行相关应用领域仪器设备的研发，降低仪器成本且保持足够的分析性能成为当今近红外仪器研制的主导方向。欧洲的许多发达国家已经在多个领域将该技术作为行业产品质量评定的标准技术，几乎完全替代了先前广泛使用的化学分析方法，在生产效率和产品质量方面得到了很好的效果。

中国在近红外光谱分析技术方面的研究起步较晚，20 世纪 80 年代后期中国科学院长春光学精密机械与物理研究所承担了国家粮食局下达的“八五”科技攻关项目，研制成功滤光片型饲料近红外分析仪，之后的十年里又相继开发出可以分析玉米、小麦、大豆等粮食作物的滤光片型近红外分析仪器，现阶段正在从事人参、人体血糖、煤炭、蜂蜜、茶叶等方面的研究和仪器开发工作。

与此同时，中国在石油化工领域开发出了光栅扫描型近红外分析仪用于石油成分的快速定量检测，取得了可喜的成果。中国近红外光谱分析技术的研究也已经相对成熟，估计在未来几年内即可完成近红外分析仪器在各个领域的应用推广。

4.1.4 近红外光谱优点

近红外光谱是由于分子化学键的倍频和组频所引起的，主要反映了含氢基团（C-H、O-H、S-H、N-H 等化学键）特征信息，由于产生近红外光谱吸收的泛频和组频吸收带的概率远比中红外光谱的基频吸收带概率小，谱带吸收强度也有显著的差别。一般来讲，泛频的级数每增加一级，吸收带的吸收强度大约降低一个数量级。近红外具有以下优点。

（1）分析速度快。近红外光谱分析仪一旦经过定标后在不到 1min 的时间内即可完成待测样品多个组分的同步测量，如果采用二极管列阵型检测器结合声光调制型分光器的分析仪，则可在几秒钟的时间内给出测量结果，完全可以实现过程在线定量分析。

（2）对样品无化学污染。待测样品视颗粒度的不同可能需要简单的物理制备过程（如磨碎、混合、干燥等），无须任何化学干预即可完成测量过程，被称为是一种绿色的分析技术。

（3）仪器操作简单，对操作员的素质水平要求较低。通过软件设计可以实现极为简单的操作要求，在整个测量过程中引入的人为误差较小。

（4）测量准确度高。尽管该技术与传统理化分析方法相比精度略逊一筹，但是给出的测量准确度足够满足生产过程中质量监控的实际要求，故而非常实用。

（5）分析成本低。由于在整个测量过程中无须任何化学试剂，仪器定标完成后的测量是一项非常简单的工作，所以几乎没有任何损耗。

4.1.5 近红外光谱应用领域

近红外光谱应用领域、分析对象和分析指标见表 4-2。

表 4-2　近红外光谱应用领域、分析对象和分析指标

应用领域	分析对象	分析指标
食品	酒制品	产地、真伪鉴别
	葡萄酒	乙醇、含糖量、有机酸、含氮值、pH 值等
	白酒	原料中的水分、淀粉、支链淀粉；酒醅中的水分、pH 值、淀粉和残糖等
	啤酒	大麦原料中的水分、麦芽糖；啤酒中的乙醇和麦芽糖等
	饮料（可乐、果汁等）	咖啡因、糖分、酸度、果汁真伪鉴别
	调味品（酱油、醋等）	蛋白质、氨基酸总量、总糖、还原糖、氯化钠、总酸、总氮，品质分级，真伪鉴别
	乳制品（牛奶等）	乳糖、脂肪、蛋白质、乳酸、灰分，固体含量
	玉米浆、蜂蜜	果糖、水分、葡萄糖、多糖类，偏振参数
	食用油（花生、大豆和菜籽油等）	原料中油分含量；食用油中的脂肪酸、水分、蛋白质、过氧化值、碘值，真伪鉴别
	烘焙食品（饼干、面包等）	脂肪、蛋白质、水分、淀粉、面筋等；方便面油分
	肉类（猪肉、牛肉、鸡肉、鱼类、香肠等）	蛋白质、脂肪、水分、各种氨基酸、脂肪酸、纤维素等，以及新鲜及冷冻程度，产品种类，真伪鉴别
地质	低温矿物	矿物化学成分、结构特征，矿物大多数属离子化合物及各种阴离子团（硅酸盐、碳酸盐、硼酸盐、磷酸盐、硫酸盐、钨酸盐、钼酸盐、砷酸盐、钒酸盐、铬酸盐）
	高温矿物	
农牧	大麦、小麦、豆类、水稻、甘薯、面粉、及其他谷类	脂肪，蛋白质，水分，纤维量，淀粉，产地、产季鉴别，品质等级，谷物成熟度，病虫害
	油料作物品质检测	油料中蛋白质、水分、含油率、硫代、芥酸定量分析
	饲料	干物质、粗蛋白、粗纤维、消化能、代谢能、氨基酸、植酸磷，添加剂中哇乙醇含量，预混料中维生素 A
	烟草	尼古丁、水分、总糖、还原糖、多酚类、总氯、添加物，产地鉴别，等级分类
	咖啡	咖啡因，水分，绿原酸，种类、产地鉴别，品质分级
	水果、蔬菜	糖分、酸度、维生素、水分、纤维素，品质分级，成熟度，硬度
	茶叶	老嫩度，氨基酸、茶多酚、咖啡碱，水分，总氮，品质分级，真假识别，品种鉴定
	土壤	水分、有机质和总氮含量，土壤分类
	其他	堆肥的品质和腐熟度

（续表）

应用领域	分析对象		分析指标
石油炼制	原油		密度，实沸点蒸馏，浊点，油气比；油砂中沥青含量
	天然气		烷类组成，水分，总热含量
	汽油		
	成品汽油		辛烷值（RON、MON），密度，芳烃、烯烃、苯含量，MTBE、乙醇含量
	催化裂化汽油		辛烷值（RON、MON），PIONA（直链烷烃、异构烷烃，芳烃，环烷烃和烯烃），馏程
	重整汽油		辛烷值（RON、MON），芳烃碳数分布，馏程
	裂解汽油		辛烷值（RON、MON），二烯、二甲苯异构体含量
	石脑油		POINA，密度，分子量，馏程，乙烯的潜收率，结焦指数
	柴油		十六烷值，密度，折光指数，凝点，闪点，馏程，芳烃组成（单环、双环和多环）
	航煤		冰点、芳烃、馏程
	润滑油		族组成、基础油黏度指数、黏度、添加剂
	重油		API 度，渣油中 SARA 族组成；沥青中蜡含量
高分子	原料		纯度，水分、羟基含量等
	加工过程		聚合度，动力学、热力学性质测定，添加剂含量
	产品		共混、共聚物的组成，分子量，密度，熔融指数等规度，残余单体、溶剂，添加剂含量，粒度分布，力学性能，回收废塑料类别鉴定等
制药	原料		原料药的主要活性成分，结晶状态、粒径、旋光性和密度，鉴别中药材的真伪、产地和品质分级
	加工过程		混合均匀性、干燥过程水分、注射用产品灭菌、膜衣厚度、粒径、主要成分和中间产物浓度、溶出度、药物中微生物定性定量监测
	产品		主要成分、硬度、包装材料的鉴定、稳定性、真伪鉴定
其他	临床医学		全血或血清中血红蛋白载氧量、pH 值、脂肪酸、胆固醇、蛋白质、葡萄糖、尿素等含量；无创血糖监测；尿液中尿素、肌氨酸酐和蛋白质；皮肤中水分的测定；烧伤伤口分类；组织氧含量；脑氧饱和度和血流动力学；细胞病理如癌细胞鉴别
	纺织	原材料	混纺织品中各成分含量，棉纤维中还原糖，纤维外油，纤维的染色性，棉织物丝光度，羊毛髓化度，棉织物整理剂，二醋酸纤维素醋化值，地毯纤维类别鉴定
		生产过程	在线控制纺织品的染色过程，加速整个加工过程
	造纸		纸浆中木素含量，卡伯值，纸页水分、涂层含量
	煤炭		水分，挥发分、灰分、含热量，品质分级

（续表）

应用领域	分析对象	分析指标
	生物化工	生物发酵过程中乙醇、葡萄糖、乳糖、氨基酸、谷酰胺、乳酸盐和谷氨酸盐等含量，细胞密度，反应动力学跟踪，菌种鉴定
	制糖	蔗汁、碎蔗、蔗渣、原糖、成品糖的旋光度、锤度、糖度、色度、浊度、粒度、固形物和水分含量等
	日用品	原料纯度、香料、油脂混合物分析、蜡成分鉴别、均匀度、牙膏中氟含量、表面活性剂含量、真伪鉴定
	油漆和墨水	原料分析、溶剂纯度、色素品质
	环保	海洋石油、土壤污染源鉴定；湖泊沉淀物有机物含量；废水 pH 值、BOD、COD
	刑事鉴定	毒品、伪钞鉴定

4.1.6 国外近红外光谱仪器的发展和应用

在过去的 50 多年里，国外近红外光谱仪经历了如下几个发展阶段。

（1）第一台近红外光谱仪的分光系统（20 世纪 50 年代后期）是滤光片分光系统，测量样品必须预先干燥，使其水分含量小于 15%，然后样品经磨碎，使其粒径小于 1mm，并装样品池。此类仪器只能在单一或少数几个波长下测定（非连续波长），灵活性差，而且波长稳定性、重现性差，如样品的基体发生变化，往往会引起较大的测量误差。“滤光片”被称为第一代分光技术。

（2）20 世纪 70 年代中期至 80 年代，光栅扫描分光系统开始应用，但存在扫描速度慢、波长重现性差、内部移动部件多等不足。此类仪器最大的弱点是光栅或反光镜的机械轴长时间连续使用容易磨损，影响波长的精度和重现性，不适合作为过程分析仪器使用。“光栅”被称为第二代分光技术。

（3）20 世纪 80 年代中后期至 90 年代中前期，应用“傅立叶变换”分光系统，但是由于干涉计中动镜的存在，仪器的在线可靠性受到限制，特别是对仪器的使用和放置环境有严格要求，比如室温、湿度、杂散光、震动等。“傅立叶变换”被称为第三代分光技术。

（4）20 世纪 90 年代中期，开始有了应用二极管阵列技术的近红外光谱仪，这种近红外光谱仪采用固定光栅扫描方式，仪器的波长范围和分辨率有限，波长通常不超过 1 750nm。由于该波段检测到的主要是样品的三级和四级倍频，样品的摩尔吸收系数较低，因而需要的光程往往较长。“二极管阵列”被称为第四代分光技术。

（5）20 世纪 90 年代末，来自航天技术的“声光可调滤光器”（缩写为 AOTF）技术的问世，被认为是“90 年代近红外光谱仪最突出的进展”，AOTF 是利用超声波与特定的晶体作用而产生分光的光电器件，与通常的单色器相比，采用声光调制即通过超声射频的变化实现光谱扫描，光学系统无移动性部件，波长切换快、重现性好，程序化的波长控制使得这种仪器的应用具有更大的灵活性，尤其是外部防尘和内置的温、湿度集成控制装置，大大提高了仪器的环境适应性，加之全固态集成设计产生优异的避震性能，使其近年来在工业在线和现场（室外）分析中得到越来越广泛的应用。

4.1.7 国内仪器研制状况

近年来，随着近红外仪器研究升温，在科技部门的大力支持下，开展了近红外光谱测量仪的研究工作。目前国内现有的近红外光谱仪器用于市场的见表 4-3。

表 4-3 国内仪器研制状况

研制单位	仪器分光形式	指标	难度系数	应用部门
中国石油化工股份有限公司北京化工研究院	凹面光栅 CCD 摄谱	波长：800~1 700nm 光谱分辨率：10nm 扫描速度：0.5s 信噪比：45dB 质量：>20kg 类别：固定位置测量设备	中等	化工行业
南京地质矿产研究所	光栅步进扫描	波长：1 300~2 500nm 光谱分辨率：2nm 扫描速度：1min 信噪比：平均大于 2 200：1 Rms 值：大于 10 000：1 质量：<4.5kg（包含内部电池重量） 平均功耗：<20W 类别：便携式野外现场测量	难	1. 地质行业（野外现场矿物成分分析、地质模型建立、光谱矿物填图、遥感地面定标校正） 2. 现场检测行业（药品原料、药品真伪、粮油食品） 3. 考古（古玉器、古陶瓷和器皿的现场无损检测分析）

可见，近红外光谱技术是在近红外仪器技术和近红外化学计量学的发展，就仪器而言，通用型的近红外光谱仪在国内已经被国外厂家垄断，所以在国内开展专用型的近红外光谱仪器更为实际。南京地质矿产研究所和南京中地仪器有限公司在国土资源部和江苏省科技厅的项目资助下成功地研制了便携式近红外光谱仪，具有超高的性价比，已成功地应用于地质、遥感、粮油和医药行业。

4.2 实例分析

4.2.1 近红外光谱法测定饲料中粗灰分、钙、总磷和氯化钠

4.2.1.1 范围

以近红外光谱仪快速测定饲料中粗灰分和钙、总磷、氯化钠的术语和定义、仪

器和软件、样品处理、分析方法、分析的允许误差。

适用于配合饲料中粗灰分、钙、总磷和氯化钠的测定，不适合仲裁检测。

4.2.1.2 术语和定义

（1）标准分析误差（SEC）。样品的近红外光谱法测定值与国标方法测定值间残差的标准差，表达式为$\sqrt{\frac{\sum_{i=1}^{n}(d_i-\bar{d})^2}{n-1}}$，对于定标样品常以SEC表示。

（2）残差。样品的近红外光谱法测定值与国标分析方法测定值的差值。

（3）偏差。残差的平均值。

（4）相关系数。近红外光谱法测定值与国标法测定值的相关性。

（5）t检验。用t分布理论来推论差异发生的概率，从而比较两个平均数的差异是否显著。

4.2.1.3 仪器和软件

（1）近红外光谱仪。带可连续扫描单色器的漫反射型近红外光谱仪或其他类产品，扫描范围400~2 500nm，波长准确度0.5nm，波长的重现性为0.04nm。

（2）软件。具有NIR光谱数据的收集、存储、加工等功能。

4.2.1.4 定标

（1）定标模型的选择。NIR分析的准确性取决于定标工作，定标的总则和程序见附录A。定标模型的选择原则为定标样品的NIR光谱能代表被测定样品的NIR光谱。通过比较它们光谱间的H值，如果待测样品GH值<3，则可选用该定标模型；如果待测样品GH值>3，则不能选用该定标模型；如果没有现有的定标模型，则需要对现有模型进行升级。定标模型建立见附录B。

（2）定标模型的升级。定标模型升级的目的是为了使该模型在NIR光谱上能适应于待测样品。通过选择20~30个与待测样品相似的样品，扫描其NIR光谱，并用国标方法测定粗灰分、钙、总磷、氯化钠含量，然后将这些样品加入定标样品中，用原有的定标方法进行计算，即获得升级的定标模型。

（3）样品的测定。将饲料样品处理待测，开机持续预热1.5h左右，仪器自检，取适量样品，装填均匀，开始扫描；扫描结束后，清扫样品，重新装样，进行第二个样品的扫描，样品全部扫描结束后，分析结果。

（4）结果分析。根据待测样品NIR光谱选用对应的定标模型，对样品进行扫描，然后进行待测样品NIR光谱与定标样品间的比较。如果待测样品NH值≤0.6，则仪器将直接给出样品的粗灰分、钙、总磷、氯化钠含量；如果待测样品NH值>0.6，则说明该样品已超出了该定标模型的分析能力，对于该定标模型，该样品被称为异常样品。

（5）异常样品的分类。形成异常测定结果的原因，可能来自该样品测定参数的含量超过了该仪器的定标模型的范围，或者该样品的品种与参与该仪器定标样品集的种类有很大差异。“好的”异常样品 NH 值>0.6 或 GH 值≤5，并且该异常样品加入定标模型后，SEC 不会显著增加，可增加该模型的分析能力。

（6）异常样品的处理。应对造成测定结果异常的原因进行分析和排除，再进行第二次 NIR 测定予以确认，如仍出现报警，则确认为异常样品。NIR 分析中发现异常样品后，要用国标方法对该样品进行分析，并封存样品，将异常样品的情况通报 NIR 管理者或仪器生产商，以利于今后对定标模型进行升级。

4.2.1.5 分析的允许误差

检测项目分析的允许误差见表 4-4。

表 4-4 检测项目分析的允许误差

样品中组分	含量（%）	平行样间相对偏差小于（%）	测定值与国标方法测定值之间的偏差小于（%）
粗灰分	>5.0	2	0.50
	≤5.0	4	0.40
钙	>1.0	5	0.30
	≤1.0	10	0.15
总磷	>0.5	3	0.20
	≤0.5	10	0.10
氯化钠（水溶性氯化物）	>0.5	8	0.15
	≤0.5	5	0.10

附录 A
定标的总则和程序

A.1 样品的选择

参与定标的样品应具有代表性，即需涵盖将来所要分析样品的特性。创建一个新的校正模型，至少需要收集 50 个样品。通常以 70~150 个样品为宜。样品过少，将导致定标模型的欠拟合性；样品过多，将导致模型的过拟合性。

A.2 稳定样品组

为了使定标模型具有较好的稳定性，即其预测性能不受仪器本身波动和样品的温度发生变化的影响，在定标中应加上温度发生变化的样品和仪器发生变化的样品。

A.3 定标样品选择的方法

对定标样品的选择应使用主成分分析法（PCA）和聚类分析。根据某样品 NIR 光谱与其他样品光谱的相似性，仅选择其 NIR 光谱有代表性的样品，去除光谱非常接近的样品。对于 PCA 方法，通常是选用前 12 个目标值用于选择定标样品组。或者从每一PCA中选择具有最大和最小目标值的样品（min/max）；或者将每一PCA中的样品分为等同两组，从每一组中选择等同数目的代表性样品参与定标。两种方法中以min/max法是通常采用的方法。对于聚类分析方法，使用马哈拉诺比斯距离（或H值）等度量样品光谱间的相似性。通常选择有代表性样品的边界H值为0.6，即如果某样品NIR光谱与其他样品的H统计值大于或等于0.6，则将其选择进入定标样品；如果某样品NIR光谱与其他样品的H统计值小于0.6，则不将其选择进入定标。

A.4 定标样品真实值的测定

对于定标样品需要知道其钙、总磷、粗灰分、氯化钠含量的“真值”，在实际操作中，通常以GB/T 6436、GB/T 6437、GB/T 6438、GB/T 6439的测定值来代替。

A.5 定标方法

A.5.1 逐步回归

选择回归变量，产生最优回归方程的一种常用数学方法。它首先通过单波长点的回归校正，误差最小的波长点的光谱读数就为多线性回归模型中的第一独立变量；以此为第一变量，进行二元回归模型的比较，误差最小的波长所对应的光谱读数则为第二独立变量；以此类推获得第三……独立变量。但是独立变量的总数量不应超过［（N/10）+3］，N为定标系中样品数量，否则将产生模型的过适应性。

A.5.2 主成分回归

如果在回归中应用所有的100个（NIT）或700个（NIR）波长点光谱的信息，这样在建立回归模型时，至少需要101个或701个样品建立101个或701个线性方程组。主成分分析可用于压缩所需要的样品数量，同时又应用光谱所有的信息。它将高度相关的波长点归于一个独立变量中，进而就以为数不多的独立变量建立回归方程，独立变量内高度相关的波长点可用主成分得分将其联系起来。内部的检验用于防止过模型现象。

A.5.3 偏最小二乘法回归法

部分最小偏差回归法是20世纪80年代末应用到近红外光谱分析上的。该法与主成分回归法很相似，仅是在确定独立变量时，不仅考虑光谱的信息（X变量），还考虑化学分析值（Y变量）。该法是目前近红外光谱分析上应用最多的回归方法，在制定饲料中粗灰分、钙、总磷、氯化钠测定的定标模型时使用此方法。

A.5.4 定标模型的更新

定标是一个由小样本估计整体的计量过程，因此定标模型预测能力的高低取决于定标样品的代表性。由于预测样品的不确定性，在实际分析工作中边分析边选择异常样品，定期进行定标模型的升级，可概括为以下步骤：

(1) 定标设计。
(2) 分析测定。
(3) 定标运算。
(4) 实际预测。
(5) 异常数据检查。
(6) 再定标设计。
(7) 再分析测定。
(8) 再定标运算。

A.5.5 对定标模型的检验和选取

检验定标模型的适用性，其简单的方法是直接比较一个有代表样品群的预测值（y_i）和真实值（Y_i）。

附录 B 定标模型建立

B.1 饲料中粗灰分的测定

定标样品数为 105 个，以改进的偏最小二乘法（MPLS）建立定标模型，模型的参数为：SEP = 0.33%，Bias = -0.02%，MPLS 独立向量（Term） = 12，光谱的数学处理为：一阶导数、每隔 4nm 进行平滑运算，光谱的波长范围为 800~2 498nm。

B.2 饲料中钙的测定

定标样品数为 95 个，以改进的偏最小二乘法（MPLS）建立定标模型，模型的参数为：SEP = 0.07%，Bias = 0.01%，MPLS 独立向量（Term） = 12，光谱的数学处理为：一阶导数、每隔 4nm 进行平滑运算，光谱的波长范围为 800~2 498nm。

B.3 饲料中总磷的测定

定标样品数为 103 个，以改进的偏最小二乘法（MPLS）建立定标模型，模型的参数为：SEP = 0.05%，Bias = -0.01%，MPLS 独立向量（Term） = 12，光谱的数学处理为：一阶导数、每隔 4nm 进行平滑运算，光谱的波长范围为 800~2 498nm。

B.4 饲料中氯化钠（水溶性氯化物）的测定

定标样品数为 101 个，以改进的偏最小二乘法（MPLS）建立定标模型，模型的参数为：SEP = 0.08%，Bias = -0.02%，MPLS 独立向量（Term） = 12，光谱的数学处理为：一阶导数、每隔 4nm 进行平滑运算，光谱的波长范围为 800~2 498nm。

4.2.2 近红外光谱法测定饲料中水分、粗蛋白质、粗纤维、粗脂肪、赖氨酸、蛋氨酸

4.2.2.1 范围

以近红外光谱仪快速测定饲料中水分、粗蛋白质、粗纤维、粗脂肪、赖氨酸和蛋氨酸的方法。对于仲裁检验应以经典方法为准。

适用于各种饲料原料和配合饲料中水分、粗蛋白质、粗纤维和粗脂肪，各种植物性蛋白类饲料原料中赖氨酸和蛋氨酸的测定，本方法的最低检出量为0.001%。

4.2.2.2 原理

近红外光谱方法（NIR）利用有机物中含有C-H、N-H、O-H、C-C等化学键的泛频振动或转动，以漫反射方式获得在近红外区的吸收光谱，通过主成分分析、偏最小二乘法、人工神经网等现代化学和计量学的手段，建立物质光谱与待测成分含量间的线形或非线形模型，从而实现用物质近红外光谱信息对待测成分含量的快速计量。

4.2.2.3 术语和定义

（1）标准分析误差（SEC或SEP）。样品的近红外光谱法测定值与经典方法测定值间残差的标准差，表达式为 $\sqrt{\frac{\sum_{i=1}^{n}(d_i-\bar{d})^2}{n-1}}$ ，对于定标样品常以SEC表示，检验样品常用SEP表示。

（2）相对标准分析误差［SEC（C）］。样品标准分析误差中扣除偏差的部分，表达为$\sqrt{SPC^2-Bias^2}$

（3）残差（d）。样品的近红外光谱法测定值与真实值（经典分析方法测定值）的差值。

（4）偏差（Bias）。残差的平均值。

（5）相关系数（R或r）。近红外光谱法测定值与经典法测定值的相关性，通常定标样品相关系数以R表示，检验样品相关系数以r表示。

（6）异常样品。样品近红外光谱与定标样品差别过大，具体表现为样品近红外光谱的马哈拉诺比斯（Mahalanobis）距离（H值）大于0.6，则该样品被视为异常样品。

4.2.2.4 仪器

（1）近红外光谱仪。带可连续扫描单色器的漫反射型近红外光谱仪或其他类产品，光源为100W钨卤灯，检测器为硫化铅，扫描范围为1 100~2 500nm，分辨率为0.79nm，带宽为10nm，信号的线形为0.3，波长准确度0.5nm，波长的重现性为0.03nm，在2 500nm处杂散光为0.08%，在1 100nm处杂散光为0.01%。

（2）软件。为DOS或WINDOWS版本，该软件用C语言编写，具有NIR光谱

数据的收集、存储、加工等功能。

(3) 样品磨。旋风磨，筛片孔径为 0. 42mm 或同类产品。

(4) 样品皿。长方形样品槽，10cm×4cm×1cm，窗口为能透过红外线的石英玻璃，盖子为白色泡沫塑料，可容纳样品为 5~15g。

4. 2. 2. 5　试样处理

将样品粉碎，使之全部通过 0~42mm 孔筛（内径），并混合均匀。

4. 2. 2. 6　定标

NIR 分析的准确性在一定程度上取决于定标工作，定标的总则和程序见上述附录 A。

(1) 定标模型的选择。定标模型的选择原则为定标样品的 NIR 光谱能代表被测定样品的 NIR 光谱。操作上是比较它们光谱间的 H 值，如果待测样品 H 值≤6，则可选用该定标模型；如果待测样品 H 值>0. 6，则不能选用该定标模型；如果没有现有的定标模型，则需要对现有模型进行升级。

(2) 定标模型的升级。定标模型升级的目的是为了使该模型在 NIR 光谱上能适应于待测样品。操作上是选择 25~45 个当地样品，扫描其 NIR 光谱，并用经典方法测定水分、粗蛋白质、粗纤维、粗脂肪或赖氨酸和蛋氨酸含量，然后将这些样品加入定标样品中，用原有的定标方法进行计算，即获得升级的定标模型。

(3) 已建立的定标模型。

饲料中水分的测定　定标样品数为 101 个，以改进的偏最小二乘法（MPLS）建立定标模型，模型的参数为：SEP = 0. 24%、Bias = 0. 17%、MPLS 独立向量（Term）= 3，光谱的数学处理为：一阶导数、每隔 8nm 进行平滑运算，光谱的波长范围为 1 308~2 392nm。

饲料中粗蛋白质的测定　定标样品数为 110 个，以改进的偏最小二乘法（MPLS）建立定标模型，模型的参数为：SEP = 0. 34%、Bias = 0. 29%、MPLS 独立向量（Term）= 7，光谱的数学处理为：一阶导数、每隔 8nm 进行平滑运算，光谱的波长范围为 1 108~2 500nm。

饲料中粗脂肪的测定　定标样品数为 95 个，以改进的偏最小二乘法（MPLS）建立定标模型，模型的参数为：SEP = 0. 14%、Bias = 0. 07%、MPLS 独立向量（Term）= 8，光谱的数学处理为：一阶导数、每隔 16nm 进行平滑运算，光谱的波长范围为 1 308~2 392nm。

饲料中粗纤维的测定　定标样品数为 106 个，以改进的偏最小二乘法（MPLS）建立定标模型，模型的参数为：SEP = 0. 41%、Bias = 0. 19%、MPLS 独立向量（Term）= 6，光谱的数学处理为：一阶导数、每隔 8nm 进行平滑运算，光谱的波长范围为 1 108~2 392nm。

植物性蛋白类饲料中赖氨酸的测定　定标样品数为 93 个，以改进的偏最小二乘法（MPLS）建立定标模型，模型的参数为：SEP = 0. 14%、Bias = 0. 07%、MPLS

独立向量（Term）= 7，光谱的数学处理为：一阶导数、每隔 4nm 进行平滑运算，光谱的波长范围为 1 108～2 392nm。

植物性蛋白类饲料中蛋氨酸的测定　定标样品数为 87 个，以改进的偏最小二乘法（MPLS）建立定标模型，模型的参数为：SEP = 0. 09%、Bias = 0. 06%、MPLS 独立向量（Term）= 5，光谱的数学处理为：一阶导数、每隔 4nm 进行平滑运算，光谱的波长范围为 1 108～2 392nm。

（4）对未知样品的测定。根据待测样品 NIR 光谱选用对应的定标模型，对样品进行扫描，然后进行待测样品 NIR 光谱与定标样品间的比较。如果待测样品 H 值≤6，则仪器将直接给出样品的水分、粗蛋白质、粗纤维、粗脂肪或赖氨酸和蛋氨酸含量；如果待测样品 H 值>0. 6，则说明该样品已超出了该定标模型的分析能力，对于该定标模型，该样品被称为异常样品。

（5）异常样品的处理。NIR 分析中发现异常样品后，要用经典方法对该样品进行分析，同时对该异常样品类型进行确定，属于“好”异常样品则保留，并加入定标模型中，对定标模型进行升级；属于“坏”异常样品则放弃。

4. 2. 2. 7　分析的允许误差

分析的允许误差见表 4-5。

表 4-5　分析的允许误差

样品中组分	含量（%）	平行样间相对偏差小于（%）	测定值与经典方法测定值之间的偏差小于（%）
水分	>20	5	0. 40
	>10 且≤20	7	0. 35
	≤10	8	0. 30
粗蛋白质	>40	2	0. 50
	>25 且≤40	3	0. 45
	>10 且≤25	4	0. 40
	≤10	5	0. 30
粗脂肪	>10	3	0. 35
	≤10	5	0. 30
粗纤维	>18	2	0. 45
	>10 且≤18	3	0. 35
	≤10	4	0. 30
蛋氨酸	>0. 5	4	0. 10
	≤0. 5	3	0. 08
赖氨酸		6	0. 15

5 原子荧光光谱法

5.1 简介

5.1.1 概述

原子荧光光谱分析（AFS）是在原子发射光谱和原子吸收光谱两种分析方法的基础上，于20纪60年代中期被提出并发展起来的一种新的原子光谱分析技术，是现代原子光谱学中三大分支（AAS、AES、AFS）之一。

蒸气发生-原子荧光光谱法（VG-AFS）是将蒸气发生技术与无色散原子荧光光谱检测系统完美结合而发展起来的一种新的联用分析技术，当采用合适的还原剂如KBH_4或$NaBH_4$，发生反应时，砷、锑、铋、硒、碲、铅、锡、锗等可形成气态的氢化物；汞可形成气态汞原子；锌、镉可生成气态金属化合物。它具有分析灵敏度高、使待测元素与绝大多数的基体元素分离、干扰少、线性范围宽、重现性好、可多元素同时分析等特点，是一种优良的痕量分析技术。

原子荧光光谱分析法是利用原子荧光谱线的波长和强度进行物质的定性与定量分析的方法。原子蒸气吸收特征波长的光辐射之后，原子激发到高能级，激发态原子接着以辐射方式去活化，由高能级跃迁到较低能级的过程中所发射的光称为原子荧光。当激发光源停止照射之后，发射荧光的过程随即停止。原子荧光可分为共振荧光、非共振荧光和敏化荧光3类，其中以共振荧光最强，在分析中应用最广。共振荧光是所发射的荧光和吸收的辐射波长相同。只有当基态是单一态，不存在中间能级，才能产生共振荧光。非共振荧光是激发态原子发射的荧光波长和吸收的辐射波长不相同。非共振荧光又可分为直跃线荧光、阶跃线荧光和反斯托克斯荧光。直跃线荧光是激发态原子由高能级跃迁到高于基态的亚稳能级所产生的荧光。阶跃线荧光是激发态原子先以非辐射方式去活化损失部分能量，回到较低的激发态，再以辐射方式去活化跃迁到基态所发射的荧光。直跃线和阶跃线荧光的波长都是比吸收辐射的波长要长。反斯托克斯荧光的特点是荧光波长比吸收光辐射的波长要短。敏化荧光是激发态原子通过碰撞将激发能转移给另一个原子使其激发，后者再以辐射方式去活化而发射的荧光。

原子荧光光谱仪根据荧光谱线的波长可以进行定性分析。在一定试验条件下，荧光强度与被测元素的浓度成正比。据此可以进行定量分析。原子荧光光谱仪分为色散型和非色散型两类。两类仪器的结构基本相似，差别在于非色散仪器不用单色器。色散型仪器由辐射光源、单色器、原子化器、检测器、显示和记录装置组成。辐射光源用来激发原子使其产生原子荧光。可用连续光源或锐线光源，常用的连续光源是氙弧灯，可用的锐线光源有高强度空心阴极灯、无极放电灯及可控温度梯度原子光谱灯和激光。单色器用来选择所需要的荧光谱线，排除其他光谱线的干扰。原子化器用来将被测元素转化为原子蒸气，有火焰、电热和电感耦合等离子焰原子化器。检测器用来检测光信号，并转换为电信号，常用的检测器是光电倍增管。显示和记录装置用来显示和记录测量结果，可用电表、数字表、记录仪等。

我国科技工作者对蒸气发生-原子荧光光谱法（VG-AFS）的研究起步较早。在1979年郭小伟等就研制成功溴化物无极放电灯的激发光源。

1982年，郭小伟、张锦茂等合作研制成功世界第一台双道氢化物-原子荧光光谱仪。该仪器可同时测定两个可形成氢化物的元素，取得了可喜的研究成果。1984年，张锦茂、范凡等研究并制定了地球化学样品中的微量砷、锑、铋、汞等元素的分析方法，解决了中国1∶20万区域地球化学找矿工作的需要，随之将科研成果迅速转化为商品仪器。20世纪80年代中期国内有两个厂家生产了商品化的仪器，满足了国内地质普查工作的需要。

1988年，由电子工业部第十二研究所研制成功了特种空心阴极灯作激发光源，从而克服了早期使用的溴化物无极放电灯寿命短、稳定性差的缺点。

1998年，张锦茂、张勤等研究了氢火焰低温自动点火装置。该项研究成果革新了传统的电加热石英炉原子化器在850~900℃预加热温度条件下才能形成氩氢火焰原子化的机制。研究结果表明，各种被测元素可选择特定的较低的预加热温度（室温至450℃）条件下点燃氢火焰，原子化效率显著提高，火焰噪声明显降低，从而使所有被测元素分析灵敏度提高2~4倍，同时还大幅度降低了记忆效应，获得了国家专利。

汞、砷、锑、铅、镉、硒等元素是环境保护、水质分析、卫生防疫、地质普查等系统的必测项目。目前，国内不少实验室仍需采用多种常规分析方法进行测定，但是这些方法又分别存在着灵敏度低、线性范围窄、重现性差和操作烦琐等不足，故难以满足越来越高的分析质量控制要求，而采用VG-AFS测定上述元素则均可获得满意的分析结果。

20多年来，我国科技工作者对VG-AFS分析技术不断地深入研究作了较大的改进和提高，取得了令人瞩目的成就。经过国内广大分析测试研究人员的共同努力，目前，我国的商品仪器和分析方法技术均处于国际先进水平。在20世纪90年代中期，VG-AFS分析方法在我国先后成为食品检验、饮用水、天然矿泉水、化妆品中重金属元素的国家标准检验方法，也是环境监测推荐方法，同时在农业环境、临床医学、地质找矿、冶金、钢铁和商检等领域也得到广泛应用，已成为众多实验室的常规测试仪器。

5.1.2 仪器工作原理

原子荧光光谱法是通过测量待测元素的原子蒸气在辐射能激发下产生的荧光发射强度，来确定待测元素含量的方法。

气态自由原子吸收特征波长辐射后，原子的外层电子从基态或低能级跃迁到高能级经过约 10s，又跃迁至基态或低能级，同时发射出与原激发波长相同或不同的辐射，称为原子荧光。原子荧光分为共振荧光、直跃荧光、阶跃荧光等。各种元素都有特定的原子荧光光谱，根据原子荧光强度的高低可测得试样中待测元素的含量。

原子荧光强度（I_f）和待测样品中某元素的浓度、激发光源和辐射强度等参数存在着基本函数关系，这些函数的基本方程式如下：

$$I_f = \Phi I_a$$

原子荧光强度（I_f）通常用比尔-朗伯定律来表示，即：

$$I_a = I_O\ [1-e^{-KLN}]$$

$$I_f = \Phi I_O\ [1-e^{-KLN}]$$

式中，I_f 为荧光强度；Φ 为原子荧光量子效率；I_a 为被吸收的光强度；I_O 为光源辐射强度；K 为峰值吸收系数；L 为通过火焰的吸收光程；N 为单位长度内基态原子数。

5.1.3 仪器的分类

5.1.3.1 从方法上分类

（1）氢化法原子荧光光谱仪。通过氢化物发生（或蒸气发生）的方式将含被测元素的气态组分传输至原子化器并在氩氢火焰中原子化后进行检测的方法，简称为氢化法。该法测试的元素种类虽少但灵敏度高，干扰少，具有很好的专属性。

（2）火焰法原子荧光光谱仪。利用雾化器将含被测元素的样品溶液雾化形成气溶胶后，与燃气混合传输至原子化器并在燃气火焰中原子化后进行检测的方法，简称为火焰法。该法大大拓宽了原子荧光光谱仪所能检测元素的范围。新增元素为金、银、铜、铁、钴、镍、铬。

5.1.3.2 从进样方式上分类

（1）传统进样方式。被测样品溶液进入样品管后，通过载流（空白）将样品带入氢化物发生器的方式称为断续进样，包括间歇进样和顺序注射。此种进样方式是由手动进样方式改进而成的自动进样方式。

信号采集：从反应开始到反应结束，对峰面积进行积分。

测试数据时间：样品第一次测试时间为 60～90s，重复测试一次仍需 60～90s，连续几次重复测试时，时间为（60～90）s+（60～90）s……。

测试过程：无论采用何种进样泵，蠕动泵或是注射泵，进样均为样品—空白、样品—空白的交替进行。

测试重现性：RSD<1%（用10.00ng/mL As标准溶液检测）。

（2）连续流动进样方式。被测样品溶液直接进入氢化物发生器的方式称为连续流动进样方式。此种进样方式克服了传统进样方式测试速度缓慢和测试稳定性较差的缺点。

信号采集：测试信号达到最大值时连续采集峰高的平均值。

测试过程：样品—样品的连续过程。

测试数据时间：样品第一次测试时间为20~25s，重复测试一次只需增加5s，连续几次重复测试时，时间为（20~25)s+5s+5s……。

5.1.4 分析方法

物质吸收电磁辐射后受到激发，受激原子或分子以辐射去活化，再发射波长与激发辐射波长相同或不同的辐射。当激发光源停止辐照试样之后，再发射过程立即停止，这种再发射的光称为荧光；若激发光源停止辐照试样之后，再发射过程还延续一段时间，这种再发射的光称为磷光。荧光和磷光都是光致发光。

5.1.5 优点

有较低的检出限，灵敏度高。特别对Cd、Zn等元素有相当低的检出限，Cd可达0.001ng/cm^3、Zn为0.04ng/cm^3。现已有20多种元素低于原子吸收光谱法的检出限。由于原子荧光的辐射强度与激发光源成比例，采用新的高强度光源可进一步降低其检出限。干扰较少，谱线比较简单，采用一些装置，可以制成非色散原子荧光分析仪。这种仪器结构简单，价格便宜。分析校准曲线线性范围宽，可达3~5个数量级。由于原子荧光是向空间各个方向发射的，比较容易制作多道仪器，因而能实现多元素同时测定。

5.2 实例分析

5.2.1 原子荧光光谱法测定稻米中镉

5.2.1.1 范围

本方法适用于稻米中镉的测定，方法检出限为0.01ng；当称样量为5mg时，检出限为2μg/kg。

5.2.1.2 原理

通过使用多孔碳材料作为电热蒸发器实现固体样品中镉的直接导入，并采用在线原子阱捕获电热蒸出的原子，实现样品中镉与有机体的分离，原子态的镉随后由载气带入非色散原子荧光光度计中，原子态镉在特制镉空心阴极灯的发射光激发下产生原子荧光，其荧光强度在固定条件下与待测样品中镉浓度成正比，与标准系列比较定量。

5.2.1.3 材料

有证大米标准物质或参考物质：镉含量应高于 0.15mg/kg，用于绘制标准曲线。

注：可以采用镉含量高的大米标准物质或参考物质与镉含量低的大米标准物质或参考物质按比例充分混合制作标准曲线。

5.2.1.4 仪器设备

实验室常规仪器设备及下列仪器设备。

固体进样原子荧光光度计：配镉空心阴极灯和一次性碳素样品舟。

粉碎机：粉碎粒度至试样能够全部通过 60 目（250μm）筛。

天平：感量 0.1mg。

5.2.1.5 样品制备

扦样与分样：按相应国家标准执行。

样品处理：稻谷需脱壳制成糙米，取具有代表性的样品 50g，粉碎至全部通过 60 目筛，混匀备用。

5.2.1.6 测定

（1）调试固体进样原子荧光光度计。测量前，应调整固体进样原子荧光光度计至最佳状态，参考条件如表 5-1 所示。

表 5-1 固体进样原子荧光光度计测定参数要求

固体进样装置					原子荧光	
方法程序	时间（s）	功率（W）	信号采集	气体流量（mL/min）	元件名称	参数值
1. 灰化	30	60	No	0	空心阴极灯	Cd（228.8nm）
2. 灰化	40	100	No	0	灯电流（mA）	10~80
3. 蒸发/捕获	15~30	70~100	No	800	光电倍增管负高压（V）	-300~-200
4. 蒸发/捕获	5	0	No	800	载气流量（mL/min）	600
5. 蒸发/捕获	15	0	No	800		
6. 释放	1	30	Yes	800		
7. 冷却	5	0	Yes	800	屏蔽气流量（mL/min）	600
8. 蒸发/清除	2~4	200~300	No	800		
9. 释放/清除	1	55	No	800		
10. 释放/清除	1	0	No	0		

（2）标准曲线制作。准确称取 5 个镉含量由低到高的有证标准物质或参考物

质，称样量范围为3~12mg，置于仪器进样口，逐一进行测定，以镉质量（m_A）为横坐标，荧光面积（S）为纵坐标绘制标准曲线，得到的标准曲线线性系数R应不小于0.995。

（3）样品测定。准确称取3~12mg样品，置于仪器样品舟，按仪器使用说明要求进行测定，得到荧光面积（S），查标准曲线得到对应镉质量（m_A）。

5.2.1.7 结果计算

镉含量按下式计算：

$$X=\frac{m_A}{m}$$

式中，X为试样中镉的含量（mg/kg）；m_A为试样中镉的质量（ng）；m为试样的质量（mg）。

计算结果保留两位有效数字。

5.2.1.8 精密度

在同一实验室，由同一操作者使用相同仪器，按相同的测定方法，并在短时间内对同一被测试对象相互独立进行测试，获得的两次独立测试结果的绝对差值大于算术平均值10%的情况不超过5%。

5.2.2 原子荧光光谱法测定稻米中有机硒和无机硒

5.2.2.1 范围

适用于稻米中有机硒和无机硒含量的测定。有机硒由总硒减去无机硒得到。

5.2.2.2 原理

稻米中的硒以不同的化学形式存在，包括无机硒和有机硒。试样中无机硒经6mol/L盐酸水浴条件下提取，使用环己烷萃取净化，用氢化物原子荧光光谱法测定提取液中无机硒的含量。有机硒含量为总硒与无机硒的差值。

5.2.2.3 试剂和材料

除非另有规定，本方法所使用的试剂均为分析纯，试验用水应符合GB/T 6682中规定的二级水。

（1）盐酸（HCl），优级纯。

（2）硝酸（HNO_3），优级纯。

（3）氢氧化钾（KOH）。

（4）硼氢化钾（KBH_4）。

（5）铁氰化钾［$K_3Fe(CN)_6$］。

（6）正辛醇（$C_8H_{18}O$）。

（7）环己烷（C_6H_{12}）。

（8）氩气（Ar），纯度≥99.995%。

(9) 盐酸溶液 (1+1)。量取 250mL 盐酸 (1),用水稀释到 500mL。

(10) 盐酸溶液 (5+95)。量取 50mL 盐酸 (1),用水稀释到 1 000mL。

(11) 硝酸溶液 (2mol/L)。量取 132.3mL 硝酸 (2),用水稀释到 1 000mL。

(12) 氢氧化钾溶液 (5g/L)。称取 5.0g 氢氧化钾 (3),用水溶解并定容到 1 000mL。

(13) 硼氢化钾溶液 (10g/L)。称取 10.0g 硼氢化钾 (4),用氢氧化钾溶液 (12) 溶解并定容至 1 000mL。

(14) 铁氰化钾溶液 (100g/L)。称取 10.0g 铁氰化钾 (5),用水溶解并定容至 100mL,混匀。

(15) 硒标准溶液 (1 000mg/L)。经国家认证并授予标准物质证书的硒标准溶液。

(16) 硒标准储备液 (100mg/L)。准确吸取 1.0mL 硒标准溶液 (1 000mg/L) 于 10mL 容量瓶中,用硝酸溶液 (11) 定容至刻度。

(17) 硒标准中间液 (1mg/L)。取 1.0mL 硒标准储备液 (16),用盐酸溶液 (10) 定容至 100mL。

(18) 硒标准使用液 (50μg/L)。取 5.0mL 硒标准中间液 (17),用盐酸溶液 (10) 定容至 100mL。

5.2.2.4 仪器和设备

所有玻璃器皿均需以硝酸溶液 (1+5) 浸泡过夜,用自来水反复冲洗干净,再用 GB/T 6682 中的二级水冲洗 3 次。

原子荧光光谱仪:配硒空心阴极灯。

天平:感量为 1mg。

电热板。

恒温水浴振荡器。

5.2.2.5 分析步骤

(1) 试样制备。稻米样品去除杂物,混匀后缩分至 100g,经粉碎至全部通过孔径 0.25mm (60 目) 尼龙筛,混匀后储于聚乙烯瓶中备用。

(2) 总硒的测定。总硒测定的试样制备按 (1) 执行,测定按 GB 5009.93 食品中硒的测定 (第一法 氢化物原子荧光光谱法) 进行。

(3) 无机硒的测定。

①试样处理:称取约 2.5g 试样 (精确到 0.001g) 置于 50mL 具塞刻度试管中,加入 20mL 盐酸溶液 (9),混匀后置于 70℃ 恒温水浴,100~200r/min 振荡浸提 2h,冷却至室温,经脱脂棉过滤后,用少量 (少于 15mL) 盐酸溶液 (9) 冲洗棉球并收集滤液定容至 50mL。将滤液倒入分液漏斗中,加入 5mL 环己烷 (7) 萃取,静置分层并收集水相。取水相 25mL 于 50mL 具塞刻度试管中,并置于沸水浴中 20min,冷却至室温,分别加入 2.5mL 铁氰化钾溶液 (14)、3 滴正辛醇 (6),加

水定容至50mL，待测。同时做试剂空白试验。

②硒标准系列溶液的配制：取50mL容量瓶6个，依次准确加入50μg/L硒标准使用液（18）0mL、1.0mL、2.0mL、3.0mL、4.0mL、5.0mL，分别加入25mL盐酸溶液（9），混匀，置于沸水浴中保持20min。待冷却至室温后，分别加入2.5mL铁氰化钾溶液（14），3滴正辛醇（6），用水定容至50mL，混匀备测。硒标准系列溶液各相当于硒浓度0μg/L、1.0μg/L、2.0μg/L、3.0μg/L、4.0μg/L、5.0μg/L。

注：可根据仪器的灵敏度及样品中硒的实际含量确定标准系列溶液中硒元素的质量浓度。

（4）测定。

①仪器工作条件：按照GB 5009.93（第一法　氢化物原子荧光光谱法）选择仪器工作条件。

②标准曲线的绘制：以盐酸溶液（10）为载流、硼氢化钾溶液（13）为还原剂，测定空白溶液的荧光强度后，按顺序由低到高分别测定硒系列标准工作溶液的荧光强度，根据荧光强度和对应的元素浓度绘制硒标准曲线。

③待测试液测定：按顺序依次对空白试验溶液、试样待测溶液进行测定。若测定结果超出标准曲线的线性范围，应将试液稀释后再测定。

5.2.2.6　结果计算

（1）计算试样中无机硒含量。

$$X_1=\frac{(c-c_0)\times V\times D\times 1\ 000}{m\times 1\ 000\times 1\ 000}$$

式中，X_1为试样中有机硒的含量（mg/kg）；c为试样提取液测定浓度（μg/L）；c_0为无机硒空白测定浓度（μg/L）；V为测定体积，50mL；D为分取倍数，2；m为无机硒测定时称取的试样质量（g）。

注：以重复性条件下获得的两次独立测定结果的算术平均值表示，结果保留3位有效数字。

（2）计算试样中有机硒含量。

$$X_2=X-X_1$$

式中，X_2为试样中有机硒的含量（mg/kg）；X为试样中总硒的含量（mg/kg）；X_1为试样中无机硒的含量（mg/kg）。

5.2.2.7　测定低限和回收率

当称样量为2.5g，定容体积为50mL时，本方法稻米中无机硒的最低检出限为0.001mg/kg，定量限为0.004mg/kg。

本方法稻米中无机硒的回收率范围为88.2%~113.6%。

5.2.2.8　精密度

在重复性条件下获得的两次独立测定结果的绝对差值不得超过算术平均值

的 10%。

5.2.3 原子荧光光谱法测定稻米中总砷

5.2.3.1 范围

本方法适用于稻米中总砷的测定。本方法的检出限为 0.007mg/kg。定量测定范围为 0.02~10.0mg/kg。

5.2.3.2 原理

试样经酸消解后，加入硫脲-抗坏血酸混合溶液使五价砷还原为三价砷，再加入硼氢化钾使还原生成砷化氢，由氩气载入石英炉原子化器中分解为原子态砷，在特制砷空心阴极灯的发射光激发下产生原子荧光，其荧光强度在固定条件下与试样溶液中的砷浓度成正比，与标准系列比较定量。

5.2.3.3 试剂和材料

除非另有说明，在分析中仅使用确认为分析纯的试剂和去离子水或相当纯度的水。

（1）硝酸（HNO_3），ρ=1.42g/mL，优级纯。

（2）高氯酸（$HClO_4$），ρ=1.68g/mL，优级纯。

（3）硝酸+高氯酸混合酸（4+1）。

（4）盐酸（HCl），ρ=1.19g/mL，优级纯。

（5）盐酸溶液（1+9）。量取 50.0mL 盐酸，加水稀释至 500mL。

（6）硫脲-抗坏血酸混合溶液（50g/L）。称取 5.0g 硫脲（H_2NCSNH_2）和 5.0g 抗坏血酸（$C_6H_8O_6$），溶解在 100mL 盐酸溶液（5）中，用时现配。

（7）硼氢化钾溶液（25g/L）。称取 0.5g 氢氧化钠溶于 200mL 水中，加入 6.25g 硼氢化钾（KBH_4）并使之溶解，用水稀释至 250mL，用时现配。

（8）砷标准储备溶液（100mg/L）。精密称取于 100℃ 干燥 2h 以上的三氧化二砷（As_2O_3）0.132 0g，加 100g/L 氢氧化钠 10mL 溶解，用水定量转入 1 000mL 容量瓶中，加入硫酸（1+9）25mL，定容至刻度，摇匀。

（9）砷标准使用液（250μg/L）。临用前将砷标准储备溶液用盐酸溶液（5）经逐级稀释配制。

5.2.3.4 仪器

所用玻璃仪器均需以硝酸溶液（1+5）浸泡过夜，用自来水反复冲洗，最后用去离子水冲洗干净。

原子荧光光度计（附氢化物发生装置）。

砷空心阴极灯。

微波消解仪或其他消解装置。

5.2.3.5 分析步骤

消解中使用高氯酸有爆炸危险，应有足够的冷消化时间，整个消解过程应在通风橱中进行。使用微波消解仪时应严格按说明使用，应严格控制取样量、消解温度和压力。

（1）试样的制备。样品经混匀后，缩分至约 50g，经研磨至全部通过孔径 0.25mm 尼龙筛，混匀后贮于聚乙烯瓶中备用。

（2）试样消解。

①湿消解：称取 0.5～2g 试样（精确到 0.001g）于 100mL 锥形瓶中，加入混合酸 10mL 及数粒玻璃珠，摇匀后放置过夜。加一小漏斗，放在电热板上缓慢加热，注意避免炭化，若变棕黑色，应稍冷，补加少量硝酸，继续加热直至冒白烟，消化液呈无色透明或略带黄色。稍冷，加入 25mL 水，加热除去残余的硝酸，待锥形瓶中液体为 1～2mL 时，取下冷却。用盐酸溶液（5）定量转移并定容至 25mL 容量瓶中，其间加入 2.5mL 硫脲-抗坏血酸混合溶液，混匀，静置 30min 后待测。同时做空白试验。

②微波消解：称取约 0.5g 试样（精确到 0.001g）于聚四氟乙烯内罐，加入 5mL 硝酸，放置 15min，盖好密封盖，将消化罐放入微波密闭消解系统中，设置微波消解条件于 200℃ 消解 10min。冷却后用水转移至 100mL 锥形瓶中，放在电热板上缓慢加热除去残余的硝酸，待锥形瓶中液体 1～2mL 时，取下冷却。用盐酸溶液（5）定量转移并定容至 25mL 容量瓶中，其间加入 2.5mL 硫脲-抗坏血酸混合溶液，混匀，静置 30min 待测。同时做空白试验。

（3）测定

①仪器参数：仪器参考测定条件如下。

光电倍增管负高压：260V；灯电流：60mA；原子化温度：200℃；炉高：8mm；载气流速：400mL/min；屏蔽气流速：800mL/min；测量方式：标准曲线法；读数方式：峰面积；延迟时间：1s；读数时间：12s；加液时间：10s；进样体积：1mL。

②标准曲线的绘制：准确移取砷标准使用液 0.00mL、0.50mL、1.00mL、1.50mL、2.00mL、3.00mL 置于 6 个 25mL 容量瓶中，加入 2.5mL 硫脲-抗坏血酸混合溶液，用盐酸溶液（5）定容至刻度，混匀，静置 30min。该标准溶液砷浓度分别为 0μg/L、5.0μg/L、10.0μg/L、20.0μg/L、40.0μg/L、50.0μg/L。待仪器稳定后，按上述仪器参数的条件由低到高浓度顺次测定标准溶液的荧光强度，以浓度为横坐标，荧光强度为纵坐标，计算荧光强度与浓度关系的一元线性回归方程。

③样品测定：在测定标准系列溶液后，分别吸取试样溶液和空白试验溶液进行测定，测得荧光强度，代入标准系列的一元线性回归方程中求得试液中砷含量。

5.2.3.6　结果计算

样品中砷含量以质量分数 ω 计，数值以“mg/kg”表示，按下式计算：

$$\omega=\frac{(\rho-\rho_0)\times V\times D\times 1\,000}{m\times 1\,000\times 1\,000}$$

式中，ρ 为试样溶液中砷质量浓度（μg/L）；ρ_0为空白试验溶液中砷质量浓度（μg/L）；V 为试样分解液的定容体积（mL）；m 为试样的质量（g）。

计算结果保留两位有效数字。样品含盐超 1mg/kg 时保留 3 位有效数字。

5.2.3.7　精密度

砷含量在大于 1.0mg/kg、0.1～1.0mg/kg、0.01～0.1mg/kg 范围，在重复性条件下获得的两次独立测试结果的绝对差值分别不得超过算术平均值的 10%、20% 和 40%。

5.2.4　原子荧光光谱法测定饲料中锑

5.2.4.1　范围

本方法适用于配合饲料、浓缩饲料、单一饲料、预混合饲料、饲料添加剂中锑的检测。

5.2.4.2　原理

试样经酸消解法或干灰化法进行前处理，经原子荧光光谱仪进行测定。在一定范围内，荧光强度与被测溶液的锑浓度成正比，根据标准曲线进行比较定量。

5.2.4.3　试剂与材料

（1）硫脲。

（2）盐酸，优级纯。

（3）氢氧化钾。

（4）硼氢化钾。

（5）盐酸溶液（6mol/L）。量取 50mL 盐酸，用水稀释至 100mL，混匀。

（6）盐酸溶液（0.6mol/L）。量取 5mL 盐酸，用水稀释至 100mL，混匀。

（7）硫脲溶液（50g/L）。称取 5g 硫脲，溶解至 100mL 水中，混匀。

（8）氢氧化钾溶液。称取 1g 氢氧化钾，溶解至 500mL 水中，混匀，临用现配。

（9）硼氢化钾碱溶液。称取 10g 硼氢化钾，溶于 500mL 氢氧化钾溶液（8）中，混匀，临用现配。

（10）5%的盐酸溶液。量取 5mL 盐酸，用水稀释至 100mL，混匀。

（11）锑标准储备溶液（1 000μg/mL）。经国家认证并授予标准物质证书的锑标准溶液。

（12）锑标准中间液（20μg/mL）。精确移取 1mL 锑标准溶液（11）于 50mL 容量瓶中，加水定容至刻度，混匀，临用现配，精确移取 1mL 锑标准中间液（12）于 100mL 容量瓶中，加水定容至刻度，混匀，临用现配。

（13）锑标准工作液（200ng/mL）再重新配制的溶液中。

5.2.4.4　仪器设备

原子荧光光谱仪：配锑空心阴极灯、自动进行器。

可调式电热板。

分析天平：感量 0.1mg。

恒温干燥箱。

马弗炉。

玻璃器皿：在使用前用盐酸溶液（6）浸泡过夜，用水冲洗干净。

5.2.4.5　检测步骤

（1）试样制备。按国标规定方法采样，取样 100g，粉碎，过 0.42mm 孔径分析筛，至磨口瓶中备用。

（2）试样前处理。

①酸消解法：适用于预混合饲料、饲料添加剂。称取试样 0.5~2g，置 50mL 瓷坩埚中，加水少许湿润试样，缓慢加入 30mL 盐酸溶液（5），待激烈反应过后，小火加热，微微煮沸，至 10mL 左右（注意防止溅出）。冷却后，转移至提前加入 2mL 硫脲溶液（7）的 50mL 容量瓶中，用水洗涤瓷坩埚 3~5 次，洗液并入容量瓶中，用水定容至刻度，摇匀，用无灰滤纸过滤，待用。同时于相同条件下，做试剂空白试验。

②干灰化法：适用于单一饲料、浓缩饲料、配合饲料。称取试样 1~5g 于 50mL 瓷坩埚中，低温炭化至无烟后，转入高温马弗炉中 550℃ 恒温灰化 3.5~4.5h。冷却后，先滴加少量水润湿样品，再缓慢加入 10mL 盐酸溶液（5）。待激烈反应过后，小火加热，微微煮沸，至 3~5mL（注意防止溅出）。冷却后，转移至提前加入 2mL 硫脲溶液（7）的 50mL 容量瓶中，用水洗涤瓷坩埚 3~5 次，洗液并入容量瓶中，用水定容至刻度，摇匀，用无灰滤纸过滤，待用。同时于相同条件下，做试剂空白试验。

（3）仪器参考条件。

空心阴极灯电流：60~80mA。

光电倍增管电压：260~300V。

载气流速：300~400mL/min。

屏蔽气流：800~1 000mL/min。

原子化器温度：200℃。

原子化器高度：8mm。可根据各自的仪器自行调解。

（4）标准溶液的配制。

锑标准工作溶液：分别准确吸取锑标准工作液（13）0mL、0.50mL、1.00mL、2.00mL、5.00mL 和 10.00mL 于 50mL 容量瓶中，加入适量水稀释后，依次加入 2mL 盐酸溶液（5）和 2mL 硫脲溶液（7），加水定容至刻度，混匀。此锑标准系列溶液的浓度为 0ng/mL、2.00ng/mL、4.00ng/mL、8.00ng/mL、20.0ng/mL、40.0ng/mL。放置 30min 后测定。

（5）试样测定。在与测定标准工作溶液相同的试验条件下，将空白溶液和试样溶液分别导入仪器，测定荧光值，与标准系列比较定量。

5.2.4.6 结果

（1）结果计算。

试样中锑的含量按下式计算：

$$X=\frac{(C-C_0)\times V}{m\times 1\ 000}$$

式中，X为试样中锑的含量（mg/kg或mg/L）；C为试样溶液中锑的质量浓度（μg/L）；C_0为空白溶液中锑的质量浓度（μg/L）；V为试样经过前处理后的定容体积（mL）；m为试样称样量（g或mL）；1 000为换算系数。

（2）结果表示。平行测定结果用算术平均值表示。当锑含量≥1.00mg/kg（或mg/L）时，计算结果保留3位有效数字；当锑含量<1.00mg/kg或（mg/L）时，计算结果保留两位有效数字。

（3）精密度。在重复性条件下获得的两次独立测定结果的绝对差值不得超过算术平均值的20%。

（4）灵敏度。本标准检出限为0.010mg/kg，定量限为0.040mg/kg。

5.2.5 原子荧光光谱法测定蜂产品中砷和汞

5.2.5.1 范围

本方法适用于蜂蜜、蜂花粉、蜂王浆及其冻干粉中无机砷（亚砷酸根与砷酸根的总和）、一甲基胂酸（MMA）、二甲基胂酸（DMA）、无机汞、甲基汞和乙基汞的测定。

本方法检出限：无机汞、甲基汞和乙基汞分别为2.0μg/kg、0.80μg/kg和0.10μg/kg，无机砷、一甲基胂酸、二甲基胂酸各为10μg/kg。

本方法定量限：无机汞、甲基汞和乙基汞分别为6.0μg/kg、2.40μg/kg和0.30μg/kg，无机砷、一甲基胂酸、二甲基胂酸各为30μg/kg。

5.2.5.2 原理

样品中不同形态的砷或汞经过提取、净化，用液相色谱柱分离后，不同形态的砷经过氢化物反应用原子荧光光谱仪检测；不同形态的汞与氧化剂混合经紫外灯照射在线消解后，形成离子态的汞，再与还原剂作用生成原子态汞，用原子荧光光谱仪检测。通过保留时间和峰面积与标准溶液进行比较，外标法定量。

5.2.5.3 试剂与材料

除非另有规定，仅使用分析纯试剂。

（1）水，GB/T 6682，一级。

（2）氨水。

（3）乙腈，色谱纯。

（4）甲醇，色谱纯。

（5）10%甲酸溶液。吸取10mL甲酸于装有约70mL水的100mL容量瓶中，加水至 100mL，摇匀。

（6）7%盐酸溶液。吸取 70mL 盐酸于装有约 700mL 水的 1 000mL 容量瓶中，加水至 1 000mL，摇匀。

（7）10%盐酸溶液。吸取 10mL 盐酸于装有约 70mL 水的 100mL 容量瓶中，加水至 100mL，摇匀。

（8）盐酸-硫脲-氯化钾溶液。称取 1.0g 硫脲、0.15g 氯化钾于烧杯中，用 10%盐酸溶液（7）溶解后，转入 100mL 容量瓶中并定容、摇匀。

（9）1%硝酸溶液。吸取 1mL 硝酸（优级纯）于装有约 70mL 水的烧杯中，转入 100mL 容量瓶中并定容、摇匀。

（10）0.1%二乙氨基二硫代甲酸钠溶液。称取 0.1g 二乙氨基二硫代甲酸钠（分析纯）于 100mL 烧杯中，用少量水溶解后，转入 100mL 容量瓶中并定容、摇匀。

（11）10%乙腈溶液。吸取 10mL 乙腈（色谱纯）于装有少量水的烧杯中，转入 100mL 容量瓶中并定容、摇匀。

（12）10%甲醇溶液。吸取 10mL 甲醇（色谱纯）于装有少量水的烧杯中，转入 100mL 容量瓶中并定容、摇匀。

（13）0.5%氢氧化钾溶液。称取 5.0g 氢氧化钾于烧杯中，加入少量水溶解后，转入 1 000mL 容量瓶中并定容、摇匀。

（14）还原剂。称取 1.5g 硼氢化钾溶于 100mL 0.5%氢氧化钾溶液（13）中，混匀，现用现配。

（15）氧化剂。称取 1.0g 过硫酸钾溶于 100mL 0.5%氢氧化钾溶液（13）中，混匀。

（16）无机汞（Hg^{2+}）标准储备液（100mg/L）。吸取 5mL 浓度为 1 000mg/L 的有证标准溶液于 50mL 容量瓶中，加入 0.5mL 盐酸后，定容、摇匀。

（17）甲基汞、乙基汞的混合标准储备液（100mg/L）。分别准确称取 125.2mg 和 132.6mg 的氯化甲基汞和氯化乙基汞标准品于烧杯中，用少量水转入 1 000mL 容量瓶中，定容、摇匀后，4℃以下冷藏避光保存。

（18）3 种形态汞混合标准中间液（1.0mg/L）。准确吸取甲基汞、乙基汞的混合标准储备液（17）1.0mL，无机汞（Hg^{2+}）标准储备液（16）1.0mL，定容至 100mL，现配现用。

（19）3 种形态汞混合标准工作液。吸取 0mL、1.00mL、2.00mL，3.00mL、4.00mL、5.00mL 3 种形态汞混合标准中间液（18），分别置于 100mL 容量瓶中，并定容、摇匀，得到 3 种形态汞的质量浓度分别为 0ng/mL、10.0ng/mL、20.0ng/mL、30.0ng/mL、40.0ng/mL、50.0ng/mL，过 0.45μm 滤膜，备用。

（20）4 种形态砷混合标准工作液。根据亚砷酸根（三价砷）、砷酸根（五价砷）、一甲基胂酸、二甲基胂酸有证标准物质的标示浓度值，分别用 1%的硝酸溶液（9）配制成浓度约为 0ng/mL、10.0ng/mL、20.0ng/mL、30.0ng/mL、40.0ng/mL、

50.0ng/mL 的混合标准工作溶液，备用。

（21）乙腈-乙酸铵-（L-半胱氨酸）溶液。称取 2.5g 乙酸铵（色谱纯）和 0.5g L-半胱氨酸（含量>98.5%）于 100mL 烧杯中，用少量水溶解后转入 500mL 容量瓶中，加入 25mL 乙腈（色谱纯），加水至 500mL。过 0.45μm 滤膜，再超声 30min，去除气泡，备用。

（22）25mmol/L 磷酸氢二铵溶液。称取 1.65g 磷酸氢二铵溶于 500mL 水中，用 10%甲酸（5）调节 pH 值为 5.8，过 0.45μm 滤膜，再超声 30min，去除气泡，备用。

（23）滤膜。水相，0.45μm（φ50mm、φ13mm）。

（24）注射针筒，10mL。

（25）微量注射器，250μL。

（26）氩气，纯度不低于 99.99%。

5.2.5.4 仪器

原子荧光形态分析仪（配备液相分离系统：高效液相色谱泵、进样装置以及紫外灯消解装置）。

高速振荡混合器：转数不低于 1 000r/min。

高速离心机：转数不低于 8 000r/min。

涡旋混合仪。

分析天平：感量 0.000 1g、0.001g。

pH 计：精度为 0.01。

超声波清洗器。

烘箱。

5.2.5.5 试样制备

（1）蜂蜜。取适量无结晶的样品，搅拌均匀。对于结晶的样品，在密闭的情况下，放置于不超过 60℃ 的水浴中溶解，称样前冷却至室温，搅拌均匀，室温保存。

（2）蜂王浆及冻干粉。将液体、浆状、粉状的样品充分混合均匀；将低温保存的固体样品进行粉碎磨细。试样于-20℃冰箱中保存备用。

（3）蜂花粉。进行粉碎磨细，室温保存。

5.2.5.6 分析步骤

（1）汞形态提取。

①提取：蜂花粉和蜂王浆冻干粉称取 0.2~1.0g（精确到 0.1mg），蜂王浆和蜂蜜称取 1.0~2.0g（精确到 0.1mg），样品于 10mL 离心管中加入 2mL 盐酸-硫脲-氯化钾溶液（8），在高速振荡混合器上混旋提取 15min，离心 10min，上清液倒入 10mL 离心管中，剩余的残渣再用 2mL 10%盐酸+1%硫脲+0.15%氯化钾溶液（8）提取 1 次，合并 2 次上清液，加入 0.5mL 氨水中和。定容到 10mL，取适量定容后

的溶液离心 10min，过 0.45μm 孔径滤膜，得到提取液，待测。

②净化：颜色较深的提取液应经过净化处理后再进行测定，首先分别用 4mL 纯乙腈和 4mL 水将 C_{18}的 SPE 小柱（填料为 100mg）活化，然后用 4mL 0.1%二乙氨基二硫代甲酸钠溶液（10）改性，再用 4mL 水冲洗，将 3mL 样品提取液通过 C_{18}的 SPE 小柱，然后用 4mL 水冲洗小柱，再用 5mL 10%乙腈溶液（11）清洗，最后用 3mL 乙腈-乙酸铵-（L-半胱氨酸）溶液（21）分 3 次洗脱，合并收集洗脱液用于测定。

（2）砷形态提取。

①提取：蜂花粉和蜂王浆冻干粉称取 0.2~1.0g（精确到 0.1mg），蜂王浆和蜂蜜称取 2.0~5.0g（精确到 0.1mg），置于 10mL 具塞玻璃比色管中，加入 10mL 1%硝酸溶液（9），于 90℃烘箱中热浸提 2h，每 0.5h 振摇 1min，浸提完毕，取出冷却至室温，补加硝酸溶液（9）转入塑料离心管中，离心 15min，取上层清液，经 0.45μm 滤膜过滤，得到提取液，待测，颜色较深的提取液应经过净化处理后再进行测定。

②净化：先将 C_{18}小柱（规格 1.0mL）进行活化，用注射针筒抽取 10mL 的甲醇（4）通过滤膜和小柱，通过的时候保持其流速（每秒 2 滴），再用 10mL 的水通过滤膜和小柱，通过的时候保持其流速（每秒 2 滴），最后用 10mL 左右的甲醇（4）通过滤膜和小柱，通过时保持其流速（每秒 2 滴）。

颜色较深的提取液应经过净化处理后再进行测定，吸取 5mL 提取液通过滤膜和 C_{18}小柱（规格 1.0mL），弃去前 3mL，收集流出液，用于测定。每净化完一个样品后依次以 10mL 甲醇（4）、15mL 水冲洗，可用于对下一个样品提取液的净化。

（3）液相色谱参考条件。

①测汞形态的液相色谱参考条件：

色谱柱参数：C_{18}色谱柱，150mm×4.6mm，5μm 粒径或相当者。

流动相：乙腈-乙酸铵-（L-半胱氨酸）溶液（21）。

流速：1.0mL/min。

进样量：100μL。

②测砷形态的液相色谱参考条件：

色谱柱参数：阴离子交换柱，250mm×4.1mm，10μm 粒径或相当者。

流动相：25mmol/L 磷酸氢二铵溶液（22）。

流速：1.0mL/min。

进样量：100μL。

（4）仪器参考条件。

①测汞仪器参考条件：

灯电流：30mA。

负高压：300V。

紫外灯：开。

载气流量：300mL/min。
屏蔽气流量：600mL/min。
载流（6）。
还原剂（14）。
氧化剂（15）。
②测砷仪器参考条件：
灯电流：100mA。
负高压：300V。
载气流量：400mL/min。
屏蔽气流量：600mL/min。
载流（6）。
还原剂（14）。
（5）测定。

①汞形态的测定：取混合标准工作液（19）和样品待测液各100μL分别注入原子荧光形态分析仪的液相分离系统进行分离，原子荧光光谱仪进行检测，以其标准溶液峰的保留时间定性，峰面积定量。

②砷形态的测定：分别吸取5mL混合标准工作液（20）和样品待测液于10mL离心管中，加入1滴氨水（2），混匀后，经0.45μm滤膜过滤后，用微量注射器分别取100μL注入原子荧光形态分析仪的液相分离系统进行分离，原子荧光光谱仪进行检测，以其标准溶液峰的保留时间定性，峰面积定量。

5.2.5.7　结果计算

试样中不同形态汞或砷含量以质量分数ω_i计，单位以“μg/kg”表示，按下式计算：

$$\omega_i=\frac{(c_i-c_{0i})\times V\times 1\ 000}{m\times 1\ 000}$$

式中，c_i为样液中不同形态的汞或者砷的质量浓度（ng/mL）；c_{0i}为试剂空白液中不同形态的汞或者砷的质量浓度（ng/mL）；V为试样提取上清液的总体积（mL）；m为试样质量（g）。

注：$\omega_{无机砷}=\omega_{亚砷酸根}+\omega_{砷酸根}$

计算结果保留两位有效数字。

5.2.5.8　精密度

在重复性条件下获得的两次独立测试结果的绝对差值不超过算术平均值的20%。

5.2.6　液相色谱-原子荧光光谱法测定动物源性食品中硫柳汞

5.2.6.1　范围

本方法适用于鱼肉、鸡肉、牛肉、猪肉、羊肉、猪肝、奶粉、鸡蛋中硫柳汞残留量的测定。

5.2.6.2 方法原理

试样中残留的硫柳汞用提取液提取，经液相色谱分离后，先与氧化剂混合，再与空气混合，通过紫外光照射，硫柳汞被氧化成无机汞，最后与还原剂和盐酸发生氢化反应，进入原子化器，进行原子荧光分析测定。外标法定量。

5.2.6.3 试剂

除另有说明外，所用试剂均为分析纯，试验用水为去离子水。

（1）乙腈，色谱纯。

（2）甲醇，色谱纯。

（3）盐酸，优级纯。

（4）乙酸胺。

（5）半胱氨酸。

（6）氢氧化钾。

（7）硼氢化钾

（8）硫脲。

（9）氯化钾。

（10）过硫酸钾。

（11）碱提取液（5%KOH+0.5%硫脲）。称取氢氧化钾（6）50g，硫脲（8）5g溶于水中，稀释至1 000mL混匀。

（12）酸提取液（20%HCl+1%硫脲+0.15%KCl）。量取盐酸（3）200mL，称取硫脲（8）10g、氯化钾（9）1.5g溶于水中，稀释至1 000mL混匀。

（13）载流（7%HCl）。量取盐酸（3）70mL，慢慢倒入930mL水中，混匀。

（14）还原剂（0.5%KOH+2%KBH_4）。称取氢氧化钾（6）5g、硼氢化钾（7）20g溶于水中，并稀释至1 000mL混匀。

（15）氧化剂（0.5%KOH+0.3%$K_2S_2O_8$）。称取氢氧化钾（6）5g，过硫酸钾（10）3g溶于水中，并稀释至1 000mL混匀。

（16）清洗液。量取甲醇（2）10mL，倒入90mL水中，混匀。

（17）硫柳汞（Thimerosal，CAS号：54-64-8，$C_9H_9O_2HgNaS$）标准品，纯度大于等于97%。

（18）硫柳汞标准储备溶液。准确称取适量的硫柳汞标准品，用去离子水配成浓度为1mg/mL的标准储备液。在0~4℃下保存。

（19）硫柳汞标准工作溶液。根据需要用去离子水将标准储备溶液稀释成适当浓度的标准工作液。在0~4℃下保存。

5.2.6.4 仪器与设备

形态分析预处理装置。

原子荧光光谱仪。

高压液相泵。

高速均质器。

离心机：10 000r/min。

涡旋混合器。

纯水仪。

5.2.6.5 试样制备与保存

（1）试样制备。

①肉及肝脏：将鱼肉、鸡肉、牛肉、猪肉、羊肉、猪肝等有代表性样品约500g用绞肉机绞碎，混匀，均分成2份，分装入洁净的盛样袋内，密封并做好标记。

②奶粉、鸡蛋：取有代表性样品500g（鸡蛋需去壳），搅拌均匀后，均分成2份，分装入洁净的盛样袋内，密封并做好标记。

（2）试样保存。肉及肝脏试样于-18℃以下冷冻保存；奶粉和鸡蛋试样于0~4℃保存。在制样的操作过程中，应防止样品受到污染或发生残留物含量的变化。

5.2.6.6 测定步骤

（1）提取。称取2.5g（精确到0.01g）试样于50mL离心管中，加10mL碱提取液（11），均质2min后，10 000r/min离心5min，将上清液转移至50mL容量瓶中。残渣中再加入5mL碱提取液（11），在涡旋混合器上充分混合后，10 000r/min离心5min，上清液合并至同一容量瓶中。残渣中再加入5mL酸提取液（12），在涡旋混合器上充分混合后，10 000r/min离心5min，上清液合并至同一容量瓶中，用盐酸（3）或氢氧化钾（6）调节pH值为4~7，用水定容至刻度。此溶液过0.45μm滤膜后，供液相色谱-原子荧光光谱测定。

（2）测定。

①液相色谱条件：

色谱柱：C_{18}柱（150mm×4.60mm，5μm），或相当者。

流动相：5%乙腈水溶液（含0.462%乙酸胺和0.12%半胱氨酸）。

流速：1.0mL/min。

进样量：100μL。

②形态分析预处理装置原子荧光联用条件：

载流：见（13）。

还原剂：见（14）。

氧化剂：见（15）。

形态分析仪泵速：65r/min。

紫外灯（UV）：开。

原子荧光光谱仪：

（a）负高压：300V。

（b）灯电流：30mA。

（c）载气流速：600mL/min。

（d）屏蔽气流速：1 000mL/min。

（3）外标曲线的绘制。配制浓度为0.0μg/L、5.0μg/L、10.0μg/L、20.0μg/L、40.0μg/L、80.0μg/L 硫柳汞系列标准工作液。按上述仪器条件进行测定，以浓度-峰面积作图，绘制外标曲线。在上述仪器条件下硫柳汞的参考保留时间约为5.05min。

（4）空白试验。除不加试样外，均按上述步骤进行。

（5）结果计算和表述。试样中硫柳汞残留量用色谱数据处理机或按下式进行计算。

$$X_i=\frac{(C_i-C_0)\times V}{m}\times\frac{1\ 000}{1\ 000}$$

式中，X_i为试样中被测物的残留（mg/kg）；C_i为样液中被测物的浓度（μg/mL）；C_0为空白液中被测物的浓度（μg/mL）；V为样液最终定容体积（mL）；m为最终样液所代表的试样质量（g）。

5.2.6.7　方法的测定低限、回收率

（1）测定低限。硫柳汞的测定低限为0.1mg/kg。

（2）回收率。回收率见表5-2。

表5-2　硫柳汞的添加回收率（n=6）

样品名称	添加水平（mg/kg）	回收率范围（%）
鱼肉	0.1	73.0~81.0
	0.2	80.0~85.0
	0.4	76.5~80.5
猪肉	0.1	70.0~74.0
	0.2	71.5~75.6
	0.4	74.5~80.2
牛肉	0.1	71.0~77.0
	0.2	73.5~79.0
	0.4	72.2~80.2
鸡肉	0.1	73.0~80.0
	0.2	71.5~80.0
	0.4	75.2~80.2
羊肉	0.1	70.2~76.9
	0.2	71.4~78.0
	0.4	70.5~77.0

（续表）

样品名称	添加水平（mg/kg）	回收率范围（%）
猪肝	0.1	71.0~74.1
	0.2	70.5~76.0
	0.4	70.0~73.8
奶粉	0.1	77.0~84.0
	0.2	78.5~83.5
	0.4	79.8~86.2
鸡蛋	0.1	70.2~74.0
	0.2	70.5~78.2
	0.4	71.1~76.0

6 液相色谱-串联质谱法

6.1 液相色谱-质谱法

6.1.1 简介

液相色谱-质谱联用仪（Liquid chromatograph mass spectrometer），简称 LC-MS，是液相色谱与质谱联用的仪器。它结合了液相色谱仪有效分离热不稳性及高沸点化合物的分离能力与质谱仪很强的组分鉴定能力，是一种分离分析复杂有机混合物的有效手段。液相色谱（LC）能够有效地将有机物待测样品中的有机物成分分离开，而质谱（MS）能够对分开的有机物逐个的分析，得到有机物分子量、结构（在某些情况下）和浓度（定量分析）的信息。强大的电喷雾电离技术造就了 LC-MS 质谱图十分简洁，后期数据处理简单的特点。LC-MS 是有机物分析实验室，药物、农产品、食品、质检等部门必不可少的分析工具。

国家规定初级农产品是指种植业、畜牧业、水产品，不包括经过加工的各类产品。农产品质量安全是指农产品质量符合保障人的健康、安全的要求。

农药残留是指在农业生产中施用农药后一部分农药直接或间接残存于谷物、蔬菜、果品、畜产品、水产品中以及土壤和水体中的现象。食用含有大量高毒、剧毒农药残留引起的食物会导致人、畜急性中毒事故。长期食用农药残留超标的农副产品，虽然不会导致急性中毒，但可能引起人和动物的慢性中毒，导致疾病的发生，甚至影响到下一代。

兽药对防治畜禽传染性疾病，促进畜禽健康生长都起到了巨大的作用。但由于兽药的不合理使用，违禁药品的违法使用，不遵循休药期以及其他导致食品中兽药残留超标的因素，如饲料加工的交叉污染（一些静电性强的药物如金霉素、磺胺二甲基嘧啶等较严重）、非靶动物用药、动物个体代谢差异等导致动物体内药物残留，并随着食物链而进入生态系统，从而最终影响人体健康。近年来频频暴发的食品安全事件，如瘦肉精事件、孔雀石绿事件等，对人类健康生活和社会秩序的安定，造成了极为恶劣的影响，兽药残留的监控已成为国内外关注的重点。

6.1.2 液相色谱-串联质谱对食品中涕灭砜威、吡唑醚菌酯、嘧菌酯等65种农药残留量的测定

6.1.2.1 原理

试样加水浸泡后用丙酮振荡提取，提取液经液液分配和固相萃取净化后，采用液相色谱-质谱/质谱检测，外标法定量。

6.1.2.2 试剂和材料

除另有说明外，以下所有试剂均为分析纯，水为GB/T 6682规定的一级水。

（1）试剂。

甲醇、乙腈、丙酮、二氯甲烷、甲苯、甲酸：高效液相色谱级；醋酸铵、氯化钠。

无水硫酸钠：650℃灼烧4h，置于干燥器中冷却备用。

助滤剂：celite 545，或相当者。

（2）溶液配制。

15%的氯化钠水溶液：准确称取15g氯化钠，溶于100mL水中。

0.1%的甲酸水溶液（含0.5mmol/L醋酸铵）：准确量取1mL甲酸和称取0.038 6g醋酸铵于1L容量瓶中，用水定容至1L。

SPE溶液：90mL乙腈中加入30mL甲苯，混匀备用。

（3）标准品。

标准物质：涕灭威砜、嘧菌酯、地散磷、丁苯草酮、联苯肼酯、噻嗪酮、萎锈灵、3-羟基克百威、烯草酮、氰霜唑、噻草酮、环丙酰菌胺、氟啶脲、枯草隆、环虫酰肼、噻虫胺、二苯隆、杀草隆、二甲嘧酚、苄氯三唑醇、除虫脲、敌草隆、乙虫腈、氟虫腈、氟啶胺、啶蜱脲、氟虫脲、磺菌胺、苯硫威、唑螨酯、嘧菌腙、氟草隆、氟啶酮、呋线威、氟铃脲、咪草酸甲酯、抗倒胺、异菌脲、茚虫威、吡虫啉、异噁隆、异噁唑草酮、氟丙氧脲、甲基苯噻隆、苯嗪草酮、甲氧虫酰肼、敌草胺、双苯氟脲、噁咪唑、噁嗪草酮、辛硫磷、增效醚、吡唑醚菌酯、吡唑特、苄草唑、戊菌隆、毒草胺、吡丙醚、精喹禾灵、螺螨酯、虫酰肼、氟苯脲、噻酰菌胺、噻虫啉和噻虫嗪，纯度≥95%。

（4）标准溶液配制。

标准储备溶液：准确称取适量的标准品（精确至0.000 1g），用甲醇溶解，配制成浓度为100μg/mL的标准储备溶液，-18℃，避光保存。

中间标准溶液：准确移取1mL标准储备溶液于10mL容量瓶中，用甲醇定容至刻度，配制成浓度为10μg/mL的中间标准溶液，在4℃冷藏避光保存。

混合标准工作溶液：根据需要用甲醇把中间标准溶液稀释成合适浓度的混合标准工作溶液，现用现配。

（5）材料。

石墨化非多孔碳/酰胺丙基甲硅烷基化硅胶为填料固相萃取柱：Envi-Carb/LC-NH_2，500mg/500mg，6mL，或相当者。

微孔滤膜：0.22μm，有机相。

6.1.2.3 仪器和设备

液相色谱-质谱/质谱仪：配有电喷雾离子源（ESI）。

分析天平：感量 0.01mg 和 0.000 1g。

粉碎机。

样品筛：20 目。

振荡器。

减压浓缩仪。

涡旋混合器。

6.1.2.4 试样制备与保存

（1）试样制备。从原始样品取出有代表性样品约 500g。样品用粉碎机粉碎并使其全部通过 20 目的样品筛，混合均匀，均分成 2 份，分别装入洁净容器作为试样，密封，并做好标记。

（2）试样保存。将试样置于 4℃，冷藏避光保存。在试样的操作过程中，应防止样品受到污染或发生残留物含量的变化。

6.1.2.5 样品处理

（1）提取。称取约 10g 试样（精确至 0.01g），于 300mL 锥形瓶中，加入 10mL 水，静置 30min 后，再加入 40mL 丙酮，振荡提取 30min。将试样及提取液转移至抽滤漏斗上（已加入适量助滤剂），减压抽滤，收集滤液于 100mL 梨形瓶中，再用 3×5mL 丙酮洗涤锥形瓶及试样残渣，合并滤液，并于 40℃减压浓缩至约 10mL。将溶液转移至 125mL 分液漏斗中，依次加入 30mL 氯化钠水溶液和 30mL 二氯甲烷，振荡 10min 后，静置 20min，取二氯甲烷层。再加入 30mL 二氯甲烷于分液漏斗中，液液分配后合并二氯甲烷层。二氯甲烷溶液经无水硫酸钠脱水后，在 40℃ 下减压浓缩至近干，氮气吹干后，用 2mL SPE 溶液溶解，待净化。

（2）净化。固相萃取柱用 10mL SPE 溶液预淋洗后，转入样品提取液，收集流出液。再用 30mL SPE 溶液洗涤固相萃取柱，合并流出液。整个固相萃取净化过程控制流速不超过 2mL/min，流出液于 40℃ 下减压浓缩至近干，氮气吹干。残留物先用 0.4mL 乙腈溶解，再用 0.1% 甲酸水溶液，定容至 1mL，涡旋混匀后，过 0.22μm 微孔滤膜，供仪器检测。

6.1.2.6 测定

（1）混合基质标准溶液的制备。称取 5 份约 10g 空白试样（精确至 0.01g）于 300mL 锥形瓶中，按照标准曲线最终定容浓度分别加入中间标准溶液或混合标准工作溶液，余下操作同上述提取、净化步骤。

（2）液相色谱参考条件。

色谱柱：CAPCELL PAK C_{18}，5μm，2.0mm×150mm（内径），或相当者。

流动相：A 乙腈，B 0.1%甲酸水溶液。

流速：0.2mL/min。

柱温：40℃。

进样量：10μL。

（3）质谱测定条件。

电离方式：ESI+，毛细管电压 3.0kV。

电离方式：ESI-，毛细管电压 2.8kV。

源温度：120℃。

去溶剂温度：350℃。

锥孔气流：氮气，100L/h。

去溶剂气流：氮气，600L/h。

碰撞气压：氩气，2.40×10^{-6}Pa。

监测模式：多反应监测。

其中氮气和氩气的纯度均≥99.999%。

（4）色谱测定与确证。根据样液中农药的含量情况，选定峰面积相近的混合基质标准溶液，对混合基质标准溶液和样液等体积穿插进样，测定混合基质标准溶液中农药的响应值均应在仪器检测的线性范围内。

在相同试验条件下样品中待测物质的质量色谱保留时间与混合基质标准溶液相同并且在扣除背景后的样品质量色谱峰中所选离子均出现，经过对比所选择离子的丰度比与混合基质标准溶液对应离子的丰度比，其值在允许范围内，见表 6-1，则可判定样品中存在相应的目标化合物。

表 6-1 定性确证时相对离子丰度的最大允许误差

相对离子丰度	≥50%	20%~50%	10%~20%	≤10%
允许偏差范围	±20%	±25%	±30%	±50%

（5）空白试验。除不加标准品外，均按上述步骤进行试验。

6.1.2.7 结果计算

用色谱数据处理机或按下式计算试样中各农药的含量：

$$X_i=\frac{A\times C\times V}{A_S\times m\times 1\ 000}$$

式中，X_i 为样品中被测物的残留量（mg/kg）；C 为对照标准溶液中被测组分的浓度（ng/mL）；A_S 为对照标准溶液中被测组分的峰面积；A 为样液中被测组分的峰面积；V 为样品定容体积（mL）；m 为样品称样量（g）。

注：计算结果需扣除空白值，测定结果用平行测定的算术平均值表示，保留两位有效数字。

6.1.2.8 定量限

本方法在大米、糙米、玉米、大麦和小麦中涕灭威砜、嘧菌酯、地散磷、噻嗪酮、丁苯草酮、萎锈灵、3-羟基克百威、环丙酰菌胺、枯草隆、环虫酰肼、烯草酮、噻虫胺、二苯隆、氰霜唑、噻草酮、杀草隆、苄氯三唑醇、二甲嘧酚、敌草隆、乙虫腈、苯硫威、唑螨酯、嘧菌腙、氟啶胺、氟草隆、氟啶酮、磺菌胺、呋线威、氟铃脲、咪草酸甲酯、吡虫啉、抗倒胺、茚虫威、异噁隆、异噁唑草酮、氟丙氧脲、苯嗪草酮、甲基苯噻隆、甲氧虫酰肼、敌草胺、双苯氟脲、噁嗪草酮、噁咪唑、戊菌隆、辛硫磷、增效醚、毒草胺、吡唑醚菌酯、吡唑特、苄草唑、吡丙醚、精喹禾灵、虫酰肼、氟苯脲、噻虫啉、噻酰菌胺、噻虫嗪的定量限均为 0.005mg/kg；联苯肼酯、氟啶脲、除虫脲、啶蜱脲、氟虫脲、异菌脲、螺螨酯的定量限均为 0.02mg/kg；氟虫腈定量限为 0.002mg/kg。

6.1.3 液相色谱-串联质谱法对动物源性食品中多种 β-受体激动剂残留量的测定

6.1.3.1 原理

试样中的残留物经酶解，用高氯酸调节 pH 值，沉淀蛋白后离心，上清液用异丙醇-乙酸乙酯提取，再用阳离子交换柱净化，液相色谱-串联质谱法测定，内标法定量。

6.1.3.2 试剂和材料

除另有说明外，以下所有试剂均为分析纯，水为 GB/T 6682 规定的一级水。

甲醇：液相色谱纯。

乙酸钠（$CH_3COONa \cdot 3H_2O$）、氢氧化钠、饱和氯化钠溶液。

0.2mol/L 乙酸钠缓冲液：称取 13.6g 乙酸钠，溶解于 500mL 水中，用适量乙酸调节 pH 值至 5.2。

高氯酸：70%~72%。

0.1mol/L 高氯酸：移取 8.7mL 高氯酸，用水稀释至 1 000mL。

10mol/L 氢氧化钠溶液：称取 40g 氢氧化钠，用适量水溶解冷却后，用水稀释至 100mL。

异丙醇-乙酸乙酯（6+4，体积比）。

甲酸水溶液：2%。

氨水甲醇溶液：5%。

0.1%甲酸水溶液-甲醇溶液（95+5，体积比）。

β-葡萄糖醛苷酶/芳基硫酸酯酶：10 000units/mg。

Oasis MCX 阳离子交换柱：60mg/3mL，使用前依次用 3mL 甲醇和 3mL 水活化。

沙丁胺醇、特布他林半硫酸盐、塞曼特罗、塞布特罗、莱克多巴胺盐酸盐、克伦特罗盐酸盐、溴布特罗、苯氧丙酚胺盐酸盐、马布特罗、马贲特罗、溴代克伦特罗标准品：纯度大于 98%。

标准储备溶液：准确称取适量的沙丁胺醇、特布他林半硫酸盐、塞曼特罗、塞布特罗、莱克多巴胺盐酸盐、克伦特罗盐酸盐、溴布特罗、苯氧丙酚胺盐酸盐、马布特罗、马贲特罗、溴代克伦特罗标准品，用甲醇分别配制成100μg/mL的标准储备液，保存于-18℃冰箱内，可使用一年。

混合标准储备溶液：（1μg/mL）：分别准确吸取1.00mL沙丁胺醇、特布他林半硫酸盐、塞曼特罗、塞布特罗、莱克多巴胺盐酸盐、克伦特罗盐酸盐、溴布特罗、苯氧丙酚胺盐酸盐、马布特罗、马贲特罗、溴代克伦特罗标准储备液至100mL容量瓶中，用甲醇稀释至刻度，-18℃避光保存。

同位素内标物：克伦特罗-D_9，沙丁胺醇-D_3，纯度大于98%。

同位素内标储备溶液：准确称取适量的克伦特罗-D_9、沙丁胺醇-D_3，用甲醇分别配制成100μg/mL的标准储备液，保存于-18℃冰箱内，可使用一年。

6.1.3.3 仪器和设备

高效液相色谱-串联质谱联用仪：配有电喷雾离子源（ESI）。

均质器。

涡旋混合器。

离心机：5 000r/min和15 000r/min。

氮吹仪。

水平振荡器。

真空过柱装置。

pH计。

超声波发生器。

6.1.3.4 样品的制备

（1）提取。准确称取2g（精确到0.01g）经捣碎的样品，于50mL离心管内，加8.0mL乙酸钠缓冲液，充分混匀，再加入50μL β-盐酸葡萄糖醛苷酶/芳基硫酸酯酶，涡旋混匀，于37℃水浴水解12h。

加入100μL浓度为10ng/mL的内标溶液于待测样品中。加盖置于水平振荡器振荡15min，离心10min（5 000r/min），取4mL上清液加入0.1mol/L高氯酸溶液5mL，混合均匀，用高氯酸调pH值至1.0±0.3。5 000r/min离心10min后，将全部上清液转移到50mL离心管内，用10mol/L NaOH溶液调pH值至11。加入10mL饱和氯化钠溶液和10mL异丙醇-乙酸乙酯（6+4）混合溶液，充分提取，在5 000r/min下离心10min。

转移全部有机相，在40℃水浴下用氮气将其吹干。加入5mL乙酸钠缓冲液，超声混匀，使残渣充分溶解后备用。

（2）净化。将阳离子交换小柱连接到真空过柱装置。将上述残渣溶液过柱，依次用2mL水、2mL 2%甲酸水、2mL甲醇洗涤柱子并彻底抽干，最后用2mL的5%氨水甲醇溶液洗脱柱子上的待测成分。洗脱液在50℃下用氮气吹干。残余物用甲醇-0.1%甲酸溶液（10+90，体积化）0.4mL溶解，涡旋混匀，过0.2μm滤膜上机测定。

6.1.3.5 测定

(1) 液相色谱-串联质谱的条件。

色谱柱：Waters ATLANTICS C_{18}柱，150mm×2.1mm（内径），粒度5μm。

流动相：A 乙腈，B0.1%甲酸水溶液。

流速：0.25mL/min。

柱温：30℃。

进样量：20μL。

离子源：电喷雾离子源（ESI），正离子模式。

扫描方式：多反应监测（MRM）

脱溶剂气、锥孔气、碰撞气均为高纯氮气或其他合适的高纯气体，使用前应调节各气体流量，以使质谱灵敏度达到检测要求。

毛细管电压、锥孔电压、碰撞能量等、电压值应优化至最优灵敏度。

(2) 液相色谱-串联质谱测定。用液相色谱-串联质谱仪测定样品和混合标准工作溶液，以色谱峰面积按内标法进行定量。在上述色谱条件下测定沙丁胺醇、特布他林半硫酸盐、塞曼特罗、塞布特罗、莱克多巴胺盐酸盐、克伦特罗盐酸盐、溴布特罗、苯氧丙酚胺盐酸盐、马布特罗、马贲特罗、溴代克伦特罗、克伦特罗-D_9、沙丁胺醇-D_3的标准工作溶液。

(3) 液相色谱-串联质谱确证。按照液相色谱-串联质谱条件测定样品和标准工作溶液，如果检出的质量色谱峰保留时间与标准品一致，并且在扣除背景后的样品谱图中，各定性离子的相对丰度与浓度接近的同样条件下得到的标准溶液谱图相比，误差不超过表6-1规定的范围。则可判定样品中存在对应的被测物。

(4) 空白试验。除不加标准品外，均按上述步骤进行试验。

(5) 结果计算。沙丁胺醇-D_3作为沙丁胺醇、特布他林半硫酸盐和莱克多巴胺盐酸盐的内标物质，克伦特罗-D_9作为其余β-受体激动剂的内标物质。

$$X=\frac{AA_{si}CC_i}{A_iA_sC_{si}}\times\frac{V}{m}$$

式中，X为样品中被测物的残留量（μg/kg）；C为对照标准溶液中相应β-受体激动剂的浓度（ng/mL）；C_{si}为对照溶液中相应β-受体激动剂内标的浓度（ng/mL）；C_i为样液中内标物的浓度（ng/mL）；A_s为对照标准溶液中相应β-受体激动剂的峰面积；A为样液中相应β-受体激动剂的峰面积；A_{si}为对照标准溶液中相应β-受体激动剂内标的峰面积；A_i为样液中内标物的峰面积；V为样品定容体积（mL）；m为样品称样量（g）。

注：计算结果需扣除空白值。方法检出限为0.5μg/kg。

6.1.4 液相色谱-串联质谱法在动物源性食品中磺胺类药物残留量的测定

6.1.4.1 原理

试样中加入 C_{18} 填料后研磨均匀，其中磺胺类药物残留用乙腈-水在微波辐照辅助下进行提取，用乙腈饱和的正己烷液液分配净化。用液相色谱-质谱/质谱测定，外标法定量。

6.1.4.2 试剂和材料

除另有说明外，以下所有试剂均为分析纯，水为 GB/T 6682 规定的一级水。

乙腈、正己烷：色谱纯。

甲酸：优级纯。

硅藻土：化学纯。

正丙醇。

无水硫酸钠：优级纯，500℃灼烧 4h，置于干燥器中备用。

C_{18} 填料：40μm。

乙腈-水（1 000+30）溶液：量取 1 000mL 乙腈，加入 30mL 水，混合均匀。

乙腈-水（1+1）溶液：将乙腈与水按体积比 1∶1 混合均匀。

水-甲酸（999+1）：准确吸取 1mL 甲酸于 1 000mL 容量瓶中，用水稀释到刻度，混匀。

乙腈饱和正己烷：量取 200mL 正己烷于 250mL 分液漏斗中，加入少量乙腈，剧烈振摇数分钟，静止分层后，弃去下层乙腈层即得。

标准物质：磺胺脒、甲氧苄啶、磺胺索嘧啶、磺胺醋酰、磺胺嘧啶、磺胺吡啶、磺胺噻唑、磺胺甲嘧啶、磺胺噁唑、磺胺二甲嘧啶、磺胺甲氧嗪、磺胺甲二唑、磺胺对甲氧嘧啶、磺胺间甲氧嘧啶、磺胺氯达嗪、磺胺多辛、磺胺甲噁唑、磺胺异噁唑、磺胺苯酰、磺胺地索辛、磺胺喹沙啉、磺胺苯吡唑、磺胺硝苯，纯度≥99%。

23 种磺胺标准储备溶液（0.1mg/mL）：分别准确称取按其纯度折算为 100%的每种磺胺标准物质 10mg，用乙腈溶解并定容至 100mL，该标准储备溶液-20℃避光保存，有效期 12 个月。

23 种磺胺混合标准中间溶液（10μg/mL）：准确移取各种磺胺类标准储备溶液 10mL 于 100mL 棕色容量瓶中，用乙腈定容至刻度。该混合标准中间溶液在-20℃避光保存，有效期 6 个月。

23 种磺胺混合标准工作溶液：根据需要用乙腈-水由混合标准中间溶液稀释成合适的混合标准工作溶液，现用现配。

6.1.4.3 仪器和设备

液相色谱-质谱串联仪：配有电喷雾离子源。

高速组织捣碎机。

均质器。

旋转蒸发器。

氮吹仪。

涡旋混合器。

分析天平：感量 0. 1mg 和 0. 01g 各 1 台。

真空泵。

移液器：1mL、2mL。

棕色鸡心瓶：150mL。

样品瓶：2mL，带聚四氟乙烯旋盖。

大号玻璃研钵。

pH 计：测量精度±0. 2。

离心机。

棕色分液漏斗：100mL。

具螺旋盖聚四氟乙烯离心管：50mL。

超纯水仪。

微波炉：家用，带有光波模式，功率 700W。

超声波发生器。

6. 1. 4. 4 试样制备与保存

（1）肌肉、内脏、鱼和虾。从原始样品中取出代表性样品，经高速组织捣碎机均匀捣碎，用四分法缩分出适量试样，均分成 2 份，分别装入清洁容器内，加封后作出标记，一份作为试样，一份作为留样，将试样于-20℃保存。

（2）肠衣。从原始样品中取出代表性样品，用剪刀剪成 $4mm^2$ 的碎片，用四分法缩分出适量试样，均分成 2 份，分别装入清洁容器内，加封后作出标记，一份作为试样，一份作为留样，将试样于-20℃保存。

（3）牛奶。从原始样品中取出代表性样品，用组织捣碎机充分混匀，均分成 2 份，分别装入清洁容器内，加封后作出标记，一份作为试样，一份作为留样。将试样于 4℃避光保存。

6. 1. 4. 5 样品处理

（1）提取。

①鸡肉、内脏、鱼、虾和肠衣：称取 2g（精确至 0. 01g）试样置于玻璃研钵内，再称取约 6g（精确至 0. 01g）C_{18} 填料加至试样上，用玻璃杵轻轻研磨，使样品与填料混合均匀，装于 50mL 具螺旋盖聚四氟乙烯离心管中，加入 25mL 乙腈-水溶液，涡旋振荡 1min，放入家用微波炉中，在光波模式下微波辐照 30s，3 000r/min离心 5min，将乙腈层移入 100mL 棕色分液漏斗中。离心后的沉淀物再加入 25mL 乙腈摇匀，微波辅助提取 30s，3 000r/min 离心 5min，合并乙腈提取

液，待净化。

②牛奶：取2g（精确至0.01g）牛奶，置于玻璃研钵内，加入6g（精确至0.01g）硅藻土，另加入6g（精确至0.01g）C_{18}填料，用玻璃杵轻轻研磨30s，使样品与填料混合均匀，装于50mL具螺旋盖聚四氟乙烯离心管中，加入25mL乙腈-水溶液，涡旋振荡1min，放入家用微波炉中，在光波模式下微波辐照30s，3 000r/min离心5min，将乙腈层移入100mL棕色分液漏斗中。离心后的沉淀物再加入25mL乙腈摇匀，微波辅助提取30s，3 000r/min离心5min，合并乙腈提取液，待净化。

（2）净化。提取液中加入25mL乙腈饱和正己烷溶液，振摇5min，将底层乙腈溶液移入150mL棕色鸡心瓶中，加入10mL正丙醇，用涡旋蒸发仪于45℃水浴中减压蒸发至近干，氮气流吹干。准确加入1mL乙腈-水溶液（1+1），超声30s溶解残渣，将溶解液移入10mL棕色离心管中，加入0.5mL乙腈饱和正己烷，涡旋振荡2min，3 000r/min离心5min，弃去正己烷溶液，取底层乙腈-水溶液过0.22μm微孔滤膜供高效液相色谱-质谱/质谱测定。

6.1.4.6 测定

（1）标准工作曲线制备。用相应的空白样品基质提取液制备混合标准浓度系列，分别为10ng/mL、20ng/mL、100ng/mL、200ng/mL、1 000ng/mL（分别相当于测试样品中含有5μg/kg、10μg/kg、20μg/kg、100μg/kg、500μg/kg的目标化合物）。按规定测定并制备标准曲线。

（2）液相色谱条件。

色谱柱：Intersil ODS-3，5μm，150mm×4.6mm（内径），或相当者。

流动相：A，乙腈；B，0.1%甲酸水溶液。

流速：0.8mL/min。

柱温：20℃。

进样量：20μL。

（3）质谱测定条件。

离子源：电喷雾离子源。

扫描方式：正离子模式。

检测方式：多反应监测（MRM）。

电喷雾电压：5 500V。

雾化气压力：0.065MPa。

气帘气压力：0.016MPa。

辅助气压力：0.060MPa。

离子源温度：475℃。

（4）液相色谱-质谱/质谱测定。

①定性测定：按照上述条件测定样品和建立标准工作曲线，如果样品中化合物质量色谱峰的保留时间与标准溶液相比在±2.5%的允许偏差之内；待测化合物的定

性离子对的重构离子色谱峰的信噪比大于或等于 3（$S/N \geqslant 3$），定量离子对的重构离子色谱峰的信噪比大于或等于 10（$S/N \geqslant 10$）；定性离子对的相对丰度与浓度相当的标准溶液相比，相对丰度偏差不超过表 6-1 的规定，则可判定样品中存在相应的目标化合物。

②定量测定：按照外标法进行定量测定。

6.1.4.7　结果计算

试样中每种磺胺药物的残留量利用数据处理系统计算或按下式计算：

$$X=\frac{AC}{A_s}\times\frac{V}{m}\times\frac{1\ 000}{1\ 000}$$

式中，X 为样品中被测物的残留量（μg/kg）；C 为对照标准溶液中被测组分的浓度（ng/mL）；A_s 为对照标准溶液中被测组分的峰面积；A 为样液中被测组分的峰面积；V 为样品定容体积（mL）；m 为样品称样量（g）。

注：计算结果需扣除空白值。

6.1.4.8　定量限

本方法在动物肝、肾、肌肉组织和牛奶中 23 种磺胺药物残留的定量限均为 50μg/kg；在水产品中 23 种磺胺药物残留的定量限为 10μg/kg。

6.1.5　液相色谱-串联质谱法在水产品中孔雀石绿和结晶紫残留量的测定

6.1.5.1　原理

试样中的残留物用乙腈-乙酸铵缓冲溶液提取，乙腈再次提取后，液液分配到二氯甲烷层，经中性氧化铝和阳离子固相柱净化后用液相色谱-串联质谱法测定，内标法定量。

6.1.5.2　试剂和材料

除另有规定外，所有试剂均为分析纯，水为重蒸馏水。

乙腈、甲醇：液相色谱纯。

二氯甲烷、无水乙酸氨、冰乙酸。

5mol/L 乙酸铵缓冲溶液：称取 38.5g 无水乙酸铵溶解于 90mL 水中，冰乙酸调 pH 值到 7.0，用水定容至 100mL。

0.1mol/L 乙酸铵缓冲溶液：称取 7.71g 无水乙酸铵溶解于 1 000mL 水中，冰乙酸调 pH 值到 4.5。

5mmol/L 乙酸铵缓冲溶液：称取 0.385g 无水乙酸铵溶解于 1 000mL 水中，冰乙酸调 pH 值到 4.5，过 0.2μm 滤膜。

0.25g/mL 盐酸羟胺溶液。

1.0mol/L 对-甲苯磺酸溶液：称取 17.2g 对-甲苯磺酸，用水溶解并定容至 100mL。

体积分数为2%的甲酸溶液。

体积分数为5%的乙酸铵甲醇溶液：量取5mL乙酸铵缓冲溶液（5mol/L），用甲醇定容至100mL。

阳离子交换柱：MCX，60mg/3mL，使用前依次用3mL乙腈、3mL甲酸溶液（2%）活化。

中性氧化铝柱：1g/3mL，使用前用5mL乙腈活化。

标准品：孔雀石绿、隐色孔雀石绿、结晶紫、隐色结晶紫、同位素内标氘代孔雀石绿、同位素内标氘代隐色孔雀石绿，纯度大于98%。

标准储备溶液：准确称取适量的孔雀石绿、隐色孔雀石绿、结晶紫、隐色结晶紫、氘代孔雀石绿、氘代隐色孔雀石绿标准品，用乙腈分别配制成100μg/mL的标准储备液。

混合标准储备溶液（1μg/mL）：分别准确吸取1mL孔雀石绿、隐色孔雀石绿、结晶紫、隐色结晶紫的标准储备溶液（100μg/mL）至100mL容量瓶中，用乙腈稀释至刻度，1mL该溶液分别含1μg的孔雀石绿、隐色孔雀石绿、结晶紫、隐色结晶紫。-18℃避光保存。

混合标准储备溶液（100ng/mL）：用乙腈稀释混合标准储备溶液（1μg/mL），配制成每毫升含孔雀石绿、隐色孔雀石绿、结晶紫、隐色结晶紫均为100ng的混合标准储备溶液。-18℃避光保存。

混合内标标准溶液：用乙腈稀释标准溶液，配制成每毫升含氘代孔雀石绿、氘代隐色孔雀石绿各100ng的内标混合溶液。-18℃避光保存。

混合标准工作溶液：根据需要，临用时吸取一定量的混合标准储备溶液（100ng/mL）和混合内标标准溶液，用乙腈+5mmol/L乙酸铵溶液（1+1）稀释配制适当浓度的混合标准工作溶液，每毫升该混合标准工作溶液含有氘代孔雀石绿、氘代隐色孔雀石绿各2ng。

6.1.5.3 仪器和设备

液相色谱-质谱串联仪：配有电喷雾（ESI）离子源。

匀浆机。

离心机：4 000r/min。

超声波水浴。

涡旋振荡器。

KD浓缩瓶：25mL。

固相萃取装置。

旋转蒸发仪。

6.1.5.4 样品制备

（1）鲜活水产品。

①提取：称取5.00g已捣碎试样于50mL离心管中，加入200μL混合内标标准

溶液，加入11mL乙腈，超声波振荡提取2min，8 000r/min匀浆提取30s，4 000r/min离心5min，上清液转移至25mL比色管中；另取一25mL离心管加入11mL乙腈，洗涤匀浆刀头10s，洗涤液转入前一离心管中，用玻璃棒捣碎离心管中的沉淀，涡旋混合器上振荡30s，超声波振荡5min，4 000r/min离心5min，上清液合并至25mL比色管中，用乙腈定容至25.00mL，摇匀备用。

②净化：移取5.00mL样品溶液加至已活化的中性氧化铝柱上，用KD浓缩瓶收集流出液，4mL乙腈洗涤中性氧化铝柱，收集全部流出液。45℃涡旋蒸发至约1mL，残液用乙腈定容至1mL，超声波振荡5min，加入1mL 5mmol/L的乙酸铵，超声波振荡1min，样液经0.22μm的微孔滤膜，供高效液相色谱-质谱/质谱测定。

（2）加工水产品。

①提取：称取5.00g已捣碎试样于100mL离心管中，加入200μL混合内标标准溶液，加入1mL盐酸羟胺、2mL对-甲苯磺酸、2mL乙酸铵缓冲溶液（0.1mol/L）和40mL乙腈，匀浆2min（10 000r/min），离心3min（3 000r/min），将上清液转移到250mL分液漏斗中，用20mL乙腈重复提取残渣一次，合并上清液。于分液漏斗中加入30mL二氯甲烷、35mL水，振摇2min，静置分层，收集下层有机层于150mL梨形瓶中，再用20mL二氯甲烷萃取一次，合并二氯甲烷层，45℃涡旋蒸发至近干。

②净化：将中性氧化铝柱串接在固相萃取柱上，用6mL乙腈分3次（每次2mL），用涡旋混合器涡旋溶解上述提取物，并依次过柱，控制阳离子交换柱流速不超过0.6mL/min，再用2mL乙腈淋洗中性氧化铝柱后，弃去中性氧化铝柱。依次用3mL体积分数为2%的甲酸溶液、3mL乙腈淋洗阳离子交换柱，弃去流出液。用4mL体积分数为5%的乙酸铵甲醇溶液洗脱，洗脱流速为1mL/min，用10mL刻度试管收集洗脱液，用水定容至10.0mL，样液经0.2μm的滤膜过滤后供高效液相色谱-质谱/质谱测定。

6.1.5.5 测定

（1）液相色谱-串联质谱条件。

色谱柱：C_{18}柱，50mm×2.1mm（内径），粒度3μm。

流动相：乙腈+5mmol/L乙酸铵=75+25（体积比）。

流速：0.2mL/min。

柱温：35℃。

进样量：10μL。

离子源：电喷雾离子源（ESI），正离子。

扫描方式：多反应监测（MRM）。

雾化气、窗帘气、辅助加热气、碰撞气均为高纯氮气，使用前应调节各气体流量，以使质谱灵敏度达到检测要求。

喷雾电压、去集簇电压、碰撞能量等电压，应优化至最优灵敏度。

检测离子对：孔雀石绿 m/z 329/313（定量离子）、329/208；隐色孔雀石绿

m/z 331/316（定量离子）、331/239；结晶紫 m/z 372/356（定量离子）、372/251；隐色结晶紫 m/z 374/359（定量离子）、374/238；氘代孔雀石绿 m/z 334/318（定量离子）、329/208；氘代隐色孔雀石绿 m/z 337/322（定量离子）。

（2）液相色谱-串联质谱测定。按照上述方法用液相色谱-串联质谱测定样品和混合标准工作溶液，以色谱峰面积按内标法定量，孔雀石绿和结晶紫以氘代孔雀石绿为内标物定量，隐色孔雀石绿和隐色结晶紫以氘代隐色孔雀石绿为内标物定量，在上述色谱条件下孔雀石绿、氘代孔雀石绿、结晶紫、氘代隐色孔雀石绿、隐色孔雀石绿、隐色结晶紫的参考保留时间分别为 2.27min、2.30min、2.88min、5.21min、5.31min、5.61min。

（3）液相色谱-串联质谱确证。按照上述方法用液相色谱-串联质谱测定样品和混合标准工作溶液，分别计算样品和标准工作溶液中非定量离子对与定量离子对色谱峰面积的比值，仅当两者数值的相对偏差小于 25%时，方可确定两者为同一物质。

6.1.5.6 空白试验

除不加试样外，其余均按上述步骤。

6.1.5.7 结果计算和表述

按下式计算试样中孔雀石绿、隐色孔雀石绿、结晶紫、隐色结晶紫的残留量。计算结果需扣除空白值。

$$X=\frac{AA_{si}CC_i}{A_iA_sC_{si}}\times\frac{V}{m}$$

式中，X 为样品中被测物的残留量（μg/kg）；C 为对照标准溶液中孔雀石绿、隐色孔雀石绿、结晶紫、隐色结晶紫的浓度（μg/L）；C_{si} 为对照溶液中相应内标的浓度（μg/L）；C_i 为样液中内标物的浓度（μg/L）；A_s 为对照标准溶液中相应孔雀石绿、隐色孔雀石绿、结晶紫、隐色结晶紫的峰面积；A 为样液中相应孔雀石绿、隐色孔雀石绿、结晶紫、隐色结晶紫的峰面积；A_{si} 为对照标准溶液中相应内标的峰面积；A_i 为样液中内标物的峰面积；V 为样品定容体积（mL）；m 为样品称样量（g）。

本方法孔雀石绿的残留量测定，结果系指孔雀石绿和它的代谢物隐色孔雀石绿残留量之和，以孔雀石绿表示。

本方法结晶紫的残留量测定结果系指结晶紫和它的代谢物隐色结晶紫残留量之和，以结晶紫表示。

6.1.5.8 方法检测限

本方法孔雀石绿、隐色孔雀石绿、结晶紫、隐色结晶紫的检测限均为 0.5μg/kg。

6.2 气相色谱串联质谱法

6.2.1 简介

气相色谱-质谱联用仪（Gas chromatography mass spectrometry），简称 GC-MS，是气相色谱与质谱联用的仪器。气相色谱是一种物理的分离方法，利用被测物质各组分在不同两相间分配系数（溶解度）的微小差异，当两相做相对运动时，这些物质在两相间进行反复多次的分配，使原来只有微小的性质差异产生很大的效果，而使不同组分得到分离。实际为通过样品组分沸点之间的差异先后进柱，然后在气体流动相和固定相之间分配系数的差异进一步分离。质谱作为检测器，利用电离源将各种成分分子电离成质谱碎片，通过相应的谱库检索碎片信息，给出此信息与某化合物质匹配度，达到对物质定性的目的。

1957 年 Morrell 与 Holmes 首次把气相色谱法和质谱法联合使用后，GC-MS 联用在分析检测和研究的许多领域中起着越来越重要的作用，特别是在许多有机化合物常规检测工作中成为一种必备的工具。在我国，许多实行国家强制标准的农产品使用该方法进行农药多残留检测。

6.2.2 气相色谱-质谱法测定水果和蔬菜中 500 种农药及相关化学品的残留量

6.2.2.1 *原理*

试样用乙腈匀浆提取，盐析离心后，取上清液，经固相萃取柱净化，用乙腈-甲苯溶液（3+1）洗脱农药及相关化学品，溶剂交换后用气相色谱-质谱仪检测。

6.2.2.2 *试剂和材料*

乙腈（CH_3CN，75-05-8）：色谱纯。

氯化钠（NaCl，7647-14-5）：优级纯。

无水硫酸钠（Na_2SO_4，7757-82-6）：分析纯，用前在 650℃ 灼烧 4h，储于干燥器中，冷却后备用。

甲苯（C_7H_8，108-88-3）：优级纯。

丙酮（CH_3COCH_3，67-64-1）：分析纯，重蒸馏。

二氯甲烷（CH_2Cl_2，75-09-2）：色谱纯。

正己烷（C_6H_{14}，110-54-3）：分析纯，重蒸馏。标准品：农药及相关化学品标准物质：纯度≥95%。

Envi-18 柱：12mL，2.0g 或相当者。

Envi-Carb 活性碳柱：6mL，0.5g 或相当者。

Sep-Pak NH_2 固相萃取柱：3mL，0.5g 或相当者。

6.2.2.3 标准溶液配制

（1）标准储备溶液。分别称取适量（精确至 0.1mg）各种农药及相关化学品标准物分别于 10mL 容量瓶中，根据标准物的溶解性选甲苯、甲苯+丙酮混合液、二氯甲烷等溶剂溶解并定容至刻度，标准溶液避光 4℃保存，保存期为一年。

（2）混合标准溶液（混合标准溶液 A、B、C、D 和 E）。按照农药及相关化学品的性质和保留时间，将 500 种农药及相关化学品分成 A、B、C、D、E 5 个组，并根据每种农药及相关化学品在仪器上的响应灵敏度，确定其在混合标准溶液中的浓度。依据每种农药及相关化学品的分组号、混合标准溶液浓度及其标准储备液的浓度，移取一定量的单个农药及相关化学品标准储备溶液于 100mL 容量瓶中，用甲苯定容至刻度。混合标准溶液避光 4℃保存，保存期为 1 个月。

（3）内标溶液。准确称取 3.5mg 环氧七氯于 100mL 容量瓶中，用甲苯定容至刻度。

（4）基质混合标准工作溶液。A、B、C、D、E 组农药及相关化学品基质混合标准工作溶液是将 40μL 内标溶液和 50μL 的混合标准溶液分别加到 1.0mL 的样品空白基质提取液中，混匀，配成基质混合标准工作溶液 A、B、C、D 和 E。基质混合标准工作溶液应现用现配。

6.2.2.4 仪器和设备

气相色谱-质谱仪：配有电子轰击源（EI）。

分析天平：感量 0.01g 和 0.000 1g。

均质器：转速不低于 20 000r/min。

鸡心瓶：200mL。

移液器：1mL。

氮气吹干仪。

6.2.2.5 试样制备

水果、蔬菜样品取样部位按 GB 2763 附录 A 执行，将样品切碎混匀均一化制成匀浆，制备好的试样均分成 2 份，装入洁净的盛样容器内，密封并做好标记。将试样于-18℃冷冻保存。

6.2.2.6 分析步骤

（1）提取。称取 20g 试样（精确至 0.01g）于 80mL 离心管中，加入 40mL 乙腈，用均质器在 15 000r/min 匀浆提取 1min，加入 5g 氯化钠，再匀浆提取 1min，将离心管放入离心机，在 3 000r/min 离心 5min，取上清液 20mL（相当于 10g 试样量），待净化。

（2）净化。将 Envi-18 柱放入固定架上，加样前先用 10mL 乙腈预洗柱，下接鸡心瓶，移入上述 20mL 提取液，并用 15mL 乙腈洗涤柱，将收集的提取液和洗涤液在 40℃水浴中旋转浓缩至约 1mL，备用。在 Envi-Carb 柱中加入约 2cm 高无水硫酸钠，将该柱连接在 Sep-Pak 氨丙基柱顶部，将串联柱下接鸡心瓶放在固定架上。加样前先用 4mL 乙腈-甲苯溶液（3+1）预洗柱，当液面到达硫酸钠的顶部时，迅速将样品浓缩液转移至净化柱上，再每次用 2mL 乙腈-甲苯溶液 3 次洗涤样液瓶，并将洗涤液移入柱中。在串联柱上加上 50mL 储液器，用 25mL 乙腈-甲苯溶液（3+1）洗涤串联柱，收集所有流出物于鸡心瓶中，并在 40℃ 水浴中旋转浓缩至约 0. 5mL。每次加入 5mL 正己烷在 40℃ 水浴中旋转蒸发，进行溶剂交换 2 次，最后使样液体积约为 1mL，加入 40μL 内标溶液，混匀，用于气相色谱-质谱测定。

6. 2. 2. 7　测定

（1）气相色谱-质谱参考条件。

色谱柱：DB-1701（30m×0. 25mm×0. 25μm）石英毛细管柱或相当者。

色谱柱温度程序：40℃ 保持 1min，然后以 30℃ /min 程序升温至 130℃，再以 5℃ /min 升温至 250℃，再以 10℃ /min 升温至 300℃，保持 5min。

载气：氦气，纯度≥99. 999%。

流速：1. 2mL/min。

进样口温度：290℃。

进样量：1μL。

进样方式：无分流进样，1. 5min 后打开分流阀和隔垫吹扫阀。

电子轰击源：70eV。

离子源温度：230℃。

GC-MS 接口温度：280℃。

（2）选择离子监测。每种化合物分别选择一个定量离子，2～3 个定性离子。每组所有需要检测的离子按照出峰顺序，分时段分别检测。每种化合物的保留时间、定量离子、定性离子及定量离子与定性离子的丰度比值，参见 GB 23200. 8—2016 附录 B。每组检测离子的开始时间和驻留时间参见 GB 23200. 8—2016 附录 C。

6. 2. 2. 8　定性测定

进行样品测定时，如果检出的色谱峰的保留时间与标准样品相一致，并且在扣除背景后的样品质谱图中，所选择的离子均出现，而且所选择的离子丰度比与标准样品的离子丰度比相一致（相对丰度≥50%，允许±10%偏差；相对丰度 20%～50%，允许±15%偏差；相对丰度 10%～20%，允许±20%偏差；相对丰度≤10%，允许±50%偏差），则可判断样品中存在这种农药或相关化学品。如果不能确证，应重新进样，以扫描方式（有足够灵敏度）或采用增加其他确证离子的方式或用其他灵敏度更高的分析仪器来确证。

6. 2. 2. 9　定量测定

本方法采用内标法单离子定量测定。内标物为环氧七氯。为减少基质的影响，定量用标准溶液应采用基质混合标准工作溶液。标准溶液的浓度应与待测化合物的浓度相近。本方法的 A、B、C、D、E 5 组标准物质在苹果基质中选择离子监测 GC-MS 图参见 GB 23200. 8—2016 附录 D。

6.2.2.10 平行试验

按以上步骤对同一试样进行平行测定。

6.2.2.11 空白试验

除不称取试样外，均按上述步骤进行。

6.2.2.12 结果计算和表述

气相色谱-质谱测定结果可由计算机按内标法自动计算，也可按下式计算。

$$X=C_s\times\frac{A}{A_s}\times\frac{C_i}{C_{si}}\times\frac{A_{si}}{A_i}\times\frac{V}{m}\times\frac{1\ 000}{1\ 000}$$

式中，X 为试样中被测物残留量（mg/kg）；C_s为基质标准工作溶液中被测物的浓度（μg/mL）；A 为试样溶液中被测物的色谱峰面积；A_s为基质标准工作溶液中被测物的色谱峰面积；C_i为试样溶液中内标物的浓度（μg/mL）；C_{si}为基质标准工作溶液中内标物的浓度（μg/mL）；A_{si}为基质标准工作溶液中内标物的色谱峰面积；A_i为试样溶液中内标物的色谱峰面积；V 为样液最终定容体积（mL）；m 为试样溶液所代表试样的质量（g）。

计算结果应扣除空白值，测定结果用平行测定的算术平均值表示，保留两位有效数字。

6.2.2.13 精密度、定量限和回收率

在重复性条件下获得的两次独立测定结果的绝对差值与其算术平均值的比值（百分率），应符合表 6-2 的要求。

表 6-2 重复性要求

被测组分含量（mg/kg）	精密度（%）
$x\leqslant0.001$	36
$0.001<x\leqslant0.01$	32
$0.01<x\leqslant0.1$	22
$0.1<x\leqslant1$	18
$x>1$	14

在再现性条件下获得的两次独立测定结果的绝对差值与其算术平均值的比值（百分率），应符合表 6-3 的要求。

表 6-3 再现性要求

被测组分含量（mg/kg）	精密度（%）
$x\leqslant0.001$	54
$0.001<x\leqslant0.01$	46
$0.01<x\leqslant0.1$	34
$0.1<x\leqslant1$	25
$x>1$	19

6.2.3 气相色谱-质谱/质谱法测定乳及乳制品中多种有机氯农药残留量

6.2.3.1 原理

本方法适用于液态奶、奶粉、酸奶（半固态）、冰淇淋、奶糖等乳及乳制品中α-六六六、β-六六六、林丹、δ-六六六、o，p′-滴滴涕、p，p′-滴滴涕、o，p′-滴滴伊、p，p′-滴滴伊、o，p′-滴滴滴、p，p′-滴滴滴、甲氧滴滴涕、七氯、环氧七氯、艾氏剂、狄氏剂、异狄氏剂、异狄氏剂醛、异狄氏剂酮、顺式-氯丹、反式-氯丹、氧化氯丹、α-硫丹、β-硫丹、硫丹硫酸盐、六氯苯、四氯硝基苯、五氯硝基苯、五氯苯胺、甲基五氯苯基硫醚、灭蚁灵30种有机氯农药残留量的测定和确证。

试样中的有机氯农药残留用正己烷-丙酮（1+1，体积比）溶液提取，提取液经浓缩后，经凝胶渗透色谱和弗罗里硅土柱净化，用气相色谱-质谱/质谱仪测定和确证，外标峰面积法定量。

6.2.3.2 试剂和材料

除另有规定外，所用试剂均为分析纯，水为GB/T 6682规定的一级水。

正己烷：色谱纯。

丙酮：色谱纯。

二氯甲烷：色谱纯。

环己烷。

乙酸乙酯。

无水硫酸钠：650℃灼烧4h，在干燥器内冷却至室温，储于密封瓶中备用。

氯化钠。

弗罗里硅土固相萃取小柱，使用前用正己烷5mL活化。

微孔滤膜：0.45μm，有机系。

6.2.3.3 溶液配制

提取液：取适量正己烷和丙酮按体积比1∶1进行混合。

凝胶渗透色谱洗脱液：取适量环己烷和乙酸乙酯按体积比1∶1进行混合。

固相萃取洗脱液：取适量正己烷和二氯甲烷按体积比5∶95进行混合。

标准溶液配制：农药标准物质纯度≥95%。

标准储备溶液：准确称取适量的各标准物质，用正己烷配制成浓度为100μg/mL的标准储备液，此溶液在0~4℃避光保存。

标准中间溶液：取适量的各种标准储备溶液，配制成2μg/mL的混合标准工作溶液，此溶液在0~4℃避光保存。

标准工作溶液：取适量的各种标准储备溶液，配制成适当浓度的混合标准工作溶液。标准工作液现用现配。

6.2.3.4 仪器和设备

气相色谱-质谱/质谱仪：配电子轰击源（EI）。

凝胶渗透色谱仪。

电子天平：感量0.01g和0.000 1g。

涡旋混合器。

离心机：最大转速可达5 000r/min。

旋转蒸发仪。

氮吹仪。

具塞离心管：聚四氟乙烯，50mL。

6.2.3.5 试样制备与保存

液态奶、酸奶、冰淇淋：取有代表性样约100g，装入洁净容器作为试样，密封并做好标志，于0~4℃冰箱内保存。

奶粉、奶糖：取有代表性样约100g，装入洁净容器作为试样，密封并做好标志，于常温下干燥保存。

在制样操作过程中必须防止样品受到污染或发生残留物含量的变化。

注：以上样品取样部位按GB 2763附录A执行。

6.2.3.6 分析步骤

（1）提取。准确称取10g试样（精确到0.01g）于50mL具塞离心管中（奶粉、奶糖加10mL水溶解），加入5g氯化钠，再加10mL提取液，用涡旋混合器振荡1min，4 000r/min离心3min，将有机相转移至100mL旋蒸瓶中，残渣再分别用10mL提取液提取2次，离心合并有机相，在40℃下旋转蒸发浓缩至近干，用10mL环己烷-乙酸乙酯混合溶液充分溶解残渣，过0.45μm滤膜，待净化。

（2）净化。凝胶渗透色谱净化。

参考条件

净化柱：400mm×25mm（i.d.），内装Bio-Beads，S-X3，38~75μm填料，或性能相当者。

流动相：环己烷-乙酸乙酯（1+1，体积比）。

流速：5mL/min。

进样量：5mL。

开始收集时间：10min。

结束收集时间：22min。

净化步骤

将待净化溶液转移至10mL试管中，用凝胶渗透色谱仪净化，收集10~22min的淋洗液，在40℃下减压浓缩至约2mL，待弗罗里硅土固相萃取柱净化。

固相萃取净化

将上述样液转移到已活化的弗罗里硅土固相萃取柱内，收集流出液，用8mL

二氯甲烷-正己烷溶液洗脱，收集洗脱液于40℃旋转蒸发浓缩至近干，用1mL正己烷溶解残渣，过0.45μm滤膜，供测定。

6.2.3.7 测定

（1）仪器参考条件。

色谱柱：TR-35MS，30m×0.25mm×0.25μm，或性能相当者。

柱温：55℃保持1min，以40℃/min速率升至140℃，保持5min，以2℃/min速率升至210℃，以10℃/min速率升至280℃，保持10min。

进样口温度：250℃。

离子源温度：250℃。

传输线温度：250℃。

离子源：电子轰击离子源。

测定方式：选择反应监测模式（SRM）。

监测离子（m/z）：各种有机氯农药的定性离子对、定量离子对、碰撞能量及离子丰度比见GB 23200.86—2016附录A中表A.1。

载气：氦气，纯度不低于99.999%。

流速：1.2mL/min。

进样方式：不分流。

进样量：1μL。

电离能量：70eV。

（2）色谱测定与确证。按照气相色谱-质谱/质谱条件测定样液和标准工作溶液，外标法测定样液中的有机氯农药残留量。样品中待测物残留量应在标准曲线范围之内，如果残留量超出标准曲线范围，应进行适当稀释。

在相同试验条件下，样品与标准工作液中待测物质的质量色谱峰相对保留时间在±2.5%以内，并且在扣除背景后的样品质量色谱图中，所选择的离子对均出现，同时与标准品的相对丰度允许偏差不超过表6-4规定的范围，则可判断样品中存在对应的被测物。

表6-4 气相色谱-串联质谱定性时相对离子丰度最大容许误差

相对丰度（基峰）	≥50%	20%~50%	10%~20%	≤10%
允许的相对偏差	±20%	±25%	±30%	±50%

（3）空白试验。除不称取试样外，按上述测定步骤进行。

6.2.3.8 结果计算和表述

用数据处理软件中的外标法，或绘制标准曲线，按照下式计算样品中有机氯农药的残留量。

$$X_i = \frac{c_i \times V \times 1\ 000}{m \times 1\ 000}$$

式中，X_i为试样中 i 组分农药的残留量（μg/kg）；c_i为由标准曲线得到的样液中 i 组分农药的浓度（μg/L）；V 为样液最终定容体积（mL）；m 为最终样液所代表的试样质量（g）。

6.2.3.9 精密度

在重复性条件下获得的两次独立测定结果的绝对差值与其算术平均值的比值（百分率），应符合表 6-2 的要求。

在再现性条件下获得的两次独立测定结果的绝对差值与其算术平均值的比值（百分率），应符合表 6-3 的要求。

6.2.3.10 定量限和回收率

（1）定量限。本方法中各种有机氯农药的定量限均为 0.8μg/kg。

（2）回收率。方法的平均回收率范围为 62.2%~116.8%。

6.2.4 气相色谱-质谱法测定粮谷中 475 种农药及相关化学品残留量

6.2.4.1 原理

试样于加速溶剂萃取仪中用乙腈提取，提取液经固相萃取柱净化后，用乙腈-甲苯溶液（3+1）洗脱农药及相关化学品，用气相色谱-质谱仪检测。

6.2.4.2 试剂和材料

除另有规定外，所用试剂均为分析纯，水为 GB/T 6682 规定的一级水。

乙腈：色谱纯。

硅藻土：优级纯。

无水硫酸钠：分析纯，用前在 650℃灼烧 4h，储于干燥器中，冷却后备用。

甲苯：优级纯。

丙酮：分析纯，重蒸馏。

二氯甲烷：色谱纯。

标准品：农药及相关化学品标准物质，纯度≥95%。

Envi-18 柱：12mL，2.0g 或相当者。

Envi-Carb 活性碳柱：6mL，0.5g 或相当者。

Sep-Pak NH_2 固相萃取柱：3mL，0.5g 或相当者。

6.2.4.3 溶液配制

标准储备溶液：准确称取 5~10mg（精确至 0.1mg）农药及相关化学品各标准物分别于 10mL 容量瓶中，根据标准物的溶解性和测定的需要选甲苯、甲苯-丙酮混合液、二氯甲烷等溶剂溶解并定容至刻度。

混合标准溶液（混合标准溶液 A、B、C、D 和 E）：按照农药及相关化学品的性质和保留时间，将 475 种农药及相关化学品分成 A、B、C、D、E 5 个组，并根据每种农药及相关化学品在仪器上的响应灵敏度，确定其在混合标准溶液中的浓度。

依据每种农药及相关化学品的分组号、混合标准溶液浓度及其标准储备液的浓度，移取一定量的单个农药及相关化学品标准储备溶液于100mL容量瓶中，用甲苯定容至刻度。混合标准溶液避光4℃保存，保存期为1个月。

内标溶液：准确称取3.5mg环氧七氯于100mL容量瓶中，用甲苯定容至刻度。

基质混合标准工作溶液：A、B、C、D、E组农药及相关化学品基质混合标准工作溶液是将40μL内标溶液和一定体积的混合标准溶液分别加到1.0mL的样品空白基质提取液中，混匀，配成基质混合标准工作溶液A、B、C、D和E。基质混合标准工作溶液应现用现配。

6.2.4.4　仪器和设备

气相色谱-质谱/质谱仪：配电子轰击源（EI）。

加速溶剂萃取仪：配有34mL萃取池。

电子天平：感量0.01g和0.000 1g。

氮吹仪。

梨形瓶：200mL。

移液器：1mL。

6.2.4.5　试样制备与保存

按GB 5491扦取的粮谷样品经粉碎机粉碎，样品全部过425μm的标准网筛，混匀，制备好的试样均分成2份，装入洁净的盛样容器内，密封并做好标记。

6.2.4.6　分析步骤

（1）提取。称取10g试样（精确至0.01g）与10g硅藻土混合，移入加速溶剂萃取仪的34mL萃取池中，在10.34MPa压力、80℃条件下，加热5min，用乙腈静态萃取3min，循环2次，然后用池体积60%的乙腈（20.4mL）冲洗萃取池，并用氮气吹扫100s。萃取完毕后，将萃取液混匀，对含油量较小的样品取萃取液体积的1/2（相当于5g试样量），对含油量较大的样品取萃取液体积的1/4（相当于2.5g试样量），待净化。

（2）净化。用10mL乙腈预洗Envi-18柱，然后将Envi-18柱放入固定架上，下接梨形瓶，移入上述萃取液，并用15mL乙腈洗涤Envi-18柱，收集萃取液及洗涤液，在旋转蒸发器上将收集的液体浓缩至约1mL，备用。

在Envi-Carb柱中加入约2cm高无水硫酸钠，将该柱连接在Sep-Pak NH_2柱顶部，用4mL乙腈-甲苯溶液（3+1）预洗串联柱，下接梨形瓶，放入固定架上。将上述样品浓缩液转移至串联柱中，用3×2mL乙腈-甲苯溶液洗涤样液瓶，并将洗涤液移入柱中，在串联柱上加上50mL储液器，再用25mL乙腈-甲苯溶液洗涤串联柱，收集上述所有流出物于梨形瓶中，并在40℃水浴中旋转浓缩至约0.5mL。加入2×5mL正己烷进行溶剂交换2次，最后使样液体积约为1mL，加入40μL内标溶液，混匀，用于气相色谱-质谱测定。

6.2.4.7 气相色谱-质谱参考条件

色谱柱：DB-1701（30m×0.25mm×0.25μm）石英毛细管柱或相当者。

色谱柱温度程序：40℃保持1min，然后以30℃/min程序升温至130℃，再以5℃/min升温至250℃，再以10℃/min升温至300℃，保持5min。

载气：氦气，纯度≥99.999%。

流速：1.2mL/min。

进样口温度：290℃。

进样量：1μL。

进样方式：无分流进样，1.5min后打开分流阀和隔垫吹扫阀。

电子轰击源：70eV。

离子源温度：230℃。

GC-MS接口温度：280℃。

选择离子监测：每种化合物分别选择一个定量离子，2~3个定性离子。每组所有需要检测的离子按照出峰顺序，分时段分别检测。每种化合物的保留时间、定量离子、定性离子及定量离子与定性离子的丰度比值，参见GB 23200.9—2016附录B。每组检测离子的开始时间和驻留时间参见GB 23200.9—2016附录C。

6.2.4.8 定性测定

进行样品测定时，如果检出的色谱峰的保留时间与标准样品相一致，并且在扣除背景后的样品质谱图中，所选择的离子均出现，而且所选择的离子丰度比与标准样品的离子丰度比相一致（相对丰度≥50%，允许±10%偏差；相对丰度20%~50%，允许±15%偏差；相对丰度10%~20%，允许±20%偏差；相对丰度≤10%，允许±50%偏差），则可判断样品中存在这种农药或相关化学品。如果不能确证，应重新进样，以扫描方式（有足够灵敏度）或采用增加其他确证离子的方式或用其他灵敏度更高的分析仪器来确证。

6.2.4.9 定量测定

本方法采用内标法单离子定量测定。内标物为环氧七氯。为减少基质的影响，定量用标准溶液应采用基质混合标准工作溶液。标准溶液的浓度应与待测化合物的浓度相近。本方法的A、B、C、D、E 5组标准物质在苹果基质中选择离子监测GC-MS图参见GB 23200.9—2016附录D。

6.2.4.10 平行试验

按以上步骤对同一试样进行平行测定。

6.2.4.11 空白试验

除不称取试样外，均按上述步骤进行。

6.2.4.12 结果计算和表述

气相色谱-质谱测定结果可由计算机按内标法自动计算，也可按下式计算：

$$X = C_s \times \frac{A}{A_s} \times \frac{C_i}{C_{si}} \times \frac{A_{si}}{A_i} \times \frac{V}{m} \times \frac{1\ 000}{1\ 000}$$

式中，X 为试样中被测物残留量（mg/kg）；C_s为基质标准工作溶液中被测物的浓度（μg/mL）；A 为试样溶液中被测物的色谱峰面积；A_s为基质标准工作溶液中被测物的色谱峰面积；C_i为试样溶液中内标物的浓度（μg/mL）；C_{si}为基质标准工作溶液中内标物的浓度（μg/mL）；A_{si}为基质标准工作溶液中内标物的色谱峰面积；A_i为试样溶液中内标物的色谱峰面积；V 为样液最终定容体积（mL）；m 为试样溶液所代表试样的质量（g）。

计算结果应扣除空白值，测定结果用平行测定的算术平均值表示，保留两位有效数字。

6.2.4.13　精密度、定量限和回收率

在重复性条件下获得的两次独立测定结果的绝对差值与其算术平均值的比值（百分率），应符合表 6-2 的要求。

在再现性条件下获得的两次独立测定结果的绝对差值与其算术平均值的比值（百分率），应符合表 6-3 的要求。

6.2.5　气相色谱-质谱法测定动物性食品中有机氯农药和拟除虫菊酯农药多组分残留量的测定

本方法适用于动物性食品肉类、蛋类、乳类食品及油脂（含植物油）中六六六、滴滴涕、六氯苯、七氯、环氧七氯、氯丹、艾氏剂、狄氏剂、异狄氏剂、灭蚁灵、五氯硝基苯、硫丹、除螨酯、丙烯菊酯、杀螨蟥、杀螨酯、胺菊酯、甲氰菊酯、氯菊酯、氯氰菊酯、氰戊菊酯、溴氰菊酯的确证分析。

6.2.5.1　原理

在均匀的试样溶液中定量加入^{13}C-六氯苯和^{13}C-灭蚁灵稳定性同位素内标，经有机溶剂振荡提取、凝胶色谱层析净化，采用选择离子监测的气相色谱-质谱法（GC-MS）测定，以内标法定量。

6.2.5.2　试剂

丙酮：分析纯。

石油醚：分析纯。

乙酸乙酯：分析纯。

环己烷：分析纯。

正己烷：分析纯。

氯化钠：分析纯。

无水硫酸钠：分析纯，将无水硫酸钠置于燥箱中，120℃干燥 4h，冷却后，密闭保存。

凝胶：Bio-Beads S-X3 200~400 目。

农药及相关化学品标准物质：纯度≥99%。

6.2.5.3 溶液配制

（1）标准溶液。分别准确称取上述农药标准品适量，用少量苯溶解，再用正己烷稀释成一定浓度的标准储备溶液。量取适量标准储备溶液，用正己烷稀释为系列混合标准溶液。

（2）内标溶液。将浓度为1 000mg/L、体积为1mL的$^{13}C_6$-六氯苯和$^{13}C_{10}$-灭蚁灵稳定性同位素内标溶液转移至容量瓶中，分别用正己烷定容至10.00mL，配制成100mg/L的标准储备液，-20℃冰箱保存。取此标准储备液0.6mL，分别用正己烷定容至10.00mL，配成6.0mg/L的标准工作液。

6.2.5.4 仪器

气相色谱-质谱联用仪（GC-MS）。

凝胶净化柱：长30cm、内径2.3~2.5cm具活塞玻璃层析柱，柱底垫少许玻璃棉。用洗脱剂乙酸乙酯-环己烷（1+1）浸泡的凝胶，以湿法装入柱中，柱高约26cm，使凝胶始终保持在洗脱剂中。

全自动凝胶色谱系统，带有固定波长（254nm）紫外检测器，供选择使用。

旋转蒸发仪。

组织匀浆器。

振荡器。

氮气浓缩器。

6.2.5.5 分析步骤

（1）试样制备。蛋品去壳，制成匀浆；肉品去筋后，切成小块，制成肉糜；乳品混匀待用。

（2）提取与分配。

蛋类：称取试样20g（精确到0.01g），置于200mL具塞三角瓶中，加水5mL（视试样水分含量加水，使总含水量约20g。通常鲜蛋水分含量约75%，加水5mL即可），加入$^{13}C_6$-六氯苯（6mg/L）和$^{13}C_{10}$-灭蚁灵（6mg/L）各5μL，加入40mL丙酮，振摇30min后，加入氯化钠6g，充分摇匀，再加入30mL石油醚，振摇30min。静置分层后，将有机相全部转移至100mL具塞三角瓶中经无水硫酸钠干燥，并量取35mL于旋转蒸发瓶中，浓缩至约1mL，加2mL乙酸乙酯-环己烷（1+1）溶液再浓缩，如此重复3次，浓缩至约1mL，供凝胶色谱层析净化使用，或将浓缩液转移至全自动凝胶渗透色谱系统配套的进样试管中，用乙酸乙酯-环己烷（1+1）溶液洗涤旋转蒸发瓶数次，将洗涤液合并至试管中，定容至10mL。

肉类：称取试样20g（精确到0.01g），加水6mL（视试样水分含量加水，使总含水量约为20g。通常鲜肉水分含量约70%，加水6mL即可），加入$^{13}C_6$-六氯苯（6mg/L）和$^{13}C_{10}$-灭蚁灵（6mg/L）各5μL，加入40mL丙酮，振摇30min。其余操作与蛋类操作相同，按照执行。

乳类：称取试样 20g（精确到 0.01g。鲜乳不需加水，直接加丙酮提取），其余操作与蛋类操作相同，按照执行。

油脂：称取 1g（精确到 0.01g），加$^{13}C_6$-六氯苯（6mg/L）和$^{13}C_{10}$-灭蚁灵（6mg/L）各 5μL，加入 30mL 石油醚振摇 30min 后，将有机相全部转移至旋转蒸发瓶中，浓缩至约 1mL，加入 2mL 乙酸乙酯-环己烷（1+1）溶液再浓缩，如此重复 3 次，浓缩至约 1mL，供凝胶色谱层析净化使用，或将浓缩液转移至全自动凝胶渗透色谱系统配套的进样试管中，用乙酸乙酯-环己烷（1+1）溶液洗涤旋转蒸发瓶数次，将洗涤液合并至试管中，定容至 10mL。

（3）净化。选择手动或全自动净化方法的任何一种进行。

手动凝胶色谱柱净化：将试样浓缩液经凝胶柱以乙酸乙酯-环己烷（1+1）溶液洗脱，弃去 0~35mL 流分，收集 35~70mL 流分。将其旋转蒸发浓缩至约 1mL，再重复上述步骤，收集 35~70mL 流分，蒸发浓缩，用氮气吹除溶剂，再用正己烷定容至 1mL，留待 GC-MS 分析。

全自动凝胶渗透色谱系统（GPC）净化：试样由 5mL 试样环注入 GPC 柱，泵流速 5.0mL/min，用乙酸乙酯-环己烷（1+1）溶液洗脱，时间程序为，弃去 0~7.5min 流分，收集 7.5~15min 流分，15~20min 冲洗 GPC 柱。将收集的流分旋转蒸发浓缩至约 1mL，用氮气吹至近干，以正己烷定容至 1mL，留待 GC-MS 分析。

6.2.5.6 测定

（1）气相色谱参考条件。

色谱柱：CP-sil 8 毛细管柱或等效柱，柱长 30m，膜厚 0.25μm，内径 0.25mm。

进样口温度：230℃。

柱温程序：初始温度 50℃，保持 1min，以 30℃/min 升至 150℃，再以 5℃/min 升至 185℃，然后以 10℃/min 升至 280℃，保持 10min。

进样方式：不分流进样，不分流阀关闭时间 1min。

进样量：1μL。

载气：使用高纯氦气（纯度>99.99%），柱前压为 41.4kPa（相当于 6psi）。

（2）质谱参数。

离子化方式：电子轰击源（EI），能量为 70eV。

离子检测方式：选择离子监测（SIM）。

离子源温度：250℃。

接口温度：285℃。

分析器电压：450V。

扫描质量范围：50~450u。

溶剂延迟：9min。

扫描速度：每秒扫描 1 次。

吸取试样溶液 1μL 进样，记录色谱图及各目标化合物和内标的峰面积，计算目标化合物与相应内标的峰面积比。

6.2.5.7 结果计算

试样中各农药组分的含量按下式进行计算。

$$X=\frac{A\times f}{m}$$

式中，X 为试样中各农药组分的含量（μg/kg）；A 为试样色谱峰与内标色谱峰的峰面积比值对应的目标化合物质量（ng）；f 为试样溶液的稀释因子；m 为试样的取样量（g）。

计算结果保留 3 位有效数字。

6.2.5.8 精密度

在重复性条件下获得的两次独立测定结果的绝对差值不得超过算术平均值的 20%，方法测定不确定度参见表 6-5。

表 6-5 不确定度结果

农药组分	量值（μg/L）	相对标准不确定度	扩展不确定度
六氯苯	3.33	0.028 2	0.056 4
灭蚁灵	3.20	0.032 2	0.064 4

6.3 高分辨质谱法

高分辨质谱因其质量范围宽，扫描速度快、高质量精度与分辨率、高灵敏度等优点已逐渐在产品质量安全检测方面发挥重要的作用。高分辨质谱因种类与工作原理的不同，各有优势与缺点，分别在各自领域发挥着重要的作用。本章节主要介绍了高分辨磁质谱、飞行时间质谱、轨道离子阱质谱等高分辨质谱在食品安全检测方面的应用，为以后开发新方法提供借鉴。

6.3.1 高分辨磁质谱

6.3.1.1 简介

高分辨磁质谱具有高分辨力，高灵敏度、稳定性强的优点，该质谱法的技术相对成熟，但维护成本较高，操作相对复杂，实际分析的速度并不理想，不适用于农药、添加剂等常规性检测，适用于具有持久性特点的有机污染物。目前同位素稀释高分辨气相色谱-高分辨磁质谱是国际上通用的测定食品、饲料及环境样品中二噁英质量浓度的方法。

6.3.1.2 实例分析

高分辨气相色谱/双聚焦磁式质谱联用仪（HRGC/HRMS）检测奶粉中二噁英

（1）方法。采用美国 EPA1613 方法进行严格的质量控制和同位素稀释的方法定量，对奶粉进行索氏抽提、自动化系统纯化，以 HRGC/HRMS-MID 方法检测样品中的二噁英。

（2）试剂。二氯甲烷、正己烷、甲醇、丙酮、甲苯、乙腈、乙醚、壬烷等有机溶剂均为分析纯。

（3）标准品。窗口定义标准溶液、校正标准溶液、^{13}C 标记的 2,3,7,8 取代 PCDDs 和 PCDFs 的标准溶液、净化标准溶液、进样内标溶液，纯度均≥98%。其中 CS3 是日常校正标准溶液。

（4）仪器。高分辨双聚焦磁式质谱仪，分辨率在分析检测中可稳定的维持在 10 000；Trace GC 2000 气相色谱仪；索氏抽提器；氮气吹扫蒸发仪；旋转蒸发仪；自动纯化系统（FMS）以及与其配套的硅胶柱、铝柱和碳柱。

（5）样品预处理过程。

样品提取：将 10μL 5 个 2,3,7,8-氯取代的 PCDDs/PCDFs 的稳定同位素标记的同系物加入纸套筒，然后依次加入 10g 左右的无水硫酸钠，大约 20g 干燥的奶粉样品，10g 左右的无水硫酸钠，采用 300mL 的 1∶1 的二氯甲烷/正己烷溶液，用索氏抽提仪提取 24h。同时做空白试验。

样品净化：采用旋转蒸发仪，将提取液浓缩到 0.5mL，向提取液加入 $^{37}Cl_4$-2,3,7,8-TCDD 净化标准液，以检测净化过程的效率。采用 FMS 自动纯化系统对样品有机提取液进行净化。首先采用正己烷对整个管路、硅胶柱、铝柱及碳柱进行老化，然后采用大约 20mL 的正己烷将提取液加到硅胶柱上，采用不同极性的溶剂淋洗硅胶柱及铝柱，将目标化合物转移到碳柱上，最后，用 150mL 甲苯反向淋洗碳柱，收集洗脱液于 250mL 洁净的烧瓶内。纯化结束后，分别用甲苯、1∶1 的二氯甲烷/正己烷及正己烷冲洗管路及整个系统，防止下次试验系统的污染。

样品浓缩：采用旋转蒸发仪将收集液浓缩至 0.5mL 左右，再采用氮气吹扫蒸发仪，在细小的氮气流下将样品浓缩至干，加入 10μL 壬烷和 10μL 进样内标液（$^{13}C_{12}$-1,2,3,4-TCDD 和 $^{13}C_{12}$-1,2,3,7,8,9-HxCDD）混匀。采用多离子检测（MID）进行高分辨气相色谱/高分辨质谱分析（HRGC/HRMS）。

（6）气相色谱条件。

毛细管柱：DB-5MS（60m×0.25mm×0.32μm）。

进样口温度：280℃。

传输线温度：280℃。

进样方式：不分流。

载气流量：1.0mL/min（恒流）。

（7）质谱条件。

离子源：电子轰击源（EI 源；pos）。

电子能量：~60ev。

温度：260℃。

多离子检测（MID），检测 M^+、$(M+2)^+$的质量色谱峰。

加速电压：5 000V。

分辨率：用全氟三丁胺（FC43）为调谐标准化合物对质谱仪参数进行优化，调仪器分辨率至少达 10 000（10%峰谷定义）。

进样量 2μL 的标准溶液在毛细管柱的流出时间，以建立 MID 检测的时间窗口，并验证毛细管柱的分辨能力。

由于待测样品中二噁英浓度含量比较低，为了建立一条待测物浓度在线性范围的标准曲线，需将 CS1 的浓度稀释 5 倍，称为 CS0.2，分别连续进样 2μL CS0.2~CS4 校正标准溶液，建立浓度与峰面积关系曲线，并得到 RR 值。

进样 2μL 日常校正标准 CS3，对仪器性能进行质量控制，以验证仪器的性能稳定性。

进样 2μL 的样品提取液，进行定性和定量分析。

（8）计算。采用内标法和外标法，根据峰面积与浓度的相对响应值，采用仪器装配的 Xcalibur 软件和 Quandesk 软件进行样品的定性定量，计算公示如下：

$$RR=\frac{An\times Cl}{Al\times Cn}$$

式中，*RR* 为非标记 PCDDs/PCDFs 与其对应的标记同系物的相对响应；*An* 为校正标准中，每一个非标记的 PCDD/PCDF 的两个主要分子离子的总面积；*Al* 为校正标准中，每一个标记的 PCDD/PCDF 的两个主要分子离子的总面积；*Cl* 为校正标准中，标记的 PCDD/PCDF 的浓度（pg/μL）；*Cn* 为校正标准中，非标记的 PCDD/PCDF 的浓度（pg/μL）；

通过 5 个校正浓度，可计算每一个 PCDD/PCDF 的平均 *RR*，进一步计算样品中化合物的浓度。

按下式计算样品中每一个 PCDD/PCDF 的浓度：

$$C=\frac{An\times Cl}{Al\times RFav}\times V\times\frac{1}{M}$$

式中，*C* 为样品中待测的 PCDDs/PCDFs 的浓度（pg/g）；*An* 为样品提取液中，每一个非标记的 PCDD/PCDF 的两个主要分子离子的总面积；*Cl* 为样品提取液中，标记的 PCDDs/PCDFs 的浓度（pg/μL）；*RRav* 为 PCDDs/PCDFs 的平均 *RR*；*V* 为样品提取液的最终定容体积（μL）；*M* 为提取的样品重量（g）。

（9）结果。各 PCDD、PCDF 的保留时间，毛细血管柱的分辨能力，信噪比，离子丰度比均在 EPA1613 规定的范围内，结果见表 6-6。

表 6-6 17 个二噁英类化合物的检测限与回收率

化合物名称	检测限（pg/g）	回收率（%）
2,3,7,8-TCDF	0.080	91.80
1,2,3,7,8-PeCDF	0.25	101.42
2,3,4,7,8-PeCDF	0.29	93.72
1,2,3,4,7,8-HxCDF	0.30	90.84

（续表）

化合物名称	检测限(pg/g)	回收率(%)
1,2,3,6,7,8-HxCDF	0.45	90.64
1,2,3,6,7,8-HxCDF	0.26	91.04
2,3,4,6,7,8-HxCDF	0.38	96.08
1,2,3,4,6,7,8-HpCDF	0.31	101.60
1,2,3,4,7,8,9-HpCDF	0.26	111.92
OCDF	0.74	
2,3,7,8-TCDD	0.077	95.90
1,2,3,7,8-PeCDD	0.25	108.20
1,2,3,4,7,8-HxCDD	0.37	96.46
1,2,3,6,7,8-HxCDD	0.35	95.60
1,2,3,7,8,9-HxCDD	0.41	100.00
1,2,3,4,6,7,8-HpCDD	0.48	116.28
OCDD	0.97	105.26

同位素稀释高分辨气相色谱-高分辨磁质谱法测定大闸蟹中二噁英及其类似物：

（1）方法。样品经加速溶剂萃取（丙酮：正己烷：二氯甲烷=20：40：40，体积比）、酸化硅胶初步净化、全自动二噁英净化系统净化后，分别收集多氯代二苯并二噁英类/多氯代二苯并呋喃（polychlorinated dibenzo-p-dioxins，dibenzofurans，PCDD/Fs）、二噁英类多氯联苯的净化液，浓缩后上机分析。采用同位素稀释内标法定量。

（2）试剂。甲醇、甲苯、丙酮、二氯甲烷、正己烷、壬烷（农残级，美国 J. T. Baker 公司）；硫酸、无水硫酸钠（优级纯，国药集团化学试剂有限公司）；中性硅胶［德国默克公司，使用前用正己烷：二氯甲烷=1：1（体积比）清洗 2 次，并在 180℃下至少烘烤 1h］；酸性硅胶（按硫酸：硅胶质量比为 1：2 配制）；全自动二噁英净化柱（美国 FMS 公司）。

（3）标准品。PCDD/Fs 标准溶液 1613CVS（0.1~2 000ng/mL）、PCDD/Fs 同位素提取内标 1613LCS（100ng/mL）、PCDD/Fs 同位素进样内标 1613ISS（200ng/mL）、PCDD/Fs 回收率检查标准溶液（40~400ng/mL）、DL-PCBs 标准溶液 WPCVS（0.1~800ng/mL）、DL-PCBs 同位素提取内标（100ng/mL）、DL-PCBs 同位素进样内标（100ng/mL）、DL-PCBs 回收率检查标准溶液（2 000ng/mL）（美国 Wellingon 公司）。

（4）样品。中华绒螯蟹样品来源于宜兴、宿迁、苏州、常州、泰州、常熟、淮安、南京等地。样品分别制备成棕肉样品（螃蟹肌肉、蟹黄和蟹膏）与白肉样品（螃蟹肌肉），均在试验前密封避光，-20℃冷冻储存，防止其变质腐坏。

（5）样品前处理。

提取：取 10.00g（精确至 0.01g）大闸蟹样品于研钵中，加入适量硅藻土，研磨充分后装入66mL萃取池中，加入PCDD/Fs同位素提取内标（100ng/mL）、DL-PCBs同位素提取内标（100ng/mL）各5μL，用加速溶剂萃取仪进行萃取，收集萃取液。

净化：萃取液经旋转蒸发仪浓缩至近干，正己烷复溶，向其中少量多次加入酸化硅胶，并不断振摇，直至上层有机相澄清。将全部试剂过无水硫酸钠，用鸡心瓶收集净化液进行下步净化。鸡心瓶中净化液使用旋转蒸发仪浓缩至近干，加入10mL正己烷复溶。全部转移至全自动二噁英净化系统进行下一步净化。分别收集PCDD/Fs、DL-PCBs的净化液。使用旋转蒸发仪浓缩至近干，待转移。

浓缩及进样：鸡心瓶中净化液使用手动氮吹仪转移至配有内插管的进样小瓶中，并吹干，使用30μL壬烷复溶，加入PCDD/Fs同位素进样内标（100ng/mL）5μL，待上机。PCDD/Fs分析完后将PCBs的净化液吹至PCDD/Fs进样小瓶中，加入DL-PCBs同位素进样内标（100ng/mL）后分析DL-PCBs。

（6）色谱条件。

DD/Fs：色谱柱，DB-5MS UI（60m×0.25mm，0.25μm）；程序升温，初始温度为140℃，保持1min，以20℃/min的速率升温至200℃，保持1min，以5℃/min的速率升温至220℃，保持16min，以5℃/min的速率升温至235℃，保持7min，以5℃/min的速率升温至310℃，保持10min；载气：高纯氦（纯度≥99.999%）；流速：1mL/min；进样口温度：250℃；进样量：1μL；进样方式：不分流进样。

DL-PCBs：色谱柱，DB-5MS UI（60m×0.25mm，0.25μm）；程序升温，初始温度为120℃，保持2min，以30℃/min的速率升温至200℃，以2℃/min的速率升温至270℃，保持3min，以30℃/min的速率升温至330℃，保持1min；载气：高纯氦（纯度≥99.999%）；流速：1mL/min；进样口温度：290℃；进样量：1μL；进样方式：不分流进样。

（7）质谱条件。电子轰击电离源；传输线温度：280℃；扫描方式：选择离子监测。在确定的仪器条件下17种PCDD/Fs、DL-PCBs的保留时间、定量离子、定性离子等见表6-7。

表6-7 PCDD/Fs、DL-PCBs的保留时间、定量离子、定性离子

化合物名称	保留时间（min）	定量离子（*m/z*）	定性离子（*m/z*）	毒性当量因子
2,3,7,8-TCDF	32.46	305.898 13	303.901 08	0.1
1,2,3,7,8-PeCDF	40.25	339.859 25	341.856 20	0.03
2,3,4,7,8-PeCDF	41.76	339.859 25	341.856 20	0.3
1,2,3,4,7,8-HxCDF	46.02	373.820 18	375.817 23	0.1
1,2,3,6,7,8-HxCDF	46.16	373.820 18	375.817 23	0.1
1,2,3,6,7,8-HxCDF	46.92	373.820 18	375.817 23	0.1
2,3,4,6,7,8-HxCDF	48.07	373.820 18	375.817 23	0.01
1,2,3,4,6,7,8-HpCDF	49.91	407.781 21	409.778 26	0.01

（续表）

化合物名称	保留时间(min)	定量离子(m/z)	定性离子(m/z)	毒性当量因子
1,2,3,4,7,8,9-HpCDF	51.93	407.781 21	409.778 26	0.01
OCDF	55.68	443.739 29	441.742 24	0.000 3
2,3,7,8-TCDD	34.01	321.893 04	319.895 59	1.0
1,2,3,7,8-PeCDD	42.22	355.864 07	357.851 12	1.0
1,2,3,4,7,8-HxCDD	47.19	389.815 10	391.812 15	0.1
1,2,3,6,7,8-HxCDD	47.28	389.815 10	391.812 15	0.1
1,2,3,7,8,9-HxCDD	47.63	389.815 10	391.812 15	0.1
1,2,3,4,6,7,8-HpCDD	51.25	423.776 12	425.773 17	0.01
OCDD	55.40	459.734 20	457.737 15	0.000 3
PCB-77	23.67	291.919 47	289.922 36	0.000 1
PCB-81	22.98	291.919 47	289.922 36	0.000 3
PCB-105	27.01	327.877 59	325.880 49	0.000 03
PCB-114	25.99	327.877 59	325.880 49	0.000 3
PCB-118	25.32	327.877 59	325.880 49	0.000 03
PCB-123	25.03	327.877 59	325.880 49	0.000 03
PCB-126	29.55	327.877 59	325.880 49	0.1
PCB-156	32.54	361.838 61	359.841 52	0.000 03
PCB-157	32.89	361.838 61	359.841 52	0.000 03
PCB-167	30.91	361.838 61	359.841 52	0.000 03
PCB-169	35.55	361.838 61	359.841 52	0.03
PCB-189	38.33	395.799 58	393.802 50	0.000 03

（8）结果。白肉 PCDD/Fs 的检出限为 0.016~0.106ng/kg，DL-PCBs 的检出限为 0.036~0.252ng/kg；棕肉 PCDD/Fs 的检出限为 0.052~0.158ng/kg，DL-PCBs 的检出限为 0.138~0.596ng/kg。大闸蟹白肉 PCDD/Fs、DL-PCBs 的平均回收率分别为 62.0%~103.8%、76.7%~93.5%；相对标准偏差分别为 6.7%~25.7%、9.8%~22.6%；大闸蟹棕肉 PCDD/Fs、DL-PCBs 的平均回收率分别 56.8%~84.8%、60.9%~90.9%；相对标准偏差分别为 8.4%~25.8%、12.6%~24.1%（表 6-8、表 6-9）。

表 6-8　大闸蟹中 PCDD/Fs、DL-PCBs 的检出限与定量限（n=6）

化合物名称	检出限（ng/kg）		定量限（ng/kg）	
	白肉	棕肉	白肉	棕肉
2,3,7,8-TCDF	0.040	0.089	0.133	0.297
1,2,3,7,8-PeCDF	0.016	0.061	0.053	0.203
2,3,4,7,8-PeCDF	0.016	0.064	0.053	0.213
1,2,3,4,7,8-HxCDF	0.029	0.057	0.097	0.190

（续表）

化合物名称	检出限(ng/kg)		定量限(ng/kg)	
	白肉	棕肉	白肉	棕肉
1,2,3,6,7,8-HxCDF	0.028	0.052	0.093	0.173
1,2,3,6,7,8-HxCDF	0.030	0.057	0.100	0.190
2,3,4,6,7,8-HxCDF	0.038	0.066	0.127	0.220
1,2,3,4,6,7,8-HpCDF	0.060	0.122	0.200	0.407
1,2,3,4,7,8,9-HpCDF	0.088	0.158	0.293	0.527
OCDF	0.096	0.110	0.320	0.367
2,3,7,8-TCDD	0.029	0.057	0.097	0.190
1,2,3,7,8-PeCDD	0.036	0.052	0.120	0.173
1,2,3,4,7,8-HxCDD	0.031	0.063	0.103	0.210
1,2,3,6,7,8-HxCDD	0.033	0.069	0.110	0.230
1,2,3,7,8,9-HxCDD	0.034	0.067	0.113	0.223
1,2,3,4,6,7,8-HpCDD	0.032	0.067	0.107	0.223
OCDD	0.106	0.119	0.353	0.397
PCB-77	0.236	0.317	0.787	1.057
PCB-81	0.221	0.581	0.737	1.937
PCB-105	0.189	0.441	0.630	1.470
PCB-114	0.176	0.391	0.587	1.303
PCB-118	0.169	0.419	0.563	1.397
PCB-123	0.171	0.323	0.570	1.077
PCB-126	0.252	0.302	0.840	1.007
PCB-156	0.105	0.288	0.350	0.960
PCB-157	0.108	0.596	0.360	1.987
PCB-167	0.106	0.526	0.353	1.753
PCB-169	0.130	0.226	0.433	0.753
PCB-189	0.036	0.138	0.120	0.460

表 6-9　大闸蟹中 PCDD/Fs、DL-PCBs 平均添加回收率及 RSDs（$n=4$）

化合物名称	添加浓度	平均加标回收率（%）		RSD（%）	
	(ng/mL)	白肉	棕肉	白肉	棕肉
2,3,7,8-TCDF	10	82.0	75.4	9.3	12.4
1,2,3,7,8-PeCDF	50	68.2	60.1	8.4	15.2
2,3,4,7,8-PeCDF	50	62.0	56.8	12.4	10.6
1,2,3,4,7,8-HxCDF	50	88.3	84.8	17.7	22.5
1,2,3,6,7,8-HxCDF	50	103.8	83.9	7.5	8.4
1,2,3,6,7,8-HxCDF	50	97.4	77.4	18.3	23.7

（续表）

化合物名称	添加浓度（ng/mL）	平均加标回收率（%）		RSD（%）	
		白肉	棕肉	白肉	棕肉
2,3,4,6,7,8-HxCDF	50	79.6	69.5	11.2	12.6
1,2,3,4,6,7,8-HpCDF	50	88.1	75.7	14.6	17.4
1,2,3,4,7,8,9-HpCDF	50	76.6	67.8	6.7	13.5
OCDF	100	72.3	65.4	19.3	16.4
2,3,7,8-TCDD	10	72.0	73.3	21.4	21.8
1,2,3,7,8-PeCDD	50	70.8	71.1	10.8	19.9
1,2,3,4,7,8-HxCDD	50	79.7	81.8	17.2	8.6
1,2,3,6,7,8-HxCDD	50	88.7	79.7	7.0	17.1
1,2,3,7,8,9-HxCDD	50	63.7	61.2	19.6	25.8
1,2,3,4,6,7,8-HpCDD	50	87.3	81.1	25.7	18.2
OCDD	100	78.5	83.3	23.1	16.5
PCB-77	50	93.5	90.9	10.3	14.5
PCB-81	50	88.3	76.2	15.9	12.7
PCB-105	50	81.0	77.8	22.1	20.1
PCB-114	50	79.6	80.7	13.2	17.4
PCB-118	50	78.2	78.3	18.4	12.6
PCB-123	50	76.7	68.6	10.7	18.3
PCB-126	50	93.5	62.6	22.6	13.5
PCB-156	50	82.1	74.3	20.4	19.8
PCB-157	50	82.8	82.8	16.9	17.4
PCB-167	50	84.8	80.7	9.8	15.8
PCB-169	50	86.4	88.0	21.9	13.1
PCB-189	50	77.1	60.9	17.4	24.1

6.3.2 飞行时间质谱

6.3.2.1 简介

飞行时间质谱（TOFMS）的扫描速度极快，其灵敏度非常高，质量数检测的准确度也很优秀，其能够从精确的质量数定性大多数化合物，并且具有较广的离子质量检测范围。随着电子及计算机技术的发展，尤其是基质辅助激光解吸离子化（MALDI）技术的出现，重新引起了人们对 TOFMS 的兴趣。通过与 MALDI 技术匹配，现代 TOFMS 采用快电子元件，具有很高的采样速率和灵敏度，但其分辨率较低，这是主要缺点。目前使用较多的有高效液相色谱/高分辨飞行时间质谱与气相色谱/高分辨飞行时间质谱。

TOFMS 主要由离子源加速区、漂移区及检测器组成。离子在离子源中形成后，被电场强度为E的电场加速进入漂移区，这是一个高真空无场区，经电场加速的离子通过这个区域到达检测器，离子通过漂移区的时间取决于其质荷比（m/z），这可由下式表示：

$$t=(m/2zeEs)^{1/2}D$$

式中，t为飞行时间；m为被测离子的质量；z为离子电荷数；e为电子电荷；E为加速电场强度；s为离子加速的距离；D为离子经漂移区到达检测器距离。在一定仪器条件下，即E、s及D恒定，离子的飞行时间直接取决于其质荷比。

仪器的分辨率R可由下式表示：

$$R=m/\Delta m=t/\Delta t$$

通常，Δm或Δt由质谱的半峰宽（FWHM）计算。在TOFMS中，使质谱峰变宽，从而使分辨率下降的主要因素有离子的起始空间分布、离子的起始动能分布及离子形成时间的分布。

6.3.2.2 实例分析

超高效液相色谱/高分辨飞行时间质谱法同时检测乳制品中19种抗生素

（1）方法。精确称取2g样品于50mL离心管中，依次经过乙腈和酸化乙腈处理后，充分振荡摇匀，加入1mL的1%甲酸溶液，再次振荡摇匀后超声15min提取，于8 000r/min离心5min，移取上清液过0.22μm有机滤膜至上机进样小瓶中。经超高液相色谱分离，正离子扫描模式下，在10min内对19种抗生素进行分离和检测。

（2）试剂。甲酸（纯度为99%）；乙腈、甲醇；乳制品样品购自超市。

（3）标准品。抗生素标准品（纯度大于95%）。

（4）仪器。ACQUITY Ultra Performance LC™超高效液相色谱（UPLC）仪（美国Waters公司）；Q-TOF四极杆/高分辨飞行时间质谱仪（美国Bruker公司）；Speedvac离心浓缩仪（美国Thermo公司）；高速离心机（德国Hettich公司）。

（5）样品前处理。准确移取2mL液态奶至离心管中，按照1∶1（体积比）的比例加入乙腈，涡旋振荡1min，于8 000g离心力下离心5min，将上层清液全部转移至新离心管中，加入6mL酸化乙腈［含0.2%（体积比）甲酸］，涡旋振荡1min，于8 000g离心力下离心5min，小心吸取5mL上层清液转移到15mL离心管，在离心浓缩仪中浓缩至近干，加入0.3mL 30%乙腈溶液充分溶解提取物，经0.22μm滤膜过滤后转移到装有内插管的样品瓶中。

（6）仪器条件。

Waters ACQUITY BEH色谱柱（100mm×2.1mm，1.7μm）。

流动相A为0.1%（体积比）甲酸溶液，流动相B为0.1%（体积比）甲酸甲醇溶液。

梯度洗脱程序：0~2min，30%B；2~10min，30%B线性上升至80%B。

流速：0.30mL/min。

柱温：30℃。

进样器温度：4℃。

进样体积：1μL。

电喷雾离子源（ESI）。

正离子扫描模式。

毛细管电压：4.5kV。

雾化气：150kPa（1.5bar）。

干燥气温度：180℃。

干燥气流速：6L/min。

质量扫描范围：m/z 50~1 000。

三氟乙酸钠溶液作为外标校正相对分子质量。

（7）结果。以空白牛奶样品的提取液作为稀释溶液，制备0.1~1 000μg/L的系列混合标准溶液。以3倍信噪比的响应值对应的样品浓度作为分析方法的检出限（LOD），所有抗生素的检出限在3~5μg/L。以待测抗生素的质量浓度作为横坐标，峰面积作为纵坐标绘制基质加标工作曲线，质量浓度在10~500μg/L或15~1 000 μg/L范围内具有较好的线性关系。检出限为3~5μg/L，平均回收率为68.4%~96.7%。加标样品的筛查结果表明，保留时间偏差不大于0.1min，质量偏差小于5mDa，同位素峰形匹配度不低于87.4%，19种加标抗生素被全部检测出来，且大部分抗生素获得很高的鉴定评分。详见表6-10至表6-12。

表6-10　19种抗生素的线性方程、相关系数和检出限

抗生素类别	名称	分子式	线性范围（μg/L）	线性方程	r	检出限（μg/L）
Sulfonamide	磺胺嘧啶	$C_{10}H_{10}N_4O_2S$	15~1 000	$y=19.91x+781.36$	0.994 0	5
	磺胺甲恶唑	$C_{10}H_{11}N_3O_3S$	15~1 000	$y=15.32x+949.71$	0.994 5	5
	磺胺甲氧哒嗪	$C_{11}H_{12}N_4O_3S$	15~1 000	$y=37.70x+1\,133.48$	0.995 1	5
	磺胺喹恶啉	$C_{14}H_{12}N_4O_2S$	15~1 000	$y=29.49x+861.40$	0.997 6	5
	磺胺二甲氧嗪	$C_{12}H_{14}N_4O_4S$	15~1 000	$y=91.49x+5\,198.43$	0.990 6	5
	磺胺二甲异唑	$C_{12}H_{13}N_3O_3S$	15~1 000	$y=25.47x+367.09$	0.992 4	5
Penicillin	阿莫西林	$C_{16}H_{19}N_3O_5S$	10~500	$y=61.04x+83.94$	0.990 4	3
	青霉素G	$C_{16}H_{18}N_2O_4S$	15~500	$y=15.30x+184.44$	0.999 7	5
	青霉素V	$C_{16}H_{18}N_2O_5S$	15~500	$y=13.93x+69.36$	0.999 5	5
	新青霉素Ⅱ	$C_{19}H_{19}N_3O_5S$	10~500	$y=389.24x-1\,791.43$	0.999 2	3
	氯唑西林	$C_{19}H_{18}ClN_3O_5S$	15~500	$y=13.75x-65.67$	0.996 7	5
	萘夫西林钠	$C_{21}H_{22}N_2O_5S$	15~500	$y=18.41x+296.28$	0.963 5	5
	双氯西林	$C_{19}H_{17}Cl_2N_3O_5S$	15~500	$y=11.23x+50.58$	0.996 2	5

（续表）

抗生素类别	名称	分子式	线性范围（μg/L）	线性方程	r	检出限（μg/L）
Tetracycline	土霉素	$C_{22}H_{24}N_2O_9$	15～1 000	$y=46.50x+2\,207.19$	0.991 4	5
	四环素	$C_{22}H_{24}N_2O_8$	15～1 000	$y=41.46x+3\,219.80$	0.983 3	5
	金霉素	$C_{22}H_{23}ClN_2O_8$	10～500	$y=56.62x+1\,265.45$	0.993 9	3
Macrolide	红霉素	$C_{37}H_{67}NO_{13}$	10～500	$y=115.61x-2\,505.32$	0.998 3	3
	泰乐菌素	$C_{46}H_{77}N_2O_{17}$	15～1 000	$y=25.68x-114.27$	0.999 3	5
	罗红霉素	$C_{41}H_{76}N_2O_{15}$	15～1 000	$y=37.78x+1\,104.14$	0.995 1	5

表 6-11　19 种抗生素的加标回收率和相对标准偏差（RSD）（$n=3$）

抗生素	名称	添加浓度为 20μg/L		添加浓度为 100μg/L	
		回收率（%）	相对标准偏差（%）	回收率（%）	相对标准偏差（%）
Sulfonamide	磺胺嘧啶	93.2	4.3	96.7	2.8
	磺胺甲恶唑	89.1	3.1	92.4	2.7
	磺胺甲氧哒嗪	83.4	6.8	88.7	4.1
	磺胺喹恶啉	83.9	5.7	91.2	3.9
	磺胺二甲氧嗪	88.1	3.1	93.1	2.1
	磺胺二甲异唑	85.2	6.2	89.6	3.4
Penicillin	阿莫西林	81.4	6.1	90.2	4.3
	青霉素 G	73.2	11.3	87.9	7.9
	青霉素 V	69.9	9.8	85.7	8.2
	新青霉素Ⅱ	74.2	7.3	85.5	6.1
	氯唑西林	79.9	6.2	88.1	5.3
	萘夫西林钠	68.4	9.8	74.2	8.8
	双氯西林	73.6	7.6	82.9	4.2
Tetracycline	土霉素	74.3	11.2	92.1	5.3
	四环素	81.2	7.8	87.3	4.1
	金霉素	79.9	9.3	85.9	2.9
Macrolide	红霉素	79.2	9.0	87.9	4.7
	泰乐菌素	71.1	12.5	84.2	3.9
	罗红霉素	82.5	7.2	91.4	4.1

表 6-12 利用 TargetAnalysis 软件筛查的结果

得分	名称	预期保留时间（min）	测量保留时间（min）	保留时间偏差（min）	理论质量数（Da）	测量质量数（Da）	质量偏差（mDa）	同位素匹配度（%）
+++	磺胺嘧啶	0. 7	0. 7	0. 0	251. 059 7	251. 061 8	2. 1	94. 5
+++	磺胺甲恶唑	1. 6	1. 6	0. 0	254. 059 4	254. 057 8	1. 6	93. 0
+++	磺胺甲氧哒嗪	1. 2	1. 2	0. 0	281. 070 3	281. 069 1	1. 2	96. 9
+++	磺胺喹恶啉	4. 0	3. 9	0. 1	301. 075 4	301. 073 3	2. 1	90. 7
+++	磺胺二甲氧嗪	3. 7	3. 7	0. 0	311. 080 9	311. 080 8	0. 1	98. 7
+++	磺胺二甲异唑	1. 9	1. 9	0. 0	268. 075 0	268. 072 3	2. 7	95. 1
+++	阿莫西林	4. 2	4. 2	0. 0	366. 111 8	366. 110 2	1. 6	93. 9
+++	青霉素 G	6. 0	6. 0	0. 0	335. 106 0	335. 104 6	1. 4	96. 3
+++	青霉素 V	6. 7	6. 7	0. 0	351. 100 9	351. 102 0	1. 1	95. 9
+++	新青霉素Ⅱ	7. 3	7. 3	0. 0	402. 111 8	402. 110 0	1. 8	96. 0
++	氯唑西林	7. 7	7. 7	0. 0	436. 072 8	436. 068 7	4. 1	92. 6
++	萘夫西林钠	8. 1	8. 1	0. 0	415. 132 2	415. 136 2	4. 0	93. 3
++	双氯西林	8. 2	8. 2	0. 0	470. 033 9	470. 032 1	1. 8	87. 4
+++	土霉素	1. 2	1. 2	0. 0	461. 155 5	461. 156 6	1. 2	96. 2
++	四环素	1. 1	1. 1	0. 0	445. 160 5	445. 157 2	3. 3	97. 7
+++	金霉素	2. 8	2. 8	0. 0	479. 121 6	479. 120 9	0. 7	94. 8
+++	红霉素	6. 8	6. 7	0. 7	734. 468 5	734. 468 2	0. 3	97. 0
++	泰乐菌素	6. 9	6. 9	0. 0	916. 524 6	916. 528 5	3. 9	92. 4
+++	罗红霉素	8. 1	8. 1	0. 0	837. 531 8	837. 532 5	0. 6	97. 7

超高效液相色谱-四极杆飞行时间质谱法快速筛查生乳中的 14 种磺胺类药物

（1）方法。牛乳样品经含 0. 1%甲酸的乙腈溶液提取，采用 QuEChERS 方法净化。目标药物经 Agilent ZORBAX SB C_{18}色谱柱（3. 0mm×100mm，1. 8μm）分离，以乙腈-0. 1%甲酸水溶液为流动相进行梯度洗脱，使用 DuaL AJS ESI 离子源，在正离子模式下进行数据采集，可在 8min 内实现对 14 种磺胺类药物的良好分离。

（2）试剂。乙腈（色谱纯，美国 Merck 公司）；甲酸（色谱纯，美国 Tedia 公司）；乙酸（分析纯，上海凌峰化学试剂有限公司）；无水硫酸钠、氯化钠（分析纯，国药集团化学试剂有限公司）；乙二胺-N-丙基硅烷（PSA）、十八烷基硅烷（ODS C_{18}，美国 Agilent 公司）；试验用水为超纯水（Milli-Q 自制）。

（3）标准品。磺胺二甲嘧啶、磺胺甲基嘧啶、磺胺二甲氧嘧啶、磺胺苯吡唑、磺胺苯酰（纯度 99. 9%）、磺胺嘧啶、磺胺甲氧哒嗪（纯度 99. 8%）、磺胺氯哒嗪（纯度 99. 5%），上述药品购自美国 Sigma 公司；磺胺噻唑、磺胺吡啶、磺胺醋酰

（纯度 99.5%）、磺胺甲噻二唑（纯度 98.5%）、磺胺曲沙唑、磺胺甲唑（纯度 99%），购自德国 Dr. Ehrenstorfer GmbH。

（4）仪器。6530 超高效液相色谱-四极杆飞行时间质谱（美国 Agilent 公司），包括 G4220A 流动相输送泵，G4220A 自动进样器，G1316C 柱温箱，G4212A 二极管阵列检测器；MassHunter 数据处理系统（美国 Agilent 公司）；AE240 电子天平（瑞士 Mettler 公司）；Allegra X-22R 高速冷冻离心机（德国 Beckman 公司）；多管涡旋混合器（北京 Targin 公司）；Milli-Q 超纯水系统（美国 Millipore 公司）。

（5）样品前处理。准确称取 5.0g 牛乳样品于 50mL 离心管中，加入 20mL 0.1%甲酸乙腈溶液，涡旋振荡 1min，加入 4.0g 无水硫酸钠和 1.0g 氯化钠，涡旋振荡 5min，9 000r/min 离心 5min。准确移取 10mL 上清液于离心管中，加入 1.0g 无水硫酸钠和 0.2g PSA，涡旋混合器振荡 5min，9 000r/min 离心 5min，取 5mL 上清液于 40℃ 氮气吹至近干，用 1.0mL 乙腈-0.2%甲酸水溶液（10∶90）定容，涡旋 10s，过 0.22μm 滤膜后，供超高效液相色谱-四极杆飞行时间质谱测定。

（6）色谱柱。Agilent ZORBAX SB-C_{18}柱（3.0mm×100mm，1.8μm）；流动相 A 为 0.1%甲酸水溶液，B 为乙腈；梯度洗脱程序：0~2min，10% B，2~4min，10%~30% B；4~7min，30%~50% B；7~9min，50%~80% B；9~11min，80%~10% B；11~12min，10% B；流速：0.3mL/min；柱温：40℃；进样量：5μL。

（7）离子源。DuaL AJS ESI，正离子模式；扫描范围：*m/z* 50~1 000；干燥气温度：320℃；干燥气流速：8L/min；雾化器压力：35psi；鞘气温度：400℃；鞘气流速：12L/min；毛细管电压：4 000V；喷嘴电压：1 500V；碎裂电压：130V；飞行时间管真空度：2.04×10^{-7}；仪器在高分辨率（4GHz）、低质量范围（<*m/z* 1 700）下操作；使用嘌呤（*m/z* 121.050 873）和六（1H，1H，3H-全氟丙氧基）磷氮（*m/z* 922.009 798）作为基准物质进行质量校准，质量误差精度低于 5mg/kg。

（8）结果。14 种磺胺类药物的定量下限（LOQ，*S/N*=10）为 10μg/kg，在 10μg/kg、20μg/kg、50μg/kg 3 个加标水平下的平均回收率为 72.5%~117.1%，相对标准偏差为 1.3%~10.9%（表 6-13、表 6-14）。

表 6-13　14 种磺胺类药物的线性方程、线性范围、相关系数、检出限及定量下限

名称	线性方程	线性范围（μg/L）	r^2	检出限（μg/kg）	定量限（μg/kg）
磺胺醋酰	y=6 694.7x+132 936	10~500	0.994 3	3	10
磺胺嘧啶	y=5 012.8x+3 955	10~500	0.998 4	6	10
磺胺噻唑	y=3 683x+28 142	10~500	0.998 0	5	10
磺胺吡啶	y=8 029.8x+93 631	10~500	0.997 2	3	10
磺胺甲基嘧啶	y=7 668.4x+89 440	10~500	0.998 5	5	10

（续表）

名称	线性方程	线性范围（μg/L）	r^2	检出限（μg/kg）	定量限（μg/kg）
磺胺曲沙唑	y=2 602. 1x+75 934	10~500	0. 991 0	5	10
磺胺甲噻二唑	y=3 710. 2x−29 171	10~500	0. 993 9	5	10
磺胺甲氧哒嗪	y=5 663. 4x+67 327	10~500	0. 998 1	3	10
磺胺二甲嘧啶	y=6 972. 4x+125 219	10~500	0. 992 4	5	10
磺胺氯哒嗪	y=4 641. 5x+107 238	10~500	0. 974 0	5	10
磺胺甲恶唑	y=6 239x+48 868	10~500	0. 997 9	3	10
苯甲酰磺胺	y=5 711. 3x+125 943	10~500	0. 990 0	3	10
磺胺二甲氧嗪	y=8 987. 9x−28 819	10~500	0. 998 7	3	10
磺胺苯吡唑	y=4 465. 9x+67 573	10~500	0. 993 2	5	10

表 6-14　14 种磺胺类药物的加标回收率及相对标准偏差（n=5）

名称	添加浓度（μg/kg）	回收率（%）	相对标准偏差（%）
磺胺醋酰	10，20，50	73. 0，86. 0，76. 4	6. 4，3. 6，4. 0
磺胺嘧啶	10，20，50	98. 1，83. 0，84. 6	7. 4，2. 7，4. 0
磺胺噻唑	10，20，50	87. 6，96. 4，94. 5	8. 3，4. 5，5. 2
磺胺吡啶	10，20，50	96. 3，97. 5，113. 1	4. 7，1. 8，8. 2
磺胺甲基嘧啶	10，20，50	94. 1，80. 8，117. 1	6. 3，1. 9，5. 1
磺胺曲沙唑	10，20，50	99. 1，81. 6，94. 1	10. 9，7. 9，6. 0
磺胺甲噻二唑	10，20，50	75. 5，88. 0，80. 3	5. 8，1. 6，6. 6
磺胺甲氧哒嗪	10，20，50	91. 7，81. 6，101. 7	7. 5，3. 2，5. 9
磺胺二甲嘧啶	10，20，50	85. 8，92. 5，107. 2	8. 1，1. 3，6. 2
磺胺氯哒嗪	10，20，50	85. 4，73. 1，75. 9	5. 9，2. 2，5. 1
磺胺甲恶唑	10，20，50	106. 0，90. 7，87. 0	10. 8，8. 1，5. 6
苯甲酰磺胺	10，20，50	81. 1，72. 5，109. 3	7. 5，5. 3，6. 1
磺胺二甲氧嗪	10，20，50	92. 8，73. 0，76. 1	8. 0，4. 3，2. 9
磺胺苯吡唑	10，20，50	102. 3，91. 5，109. 7	7. 3，7. 2，6. 2

气相色谱高分辨飞行时间质谱法快速筛查水果中 283 种农药残留

（1）方法。利用气相色谱高分辨飞行时间质谱结合 MassHunter、PCDL 软件建立 283 种农药的 EI 精确质量谱库，试样经 QuEChERS 方法进行萃取净化后，采用 EI 全扫描监测，通过 PCDL 谱库全离子筛查模式检索，以保留时间、特征离子精确质量数、分子离子同位素信息等作为定性依据。由谱库选择质量数较大、丰度比较高的精确质量离子为定量离子，进行定量测定。

（2）试剂。甲醇、丙酮、乙腈、甲苯（色谱纯，美国 TEDIA 试剂公司）；其他有机溶剂、无水硫酸镁（$MgSO_4$）（分析纯，广州化学试剂厂）；Agilent N-丙基乙二胺（PSA）吸附剂、十八烷基硅烷（ODS）键合相吸附剂（C_{18}）（美国安捷伦公司）；试验用水为超纯水。

（3）标准品。283 种农药标准品（纯度均大于 90.0%，购自德国 Dr. Ehrenstorfer GmbH 公司）。用丙酮、甲醇或甲苯将各农药标准品配制成浓度为 1.0g/L 的标准储备液，置于-18℃保存。试验时将各农药标准溶液稀释成浓度合适的工作溶液。

（4）仪器。7890B-7200 气相色谱-四极杆高分辨飞行时间质谱仪（配备 EI 源）美国安捷伦公司）；TDL-40C 台式离心机（上海安亭科学仪器厂）；IKA MS3 涡旋混合器、IKA T10 组织匀浆机（德国 IKA 公司）；Turbovap Ⅱ氮气浓缩仪（美国 Zymark 公司）。

（5）样品前处理。将水果样品切碎，匀浆，分装于洁净的塑料样品袋内，密闭并做好标记。用电子天平称取试样 10g，于 50mL 离心管中，加入 20mL 乙腈，均质 1min，加入氯化钠 5g，无水硫酸镁 6g，加入 PSA 粉末 200mg，混匀，再振摇提取 10min，4 000r/min 离心 3min。取上清液 5.0mL，加入无水硫酸镁 500mg、PSA 200mg、C_{18} 200mg 净化，剧烈振荡 1min，4 000r/min 离心 3min，取上清液 4.0mL 于 45℃氮气浓缩仪吹至近干，最后用正己烷定容 1.0mL，过 0.2μm 滤膜，进行 GC-TOF/MS 测定。

（6）气相色谱条件。色谱柱：HP-5MS 毛细管色谱柱（30m×0.25mm，0.25μm），载气为高纯氦气，柱流量为恒流 1.0mL/min；进样口温度为 280℃。采用不分流进样，进样体积为 2μL，色谱柱升温程序为 60℃保持 1min，以 40℃/min 升至 120℃，再以 5℃/min 升至 310℃。

（7）质谱条件。离子源：EI 电子轰击源，70eV；离子源温度：280℃；传输线温度：280℃；溶剂延迟时间：3min；检测方式：全扫描，扫描范围 m/z 45~550；采集速率：每秒采集 5 张质谱图，每张质谱图的扫描时间为 200ms，4GHz EI 自动调谐。

（8）采集和数据分析软件。MassHunter GC/MS 采集软件（B.07.00 SP2 版）用于进行仪器控制和数据采集。MassHunter 定性分析软件（定性，B.07.00 版）用于进行数据分析。MassHunter 定量分析软件（定量，B.07.00 版）用于进行数据分析。定性软件内置的全离子工作流程可用于确定待分析农药是否能在多种基质中被 GC-TOF/MS 方法鉴定出来。数据分析以轮廓质谱图形式进行。

（9）结果。在空白苹果、葡萄、橙 3 种水果中添加 10μg/kg、20μg/kg、40μg/kg 3 个浓度水平下，方法的平均回收率 65.9%~129.1%，相对标准偏差（RSD）2.8%~11.6%，方法的最低检出浓度可达 0.5~10μg/kg（表 6-15）。

表 6-15 部分农药检出限和回收率

农药名称	标准曲线	检出限(μg/kg)	10μg/kg		20μg/kg		40μg/kg	
			回收率(%)	RSD(%)	回收率(%)	RSD(%)	回收率(%)	RSD(%)
敌敌畏	$y=3\ 940.6x-3\ 791$	2	65.9	4.6	73.5	5.2	75.9	5.6
草毒死	$y=1\ 070.0x-1\ 269$	5	73.4	4.9	83.3	8.9	76.1	6.4
苯胺灵	$y=6\ 122.4x-3\ 796$	5	76.8	6.5	82.2	5.1	72.8	4.1
异丙威	$y=13\ 053.9x-5\ 347$	2	74.0	5.6	79.5	4.6	93.4	8.6
四氯硝基苯	$y=1\ 896.6x-4\ 214$	1	78.5	5.1	77.0	5.1	83.0	2.9
嘧霉胺	$y=18\ 457.0x-11\ 910$	0.5	75.2	6.2	94.9	5.8	106.8	7.3
戊菌唑	$y=6\ 526.7x-20\ 673$	2	74.8	6.4	93.9	7.9	107.1	8.3
多效唑	$y=2\ 417.1x-12\ 384$	5	84.8	5.6	109.8	6.7	95.3	5.4
抑霉唑	$y=2\ 266.2x-27\ 484$	10	104.8	4.6	93.1	5.4	104.7	5.3
虫螨腈	$y=970.6x-952$	10	88.0	6.7	107.9	3.5	90.5	6.4

6.3.3 高分辨轨道离子阱质谱

6.3.3.1 简介

轨道离子阱质谱（Orbitrap mass spectrometry）是基于早期的离子储存装置 Kingdon trap（1923）的基础上发展起来的，其特点是用静电场将离子陷于一个有限区域中，通过使离子围绕以中心电极的轨道旋转而捕获离子的装置。Orbitrap 对离子的操作步骤分为离子捕获、旋转运动、轴向振动和镜像电流检测。仪器工作时，在中心电极逐渐加上直流高压，在 Orbitrap 内产生特殊几何结构的静电场。当离子进入 Orbitrap 室内后，受到中心电厂的引力，即开始围绕中心电极作圆周轨道运动，m/z 高的离子有较大的轨道半径。同时离子受到垂直方向的离心力和水平方向的推力，而沿中心内电极作水平和垂直方向的振荡。外电极除限制离子的运行轨道范围外，同时检测由离子振荡产生的感应电势。离子沿 Z 轴运动的频率与离子的初始状态是无关的，这种不相关性造就 Orbitrap 具有高分辨率和高质量准确度的特性。从 Orbitrap 的每个外电极输出的时域信号经过微分放大后由快速傅里叶转换变成频域谱，频域谱再进而转换成质谱，然后在质谱软件中处理输出。

6.3.3.2 实例分析

UHPLC-LTQ-Orbitrap-MS 非定向筛查贝类中氮杂螺环酸毒素（AZAS）及其代谢产物

（1）方法。本研究利用固相萃取净化前处理，结合超高效液相色谱-线性离子阱-静电场轨道阱组合式高分辨质谱（UAPLC-LTQ-Qrbitrap-MS）整合全扫描二级质谱模式（Full MS/dd MS^2）、目标离子扫描二级质谱模式（Target-SIM/dd MS^2）、平行反应监测模式（PRM 模式）等多种数据采集、数据采集挖掘策略，分析贝类样品中的 AZAs 及其代谢产物，解析质谱裂解规律及特征碎片离子组成，为研究贝类 AZAs 的代谢机制提供了快速、直观和准确的参考方法。

（2）试剂。甲醇、乙腈（HPLC 级，美国 Merk 公司）；乙酸铵（HPLC 级，美国 Sigma Aldrich 公司）；超纯水（18.2MΩ · cm）；Strata-X 固相萃取柱（200mg/6mL，美国 Waters 公司），其他未作特殊说明的试剂均为分析纯。AZA1［CRM-AZA1，（1.24±0.07）g/mL］、AZA2［CRMAZA2，（1.28±0.05）g/mL］，AZA3［CRM-AZA3，（1.04±0.04）g/mL］以及 AZA 阳性基质样品，其各组分含量分别为 AZA1（1.16μg/g）、AZA2（0.273μg/g）和 AZA3（0.211μg/g），购自加拿大国家研究理事会海洋生物科学研究所。

腹孔环胺藻（*Azadinium poporum*）为我国海域分布的 AZA 产毒藻（Krock et al.，2014），具有独特的 AZA 组成（Krock et al.，2019），由国家海洋局第三海洋研究所提供。实验室以 f/2 培养液单种培养，温度（20±1）℃，光照 6 000lx，光暗比 12h∶12h。经检测该藻主要产生 AZA2，单细胞产毒能力一般为（7.05±0.52）fg。

栉孔扇贝（*Chlamys farreri*）产自青岛市胶南灵山湾养殖海域的 2 龄贝［（67±8）mm］，进行腹孔环胺藻（AZA2 产毒藻）暴露试验，分别取 3d、7d 和 22d 内脏团样品，均质后冷藏于-18℃，作为 AZA 代谢试验样本。

（3）仪器。超高效液相色谱-线性离子阱-静电场轨道阱组合式高分辨质谱联用仪（UHPLC-LTQ-Orbitrap-MS）：美国赛默飞世尔公司产品，配有加热喷雾离子源（HESI）、Xcalibur 2.1 化学工作站以及 Compound discovery 2.1 数据比对分析软件；Dionex Ulti Mate 3000 超高效液相色谱系统：美国赛默飞世尔公司产品，配有变色龙色谱工作站。Himac CR 22G Ⅱ 高速离心机（日本 Hitachi 公司）；N-EVAP 112 氮吹仪（美国 Organomation 公司）；Milli-Q 超纯水仪（美国 Millipore 公司）；57250-U 固相萃取装置（美国 Supelco 公司）。

（4）样品前处理。称取（2.00±0.02）g 样品，分别用 3mL 甲醇提取 3 次，离心后合并上清液，于 40℃ 氮吹至约 1mL，加入 3mL 超纯水待净化。依次用 1mL 甲醇、1mL 30%（体积比）甲醇水溶液活化 Strata-X 固相萃取柱，然后加入提取液，再用 1mL 20%（体积比）甲醇水溶液淋洗，最后用 1mL 0.3%（体积比）氨水甲醇溶液洗脱，收集洗脱液，用甲醇定容至 1mL 过 0.22μm 滤膜，上机分析。

（5）质谱条件。加热电喷雾离子源（HESI），正离子模式；喷雾电压：3.5kV；毛细管温度 320℃；加热器温度：50℃；鞘气：40arb；辅助气：5arb；

（6）扫描模式。Full MS/dd MS^2 与 Target-SIM/dd MS^2：采集范围 m/z 250~1500；一级全扫描（Full MS）分辨率为 70 000 FWHM，C-trap 最大容量（AGC target）：5×10^5，Maximum IT 时间：100ms；数据依赖二级子离子扫描（dd-MS^2）分辨率为 17 500 FWHM，C-trap 最大容量（AGC target）：1×10^5，C-trap 最大注入时间：50ms。碰撞能量 CE 为 30、50、70。

（7）平行反应监测模式（PRM 模式）。采集范围 m/z 250~1500；C-trap 最大容量（AGC target）：2×10^5，Maximum IT 时间：100ms；碰撞能量 CE 为 30eV、50eV、70eV。

（8）结果：PRM 模式能有效排除 AZAs 同分异构体的干扰，获得更高的专属性，适用于目标代谢物筛查。应用 Full MS/dd MS^2 和 PRM 结合的方式，根据 AZAs 裂解途径及多种 AZAs 代谢产物裂解规律，在贝类中共鉴别出 20 种 AZAs 系列化合物，其中包括初步推测了 3 种新型 AZAs 代谢产物的结构。应用本方法还发现 AZA9、AZA10、AZA19 等代谢物均随代谢过程持续升高，是 AZA2 在贝类代谢过程中的末端产物。该方法能够为复杂基质中的 AZAs 系列毒素及其衍生常规检测与精准鉴别提供参考，可应用于解析 AZAs 毒素在贝类体内的代谢转化机制研究（表 6-16）。

表 6-16　扇贝代谢试验样品 AZAs 组成及含量

AZAs 种类	毒素含量（μg/kg）		
	3d	7d	22d
AZA2	166±16.5	210±19.2	89.7±5.96
AZA12	11.8±2.65	36.2±2.20	35.2±2.59
AZA19	5.15±0.65	30.7±1.05	42.6±1.95
AZA6	2.05±0.25	1.68±0.15	6.48±0.26
AZA9	2.56±0.18	9.45±0.68	15.6±0.96
AZA10	2.32±0.36	12.8±1.24	19.8±0.16
AZA11	5.46±0.22	5.61±0.68	6.54±0.67
AZA23	2.65±0.15	7.62±0.19	6.55±1.26
峰 14	—	—	4.89±0.68
峰 16	—	—	9.54±0.97
峰 18	0.65±0.11	—	1.94±0.12

7 气相色谱法

7.1 简介

7.1.1 概述

气相色谱（Gas chromatography，简称 GC，又称气相层析）是 20 世纪 50 年代出现的一项重大科学技术成就。这是一种在有机化学中对易于挥发而不发生分解的化合物进行分离与分析的色谱技术。典型用途包括测试某一特定化合物的纯度与对混合物中的各组分进行分离（同时还可以测定各组分的相对含量）。在某些情况下，气相色谱还可能对化合物的表征有所帮助。在微型化学试验中，气相色谱可以用于从混合物中制备纯品。它在工业、农业、国防、建设、科学研究中都得到了广泛应用。

气相色谱法的发展与两个方面的发展密不可分，一是气相色谱分离技术的发展，二是 1952 年 James 和 Martin 提出气液相色谱法，同时也发明了第一个气相色谱检测器。这是一个接在填充柱出口的滴定装置，用来检测脂肪酸的分离，用滴定溶液体积对时间作图，得到积分色谱图。之后，他们又发明了气体密度天平。1954 年 Ray 提出热导计，开创了现代气相色谱检测器的时代。此后至 1957 年，则进入填充柱、热导检测器（TCD）的年代。

1958 年 Gloay 首次提出毛细管，同年，Mcwillian 和 Harley 同时发明了氢火焰离子化检测器，Lovelock 发明了氩电离检测器（AID）使检测方法的灵敏度提高了 2~3 个数量级。

20 世纪 60 年代和 70 年代，由于气相色谱技术的发展，柱效大为提高，环境科学等学科的发展，提出了痕量分析的要求，又陆续出现了一些高灵敏度、高选择性的检测器，如 1960 年 Lovelock 提出电子俘获检测器（ECD）；1966 年 Brody 等发明了火焰光度检测器（FPD）；1974 年 Kolb 和 Bischoff 提出了电加热的氮磷检测器（NPD）；1976 年美国 HNU 公司推出了实用的窗式光电离检测器（PID）等。同时，由于电子技术的发展，原有的检测器在结构和电路上又作了重大的改进，如 TCD 出现了衡电流、衡热丝温度及衡热丝温度检测电路，ECD 出现衡频率变电流、衡电流脉冲调制检测电路等，从而使性能又有所提高。

20 世纪 80 年代，由于弹性石英毛细管柱的快速广泛应用，对检测器提出了体积小、响应快、灵敏度高、选择性好的要求，特别是计算机和软件的发展，使TCD、FID、ECD和NPD的灵敏度和稳定性均有很大提高，TCD和ECD的检测池体积大大缩小。

进入20世纪90年代，由于电子技术、计算机和软件的飞速发展使MSD生产成本和复杂性下降，以及稳定性和耐用性增加，从而成为最通用的气相色谱检测器之一。其间出现了非放射性的脉冲放电电子俘获检测器（PDECD）、脉冲放电氦电离检测器（PDHID）和脉冲放电光电离检测器（PDECD）以及集三者为一体的脉冲放电检测器（PDD）。另外，快速GC和全二维GC等快速分离技术的迅猛发展，也促使快速GC检测方法逐渐成熟。

7.1.2 气相色谱基础

7.1.2.1 气相色谱法原理

色谱仪利用色谱柱先将混合物分离，然后利用检测器依次检测已分离出来的组分。色谱柱的直径为数毫米，其中填充有固体吸附剂或液体溶剂，所填充的吸附剂或溶剂称为固定相。与固定相相对应的还有一个流动相。流动相是一种与样品和固定相都不发生反应的气体，一般为氮气或氢气。待分析的样品在色谱柱顶端注入流动相，流动相带着样品进入色谱柱，故流动相又称为载气。载气在分析过程中是连续地以一定流速流过色谱柱的；而样品则只是一次一次地注入，每注入一次得到一次分析结果。样品在色谱柱中得以分离是基于热力学性质的差异。固定相与样品中的各组分具有不同的亲合力（对气固色谱仪是吸附力不同，对气液分配色谱仪是溶解度不同）。当载气带着样品连续地通过色谱柱时，亲合力大的组分在色谱柱中移动速度慢，因为亲合力大意味着固定相拉住它的力量大。亲合力小的则移动快。4根柱管实际上是一根，只是用来表示样品中各组分在不同瞬间的状态。样品是由A、B、C 3个组分组成的混合物。在载气刚将它们带入色谱柱时，三者是完全混合的，如状态（Ⅰ）。经过一定时间，即载气带着它们在柱中走过一段距离后，三者开始分离，如状态（Ⅱ）。再继续前进，三者便分离开，如状态（Ⅲ）和（Ⅳ）。固定相对它们的亲合力是A>B>C，故移动速度是C>B>A。走在最前面的组分C首先进入紧接在色谱柱后的检测器，如状态（Ⅳ），而后B和A也依次进入检测器。检测器对每个进入的组分都给出一个相应的信号。将从样品注入载气为计时起点，到各组分经分离后依次进入检测器，检测器给出对应于各组分的最大信号（常称峰值）所经历的时间称为各组分的保留时间t_R。实践证明，在条件（包括载气流速、固定相的材料和性质、色谱柱的长度和温度等）一定时，不同组分的保留时间tr也是一定的。因此，反过来可以从保留时间推断出该组分是何种物质。故保留时间就可以作为色谱仪器实现定性分析的依据。

检测器对每个组分所给出的信号，在记录仪上表现为一个个的峰，称为色谱峰。色谱峰上的极大值是定性分析的依据，而色谱峰所包罗的面积则取决于对应组分的含量，故峰面积是定量分析的依据。一个混合物样品注入后，由记录仪记录得到的曲线，称为色谱图。分析色谱图就可以得到定性分析和定量分析结果。

载气由载气钢瓶提供，经过载气流量调节阀稳流和转子流量计检测流量后到样品气化室。样品气化室有加热线圈，以使液体样品气化。如果待分析样品是气体，气化室便不必加热。气化室本身就是进样室，样品可以经它注射加入载气。载气从进样口带着注入的样品进入色谱柱，经分离后依次进入检测器而后放空。检测器给出的信号经放大后由记录仪记录下样品的色谱图。

气相色谱仪是一种多组分混合物的分离、分析工具，它是以气体为流动相，采用冲洗法的柱色谱技术。当多组分的分析物质进入到色谱柱时，由于各组分在色谱柱中的气相和固定液液相间的分配系数不同，因此各组分在色谱柱的运行速度也就不同，经过一定的柱长后，顺序离开色谱柱进入检测器，经检测后转换为电信号送至数据处理工作站，从而完成了对被测物质的定性定量分析。

7.1.2.2 气相色谱法术语

为了便于叙述，这里集中介绍部分气相色谱法术语的含义。

色谱图：进样后记录仪器记录下来的检测器响应信号随时间或载气流出体积而分布的曲线图（即色谱柱流出物通过检测器系统时所产生的响应信号对时间或载气流出体积的曲线图），称为色谱图。

色谱流出曲线：色谱图中，检测器随时间绘出的响应信号曲线为色谱流出曲线。

基线：当没有组分进入检测器时，色谱流出曲线是一条只反映仪器噪声随时间变化的曲线（即在正常操作条件下，仅有载气通过检测器系统时所产生的响应信号曲线），称为基线。操作条件变化不大时，常可得到如同一条直线的稳定基线。

色谱峰：当有组分进入检测器时，色谱流出曲线就会偏离基线，这时检测器输出的信号随检测器中组分的浓度而改变，直至组分全部离开检测器，此时绘出的曲线（即色谱柱流出组分通过检测器系统时所产生的响应信号的微分曲线），称为色谱峰。根据平衡色理论，当组分分子在两相的分配等温线为线性时，组分的谱带应是一条直线，但由于在柱中的径向扩散和传质速度有限等原因，得到的是对称的色谱峰；当分配等温线为凸型时，得到的是拖尾状色谱峰；当分配等温线为凹型时，得到的是伸头状色谱峰。

对称色谱峰的流出曲线可近似地用高斯正态分布函数表示。

$$C=\frac{C_0T}{\sqrt{2\pi\sigma}}\exp\left\{-\frac{(t-t_R)^2}{2\sigma^2}\right\}$$

式中，C 是当时间为 t 时某组分的浓度；C_0是进样浓度；T 是进样时间；t_R是对应于浓度最大点的保留时间；σ 是流出曲线的标准偏差。

实际上正常情况下的色谱峰都是非对称的拖尾峰，并非高斯正态分布，当色谱柱效高时更是如此。一些色谱工作者曾提出过许多非对称的函数来描述色谱峰，其中高斯函数的指数衰减修正函数是比较简单实用的模型之一。

$$C=\frac{A}{\sqrt{\pi\tau}}\exp\left\{\frac{\sigma^2}{2\tau^2}-\frac{t-t_G}{\tau}\right\}\cdot \mathrm{erfc}\ (z)$$

式中，误差函数

$$\mathrm{erfc}(z)=\int_z^{\infty}\exp[-x^2]\,\mathrm{d}x$$

此处

$$z=\frac{1}{\sqrt{2}}\ (\frac{t-t_G}{\sigma}-\frac{\sigma}{t})$$

式中，A 是色谱峰的面积；t_G 是对应于高斯函数最大点的保留时间；σ 是高斯函数的标准偏差；r 是指数衰减的时间常数。

峰面积：组分的流出曲线与基线所包围的面积（即峰与峰底之间的面积）称为该组分的峰面积。

峰底：色谱峰下面的基线延长线（即从峰的起点与终点之间连接的直线），称为峰底。

峰高：色谱峰最高点至峰底的垂直距离，称为峰高，常用符号 h 表示；从峰底向上至 $0.5h$ 处的峰高，称为半峰高；至 $0.607h$ 处的峰高，称为拐点峰高。

峰拐点：在组分流出曲线上二阶导数等于零的点，称为峰拐点。

峰宽：沿色谱峰两侧拐点处所作的切线与峰底相交两点之间的距离，称为峰宽，常用符号 W_b 表示。在峰高为 $0.5h$ 处的峰宽 GH，称为半高峰宽，常用符号 $W_{h/2}$ 表示；在峰高为 $0.607h$ 处的峰宽 EF，称为拐点峰宽，常用符号 $W_{0.6h}$ 表示。

保留时间：进样后组分流入检测器的浓度达到最大值的时间（即组分从进样到出现峰最大值所需的时间），称为该组分的保留时间。常用 t_R（组分名）（或简写为 t_R）表示，单位为分（min）。

死时间：它是固定相不吸附或不溶解的组分（如气-液色谱的空气峰等）的保留时间（即不被固定相滞留的组分，从进样到出现峰最大值所需的时间），称为死时间。若组分是空气，则用符号表示 t_0；（若是甲烷，则用 t_M 表示），单位为分（min）。

相比率：色谱柱内气相与吸附剂或固定液体积之比。它能反映各种类型色谱柱不同的特点，常用符号 β 表示。

对于气-固色谱，

$$\beta=\frac{V_G}{V_S}$$

对于气-液色谱，

$$\beta=\frac{V_G}{V_L}$$

式中，V_G 为色谱柱内气相空间（mL）；V_S 为色谱柱内吸附剂所占体积（mL）；V_L 为色谱柱内固定液所占体积（mL）。

柱效能：色谱柱在色谱分离过程中，分离能力优劣的指标，主要由动力学（操作参数）所决定，通常用理论塔板数、理论板高或有效塔板数表示。

洗脱：载气携带组分在色谱柱由内向前移动并流出色谱柱的过程，称为洗脱。

反吹：一些组分被洗脱后，将载气反向通过色谱柱，使另一组分向相反方向移动的操作，称为反吹。其目的是使组分从色谱柱相反方向洗脱，可节省时间，或使组分不进入会受其污染的另一色谱柱。

老化：色谱柱在高于使用柱温下通载气进行处理的过程，称为老化，老化的温度不可超过固定液分解的温度，老化时间一般为 10h 左右。

7.1.3　气相色谱系统

7.1.3.1　气流系统

载气是气相色谱仪的流动相，气流系统包括载气及其他气体（燃烧气、助燃气）流动的管路和控制、测量元件。所用的气体从高压气瓶或气体发生器逸出后，通过减压和气体净化干燥管，用稳压阀、稳流阀控制到所需的流量。其作用是把样品输送到色谱柱和检测器。

气相色谱仪常用的气体是氢气、氮气，另外一些是二氧化碳、氦气、氩气等。这些气体都可作载气，其中氢气和空气还用作某些检测器的燃气与助燃气。

氢气的优点是易于纯化，分析速度快，导热系数很大，以热导池作检测器时，色谱流出曲线的色谱峰在同一方向绘出，其缺点是易于渗漏，要求仪器的密封性能好，操作时要注意安全，此外要考虑氢气是否会与组分和固定相发生化学反应等。氢气也可以由电解水的氢气发生器供给，但是不论是载气还是鉴定器需要的燃气，在使用前必须经过适当的净化，并且要稳定的控制它们的压力和流量。

氮气具有价廉、较易纯化、化学性质不活泼的优点，在用热导检测器时，由于氮气的导热系数与许多物质接近，检测这些物质时，其显著缺点是远不如用氢气灵敏，有时色谱流出曲线会出现正峰与反峰。柱温在 150℃以上操作时，应设法除去氮气中的氧气，氮气可由空气分离得到。二氧化碳只用于以计氮器为检测器的装置，纯净的二氧化碳最好由干冰气化制备。

气相色谱用的气体多储存于高压气瓶中，首先用减压阀将高压气瓶中气体的压力降至 200~500kPa，再经过针形阀、气体净化干燥管、气体稳压阀，使气体能以稳定的压力输入色谱仪，对于载气流路，由于程序升温时炉温不断变化，为使通过色谱柱的载气质量流量不变，在气体稳压阀的后面还要连接气体稳流阀，经过这些阀件后，气体的流量变化一般可控制在 1.5%以内。

气相色谱用的气体纯度要求在 99.99%以上，根据检测器或色谱柱的要求，气相色谱用气体的纯化程度有很大的差别，气体中应除去的杂质是水蒸气、碳氢化合物、氧气等。通常用变色硅胶或分子筛除去气体中的水蒸气，用活性炭除去气体中的碳氢化合物，用脱氧剂除去氮气中的氧气。对于气相色谱中常用的热导池检测器，只用变色硅胶或分子筛除去载气中的水蒸气即可，用氢火焰检测器时，还要用活性炭除去各种气体中的碳氢化合物。用电子捕获检测器时，则要除去气体中的氧气，必要时还要除去所含的卤素、硫、磷、铅等电负性强的杂质，上述用于净化气体的变色硅胶、分子筛、活性炭和脱氧剂使用时可盛在直径约 45mm，长约 30cm 的管子制成的净化管中。

7.1.3.2 进样系统

进样系统是将气体、液体或固体溶液试样引入色谱柱前瞬间气化、快速定量转入色谱柱的装置。它包括进样器和气化室两部分。

用气相色谱法分析气体、可挥发的液体和固体时，进入分析系统样品用量的多少、进样时间的长短，进样量的准确度和重复性等都对气相色谱的定性、定量工作有很大的影响。进样量过大、进样时间过长，都会使色谱峰变宽甚至变形。通常要求进样量要适当，进样速度要快，进样方式要简便、易行。

对气体样品常使用医用注射器（一般用 0.25mL、1mL、2mL、5mL 等规格）进样，此法优点是使用灵活方便，缺点是进样量的重复性差。另外一种为气体定量管进样，常用平面六通阀及拉杆六通阀两种。对液体样品多采用微量注射器进样，常用的微量注射器有 1μL、10μL、50μL、100μL 等规格。液体进样后，为使其瞬间气化，必须正确选择气化温度。一旦样品气化不良就使色谱峰前沿平坦，后沿陡峭，呈“伸舌头”形，此时色谱峰也相应变宽。固体样品通常用溶剂溶解后，用微量注射器进样。对高分子化合物进行裂解色谱分析时，常将少量高聚物放入专门的裂解炉中，经过电加热，高聚物分解、气化，即可用载气将分解产物带入色谱柱进行分析。为使高聚物裂解还可使用高频加热、激光、电弧等途径。气相色谱分析时，对气化室要求很高。首先为了使样品瞬间气化，气化室的热容量要大，通常采用金属块作加热体。其次载气在进入气化室与样品接触之前应当预热，以使载气温度和气化室温度相接近，为此可将载气管路沿着加热的气化器金属块绕成裸管，或在金属块内占有足够长的载气通路，使载气能够得到充分地预热，最后气化室的内径和总体积应尽可能小，以防止样品扩散并减小死体积，此时用注射器针头可直接将样品注入热区。

进样系统是气相色谱仪关键部件之一。已研发多种进样器，并不断改进进样技术。目前常见的进样方式有以下几种。

（1）分流进样。试样在气化室内气化后，蒸汽大部分经分流管道放空，极小一部分被载气带入色谱柱。这两部分的气流比称为分流比。分流是为适应微量进样，避免试样量过大导致毛细管柱超负荷。

（2）不分流进样。进样时试样没有分流，当大部分试样进入柱子后，打开分流阀对进样进行吹扫，让几乎所有的试样都进入柱子，这种方式特别适用于痕量分析。

（3）直接进样。直接进样与无分流进样相似，没有分流系统。适用于大口径（≥0.53mm）毛细管柱。

（4）冷柱头进样。直接把液体试样冷注射到毛细管柱头上，适用于沸程宽和热不稳定的化合物。

（5）程序升温气化进样（PTV）。使用密封隔膜和普通注射器进行“冷”进样，以弹道式程序升温方式使试样气化。PTV 进样综合了分流与不分流以及冷柱头进样的优点，是目前最理想的一种进样技术。

7.1.3.3 分离及温控系统

色谱柱是气相色谱仪的核心部分，许多组成复杂的样品，其分离过程都是在色谱柱内进行的。通常把色谱柱内填充的固体物质叫做固定相，其作用是把样品中的混合组分分离成单一组分。根据色谱柱柱内填充固定相的不同，可把气相色谱法分为两类——气固色谱法和气液色谱法。前者固定相是具有吸附活性的多孔固体物质，如分子筛、氧化铝、活性炭等；后者色谱柱内填充的是一种惰性固体，其表面涂上一层高沸点有机化合物的液膜，通常叫固定液，如邻苯二甲酸二壬酯、β，β'-氧二丙腈、聚乙二醇-400 等。

色谱柱的分离效能受色谱柱材料、形状、连接方式及填充的固定相所决定，但柱温也是影响分离效果的因素之一。

色谱柱可用玻璃管、不锈钢管、铜管、聚四氟乙烯管、铝管等制成。最常用的是不锈钢管、玻璃管和聚四氟乙烯管。色谱柱的形状最常采用“U”形和螺旋形两种，柱内径一般为 2~6mm，常用的是 4mm。柱长一般为 0.5~10m。分离组分复杂的样品，常使用长柱管。毛细管柱内径只有 0.2~0.5mm，长度达几十米，甚至达百米以上，多用玻璃或石英制造，因而能获得高效率，可解决复杂的，填充柱难于解决的分析问题。

温度是气相色谱分析的重要操作参数，它直接影响色谱柱的选择性、柱效、检测器的灵敏度和稳定性。温控系统由热敏元件、温度控制器和指示器组成，用于控制和指示气化室、色谱柱、检测器的温度。根据试样沸程范围，色谱柱的温度控制方式有恒温和程序升温两种。所谓程序升温气相色谱，是指在一分析周期内，柱温呈线性或非线性增加，一些宽沸程的混合物，其低沸点组分，由于柱温太高而使色谱峰变窄、互相重叠；而其高沸点组分又因柱温太低、洗出峰很慢、峰形宽且平。采用程序升温分离分析，它使混合物中沸点不相同的组分能在最佳的温度下洗出色谱柱，以改善分离效果，缩短分析时间。所有检测器都对温度的变化敏感。因此必须精密控制检测器的温度，一般要求控制在±0.1℃以内。

7.1.3.4 检测器系统

检测器是气相色谱仪的重要部件，其作用是将色谱柱分离后各组分在载气中浓度或量的变化转换成易于测量的电信号，然后记录并显示出来，其信号及大小为被测组分定性定量的依据。检测器分类如下。

（1）按流出曲线类型。根据输出信号记录方式不同，即色谱流出曲线的不同，检测器有积分型和微分型两种。积分型检测器给出的信号是色谱柱分离后各组分浓度叠加的总和，色谱流出曲线为台阶形，曲线的每一台阶的高度正比于该组分的含量。但因不能显示保留时间，不方便定性。微分型检测器给出的信号是分离后各组分浓度随时间的变化，洗出 Caussian 形色谱峰。目前气相色谱使用的检测器主要是微分型。

（2）按检测特性。根据检测机理不同，可分为浓度型和质量型两类。浓度型检测器测量的是载气中溶质浓度随时间的变化，检测器的响应值和进入检测器的溶质浓度成正比，如热导和电子捕获检测器。质量型检测器测量的是载气中溶质进入检测器速率的变化，即检测器的响应信号和单位时间内进入检测器的溶质量成正比，如氢火焰离子化检测器、氮磷检测器和火焰光度检测器等。

（3）按选择性。根据检测器对各类物质响应的差别，分为通用型和选择型两种。通用型检测器对所有的物质均有响应，如热导检测器。而选择型检测器只对某些物质有响应，如电子捕获检测器、火焰光度检测器及氮磷检测器。

此外还可根据组分在检测时是否被破坏而分为破坏型检测器和非破坏型检测器。氢火焰离子化检测器、氮磷检测器、火焰光度检测器属于前者，而热导检测器与电子捕获检测器属于后者。

目前有很多种检测器，其中常用的检测器是氢火焰离子化检测器（FID）、热导检测器（TCD）、氮磷检测器（NPD）、火焰光度检测器（FPD）、电子捕获检测器（ECD）等类型。

氢火焰离子化检测器（FID）

（氢）火焰离子化检测器是根据气体的导电率是与该气体中所含带电离子的浓度呈正比这一事实而设计的。一般情况下，组分蒸气不导电，但在能源作用下，组分蒸气可被电离生成带电离子而导电。

工作原理：由色谱柱流出的载气（样品）流经温度高达 2 100℃的氢火焰时，待测有机物组分在火焰中发生离子化作用，使两个电极之间出现一定量的正、负离子，在电场的作用下，正、负离子各被相应电极所收集。当载气中不含待测物时，火焰中离子很少，即基流很小，约 10^{-14}A。当待测有机物通过检测器时，火焰中电离的离子增多，电流增大（但很微弱 $10^{-12} \sim 10^{-8}$A）。需经高电阻（$10^{8} \sim 10^{11}$）后得到较大的电压信号，再由放大器放大，才能在记录仪上显示出足够大的色谱峰。该电流的大小，在一定范围内与单位时间内进入检测器的待测组分的质量成正比，所以火焰离子化检测器是质量型检测器。

火焰离子化检测器对电离势低于 H_2的有机物产生响应，而对无机物、惰性气体和水基本上无响应，所以火焰离子化检测器只能分析有机物（含碳化合物），不适于分析惰性气体、空气、水、CO、CO_2、CS_2、NO、SO_2及 H_2S 等。

热导检测器（TCD）

热导检测器（TCD）又称热导池或热丝检热器，是气相色谱法最常用的一种检测器。基于不同组分与载气有不同的热导率的原理而工作的热传导检测器。

工作原理：热导检测器的工作原理是基于不同气体具有不同的热导率。热丝具有电阻随温度变化的特性，当有一恒定直流电通过热导池时，热丝被加热。由于载气的热传导作用使热丝的一部分热量被载气带走，一部分传给池体。当热丝产生的热量与散失热量达到平衡时，热丝温度就稳定在一定数值。此时，热丝阻值也稳定在一定数值。由于参比池和测量池通入的都是纯载气，同一种载气有相同的热导率，因此两臂的电阻值相同，电桥平衡，无信号输出，记录系统记录的是一条直线。当有试样进入检测器时，纯载气流经参比池，载气携带着组分气流经测量池，由于载气和待测量组分二元混合气体的热导率和纯载气的热导率不同，测量池中散热情况因而发生变化，使参比池和测量池孔中热丝电阻值之间产生了差异，电桥失去平衡，检测器有电压信号输出，记录仪画出相应组分的色谱峰。载气中待测组分的浓度越大，测量池中气体热导率改变就越显著，温度和电阻值改变也越显著，电压信号就越强。此时输出的电压信号与样品的浓度成正比，这正是热导检测器的定量基础。

热导（TCD）检测器是一种通用的非破坏性浓度型检测器，一直是实际工作中应用最多的气相色谱检测器之一。TCD 特别适用于气体混合物的分析，对于那些氢火焰离子化检测器不能直接检测的无机气体的分析，TCD 更是显示出独到之处。TCD 在检测过程中不破坏被监测组分，有利于样品的收集，或与其他仪器联用。TCD 能满足工业分析中峰高定量的要求，很适于工厂的控制分析。

氮磷检测器（NPD）

氮磷检测器（NPD）是一种质量检测器，适用于分析氮磷化合物的高灵敏度、高选择性检测器。它具有与 FID 相似的结构，只是将一种涂有碱金属盐如 Na_2SiO_3、Rb_2SiO_3类化合物的陶瓷珠，放置在燃烧的氢火焰和收集极之间，当试样蒸气和氢气流通过碱金属盐表面时，含氮、磷的化合物便会从被还原的碱金属蒸气上获得电子，失去电子的碱金属形成盐再沉积到陶瓷珠的表面上。

工作原理：在 NPD 检测器的喷口上方，有一个被大电流加热的铷珠，碱金属盐（铷珠）受热而逸出少量离子，铷珠上加有-250V 极化电压，与圆筒形收集极形成直流电场，逸出的少量离子在直流电场作用下定向移动，形成微小电流被收集极收集，即为基流。当含氮或磷的有机化合物从色谱柱流出，在铷珠的周围产生热离子化反应，使碱金属盐（铷珠）的电离度大大提高，产生的离子在直流电场作用下定向移动，形成的微小电流被收集，再经微电流放大器将信号放大，再由积分仪处理，实现定性定量的分析。

氮磷检测器的使用寿命长、灵敏度极高，可以检测到 5×10^{-13}g/s 偶氮苯类含氮化合物和 2.5×10^{-13}g/s 的含磷化合物，如马拉松农药。它对氮、磷化合物有较高的响应，而对其他化合物有的响应值低 10 000~100 000 倍。氮磷检测器被广泛应用于农药、石油、食品、药物、香料及临床医学等多个领域。

火焰光度检测器（FPD）

火焰光度检测器是利用在一定外界条件下（即在富氢条件下燃烧）促使一些物质产生化学发光，通过波长选择、光信号接收，经放大把物质及其含量和特征的信号联系起来的一个装置。主要由燃烧室、单色器、光电倍增管、石英片（保护滤光片）及电源和放大器等组成。

工作原理：当含硫、磷化合物进入氢焰离子室时，在富氢焰中燃烧，有机含硫化合物首先氧化成 SO_2，被氢还原成 S 原子后生成激发态的 S_2^* 分子，当其回到基态时，发射出 350~430nm 的特征分子光谱，最大吸收波长为 394nm。通过相应的滤光片，由光电倍增管接收，经放大后由记录仪记录其色谱峰。此检测器对含 S 化合物不成线性关系而呈对数关系（与含 S 化合物浓度的平方根成正比）。

当含磷化合物氧化成磷的氧化物，被富氢焰中的 H 还原成 HPO 裂片，此裂片被激发后发射出 480~600nm 的特征分子光谱，最大吸收波长为 526nm。

电子捕获检测器（ECD）

早期电子捕获检测器由两个平行电极制成，现多用放射性同轴电极。在检测器池体内，装有一个不锈钢棒作为正极，一个圆筒状放射源（3H、63Ni）作负极，两极间施加流电或脉冲电压。

工作原理：当纯载气（通常用高纯 N_2）进入检测室时，受射线照射，电离产生正离子（N_2^+）和电子 e^-，生成的正离子和电子在电场作用下分别向两极运动，形成约 10^{-8}A 的电流——基流。加入样品后，若样品中含有某中电负性强的元素即易于电子结合的分子时，就会捕获这些低能电子，产生带负电荷阴离子（电子捕获），这些阴离子和载气电离生成的正离子结合生成中性化合物，被载气带出检测室外，从而使基流降低，产生负信号，形成倒峰。倒峰大小（高低）与组分浓度成正比，因此，电子捕获检测器是浓度型的检测器。其最小检测浓度可达 10^{-14}g/mL，线性范围为 10^3 左右。

电子捕获检测器是一种高选择性检测器。高选择性是指只对含有电负性强的元素的物质，如含有卤素、S、P、N 等的化合物等有响应. 物质电负性越强，检测灵敏度越高。

7.1.3.5 数据处理系统

色谱分析时要取得混合物中组分的定性与定量结果，而色谱数据处理的最终目的就是给出这些结果。为了取得这些结果，数据处理系统首先要取得数据，就是取得检测器输出信号；其次将取得的数据进行整理和计算，就是根据色谱图或数据切片找出色谱峰的起点、最大值点和终点等，求出色谱峰的保留时间、峰面积（或峰高），从保留时间进行组分的定性推断，从峰面积（或峰高）依定量极端方法算出组分定量的结果，最后打印出操作条件，定性与定量分析结果。

随着计算机技术的发展，数据处理系统的配置也日趋完善。早期生产的气相色谱仪仅配置有记录仪，20 世纪 60 年代开始配置数字积分仪，70 年代配置微处理机，现代色谱工作站是色谱仪专用计算机系统，还具有色谱操作条件选择、控制、优化乃至智能化等多种功能。

7.1.4 气相色谱

7.1.4.1 日常维护

为保证气相色谱仪能够正常运行，确保分析数据的准确性、及时性，需要对气相色谱仪进行定期维护。

（1）气源检查。检查发生器或者气体钢瓶是否处于正常状态；检查脱水过滤器、活性炭以及脱氧过滤器，定期更换其中的填料。

（2）管线泄漏检查。定期检查管线是否泄漏，可使用肥皂沫滴到接口处检查。

（3）气化室的维护。气化室包括进样室螺帽、隔垫吹扫出口、载气入口、分流气出口、进样衬管。不同的部件有不同的维护方式，进样室螺帽、隔垫吹扫出口、载气入口及分流气出口 4 个部件需按厂家要求定期清洗，把这几个部件从气化室上拆卸下来，放在盛有丙酮溶液的烧杯中浸泡并超声 2h，晾干后使用，若有损坏应及时更换。进样衬管必须定期进行清洗，先用洗液清洗，然后用丙酮溶液浸泡，再用电吹风吹干备用，衬管中及时添加石英棉，若有损坏应及时更换。

（4）检测器的维护。检测器的收集器、检测器接收塔、火焰喷嘴、检测器基部、色谱柱螺帽等处，须用丙酮溶液清洗，一般超声 2h，至清洗干净，清洗后用电吹风吹干备用。

（5）柱温箱的维护。柱温箱的外壳、容积区间，可用脱脂棉蘸乙醇擦洗。

（6）维护周期。气相色谱仪维护周期一般定为 3 个月。实际工作中可根据仪器工作量和运转情况适当延长或缩短维护周期。

7.1.4.2　仪器保养

（1）仪器内部的吹扫、清洁。气相色谱仪停机后，打开仪器的侧面和后面面板，用仪表空气或氮气对仪器内部灰尘进行吹扫，对积尘较多或不容易吹扫的地方用软毛刷配合处理。吹扫完成后，对仪器内部存在有机物污染的地方用水或有机溶剂进行擦洗，对水溶性有机物可以先用水进行擦拭，对不能彻底清洁的地方可以再用有机溶剂进行处理，对非水溶性或可能与水发生化学反应的有机物用不与之发生反应的有机溶剂进行清洁，如甲苯、丙酮、四氯化碳等。注意，在擦拭仪器过程中不能对仪器表面或其他部件造成腐蚀或二次污染。

（2）电路板的维护和清洁。气相色谱仪准备检修前，切断仪器电源，首先用仪表空气或氮气对电路板和电路板插槽进行吹扫，吹扫时用软毛刷配合对电路板和插槽中灰尘较多的部分进行仔细清理。操作过程中尽量戴手套操作，防止静电或手上的汗渍等对电路板上的部分元件造成影响。吹扫工作完成后，应仔细观察电路板的使用情况，看印刷电路板或电子元件是否有明显被腐蚀现象。对电路板上沾染有机物的电子元件和印刷电路用脱脂棉蘸取酒精小心擦拭，电路板接口和插槽部分也要进行擦拭。

（3）玻璃衬管和分流平板的清洗，从仪器中小心取出玻璃衬管，用镊子或其他小工具小心移去衬管内的玻璃毛和其他杂质，移取过程不要划伤衬管表面。如果条件允许，可将初步清理过的玻璃衬管在有机溶剂中用超声波进行清洗，烘干后使用。也可以用丙酮、甲苯等有机溶剂直接清洗，清洗完成后经过干燥即可使用。

分流平板最为理想的清洗方法是在溶剂中超声处理，烘干后使用。也可以选择合适的有机溶剂清洗，从进样口取出分流平板后，首先采用甲苯等惰性溶剂清洗，再用甲醇等醇类溶剂进行清洗，烘干后使用。

（4）分流管线的清洗。气相色谱仪用于有机物和高分子化合物的分析时，许多有机物的凝固点较低，样品从气化室经过分流管线放空的过程中，部分有机物在分流管线凝固。气相色谱仪经过长时间的使用后，分流管线的内径逐渐变小，甚至完全被堵塞。分流管线被堵塞后，仪器进样口显示压力异常，峰形变差，分析结果异常。在检修过程中，无论事先能否判断分流管线有无堵塞现象，都需要对分流管线进行清洗。分流管线的清洗一般选择丙酮、甲苯等有机溶剂，对堵塞严重的分流管线有时单纯用清洗的方法很难清洗干净，需要采取一些其他辅助的机械方法来完成。可以选取粗细合适的钢丝对分流管线进行简单的疏通，然后再用丙酮、甲苯等有机溶剂进行清洗。由于事先不容易对分流部分的情况作出准确判断，对手动分流的气相色谱仪来说，在检修过程中对分流管线进行清洗是十分必要的。

（5）进样口的清洗。对于 EPC 控制分流的气相色谱仪，由于长时间使用，有可能使一些细小的进样垫屑进入 EPC 与气体管线接口处，随时可能对 EPC 部分造成堵塞或造成进样口压力变化。所以每次检修过程尽量对仪器 EPC 部分进行检查，并用甲苯、丙酮等有机溶剂进行清洗，然后烘干处理。

在检修时，对气相色谱仪进样口的玻璃衬管、分流平板，进样口的分流管线，EPC 等部件分别进行清洗是十分必要的。由于进样等原因，进样口的外部随时可能会形成部分有机物凝结，可用脱脂棉蘸取丙酮、甲苯等有机物对进样口进行初步的擦拭，然后对擦不掉的有机物先用机械方法去除，注意在去除凝固有机物的过程中一定要小心操作，不要对仪器部件造成损伤。将凝固的有机物去除后，然后用有机溶剂对仪器部件进行仔细擦拭。

（6）TCD 和 FID 检测器的清洗。TCD 检测器在使用过程中可能会被柱流出的沉积物或样品中夹带的其他物质所污染。TCD 检测器一旦被污染，仪器的基线出现抖动、噪声增加。有必要对检测器进行清洗。

惠普公司的 TCD 检测器可以采用热清洗的方法，具体方法如下：关闭检测器，把柱子从检测器接头上拆下，把柱箱内检测器的接头用死堵堵死，将参考气的流量设置到 20~30mL/min，设置检测器温度为 400℃，热清洗 4~8h，降温后即可使用。

国产或日产 TCD 检测器污染可用以下方法：仪器停机后，将 TCD 的气路进口拆下，用 50mL 注射器依次将丙酮（或甲苯，可根据样品的化学性质选用不同的溶剂）、无水乙醇、蒸馏水从进气口反复注入 5~10 次，用吸耳球从进气口处缓慢吹气，吹出杂质和残余液体，然后重新安装好进气接头，开机后将柱温升到 200℃，检测器温度升到 250℃，通入比分析操作气流大 1~2 倍的载气，直到基线稳定为止。

对于严重污染，可将出气口用死堵堵死，从进气口注满丙酮（或甲苯，可根据样品的化学性质选用不同的溶剂），保持 8h 左右，排出废液，然后按上述方法处理。

FID 检测器在使用中稳定性好，对使用要求相对较低，使用普遍，但在长时间使用过程中，容易出现检测器喷嘴和收集极积炭等问题，或有机物在喷嘴或收集极处沉积等情况。对 FID 积炭或有机物沉积等问题，可以先对检测器喷嘴和收集极用丙酮、甲苯、甲醇等有机溶剂进行清洗。当积炭较厚不能清洗干净的时候，可以对检测器积炭较厚的部分用细砂纸小心打磨。注意在打磨过程中不要对检测器造成损伤。初步打磨完成后，对污染部分进一步用软布进行擦拭，再用有机溶剂最后进行清洗，一般即可消除。

7.1.4.3 常见故障及检修

（1）进样后不出色谱峰的故障。气相色谱仪在进样后检测信号没有变化，不出峰，输出仍为直线。遇到这种情况时，应按从样品进样针、进样口到检测器的顺序逐一检查。

首先检查注射器是否堵塞，如果没有问题，再检查进样口和检测器的石墨垫圈是否紧固、不漏气，然后检查色谱柱是否有断裂漏气情况，最后观察检测器出口是否畅通。

检测器出口的畅通是很重要的，有人在工作中会遇到这样的问题：前一天仪器工作还一切正常，第二天开机后却无响应峰信号。检查进样口、注射器、垫圈和色谱柱都正常，可就是不出峰，无意中发现进样口柱头压达不到设定值，总是偏高，这时才怀疑是 ECD 检验器出口不畅通。由于 ECD 的排放物有一定的放射性，所以 ECD 出口是引到室外的。当时是秋冬之交，雨水进入到 ECD 排出口之后冻住了，因此造成仪器 ECD 的出口堵塞，柱头压居高不下，气体在气路中无法流动，也就无法载样品到检测器，所以不出峰。

（2）基线问题。气相色谱基线波动、飘移都是基线问题，基线问题可使测量误差增大，有时甚至会导致仪器无法正常使用。

遇到基线问题时应先检查仪器条件是否有改变，近期是否新换气瓶及设备配件。如果有更换或条件有改变，则要先检查基线问题是不是由这些改变造成的，一般来说，这种变化往往是产生基线问题的原因。有些人在工作中就遇到过这种情形：新载气纯度不够，换过载气之后，基线逐渐上升（由于载气净化管的原因，基线不是马上变化的）。第二天开机之后，基线非常高，并伴有基线强烈抖动，所有峰都湮没在噪音中，无法检测。经过检查，问题出现在新换的载气上，重新更换载气后，立即恢复了正常。

当排除了以上可能造成基线问题的原因后，则应当检查进样垫是否老化（应养成定期更换进样垫的好习惯），石英棉是不是该更换了，衬管是否清洁。值得一提的是，清洗衬管时可先用试验最后定容的溶剂充分浸泡，再用超声波清洗几分钟，然后放入高温炉中加热到比工作温度略高的温度，最后再重新安装。

此外，检测器污染也可能造成基线问题，其可以通过清洗或热清洗的方法来解决。

（3）造成峰丢失的故障。造成峰丢失的原因有两种：一是气路中有污染，二是可能是峰没有分开。第一种情况可通过多次空运行和清洗气路（进样口、检测器等）来解决。

为了减少对气路的污染，可采用以下措施：程序升温的最后阶段应有一个高温清洗过程；注入进样口的样品应当清洁；减少高沸点油类物质的使用；使用尽量高的进样口温度、柱温和检测器温度。

峰丢失的第二种情况是峰没有分开，除以上原因外，其也有可能是因系统污染造成的柱效下降造成，或者是由于柱子老化导致的，但柱子老化所造成的峰丢失是渐进的、缓慢的。假峰一般是由于系统污染和漏气造成的，其解决方法也是通过检查漏气和去除污染来解决。在平时的工作中应当记录正常时基线的情况，以便在维护时作参考。

7.2 实例分析

气相色谱法已成为食品成分分析和食品安全检测中不可缺少的手段之一。有关气相色谱法分析食品中营养成分的报道，在很多农药、兽药残留和其他有毒有害物质检测方面更显示了无与伦比的强大功能，有一些多组分、多残留的分析方法可以同时分析数百种农药。气相色谱法已被应用至农产品中农药残留、兽药残留、有机污染物、生物毒素等方面。

7.2.1 瓜、果、蔬菜中应用

《植物源性食品中 90 种有机磷类农药及其代谢物残留量的测定　气相色谱法》(GB 23200.116—2019)。

7.2.1.1　原理

试样用乙腈提取，提取液经固相萃取或分散固相萃取净化，使用带火焰光度检测器的气相色谱仪检测，根据双柱色谱峰的保留时间定性，外标法定量。

7.2.1.2　试剂与材料

乙腈、丙酮、甲苯均为色谱纯。无水硫酸镁，氯化钠，乙酸钠。

90 种有机磷类农药及其代谢物标准品，纯度≥96%。

固相萃取柱：石墨化炭黑填料（GCB）500mg/氨基填料（NH_2）500mg，6mL。

乙二胺-N-丙基硅烷硅胶（PSA）：40~60μm。

十八烷基甲硅烷改性硅胶（C_{18}）：40~60μm。

陶瓷均质子：2cm（长）×1cm（外径）。

微孔滤膜（有机相）：0.22μm×25mm。

7.2.1.3　仪器和设备

气相色谱仪：配有双火焰光度检测器（FPD 磷滤光片）。

分析天平：感量 0.1mg 和 0.01g。

高速匀浆机：转速不低于 15 000r/min。

离心机：转速不低于 4 200r/min。

组织捣碎机。

旋转蒸发仪。

氮吹仪，可控温。

涡旋混合器。

7.2.1.4 分析步骤

称取20g（精确到0.01g）试样于150mL烧杯中，加入40mL乙腈，用高速匀浆机15 000r/min匀浆2min，提取液过滤至装有5～7g氯化钠的100mL具塞量筒中，盖上塞子，剧烈振荡1min，在室温下静置30min。准确吸取10mL上清液于100mL烧杯中，80℃水浴中氮吹蒸发近干，加入2mL丙酮溶解残余物，盖上铝箔，备用。

将上述备用液完全转移至15mL刻度离心管中，再用约3mL丙酮分3次冲洗烧杯，并转移至离心管，最后定容至5.0mL，涡旋0.5min，用微孔滤膜过滤，待测。

7.2.1.5 仪器参考条件

色谱柱：

A柱：50%聚苯基甲基硅氧烷石英毛细管柱，30m×0.53mm（内径）×1.0μm，或相当者。

B柱：100%聚苯基甲基硅氧烷石英毛细管柱，30m×0.53mm（内径）×1.5μm，或相当者。

色谱柱温度：150℃保持2min，然后以8℃/min程序升温至210℃，再以5℃/min升温至250℃，保持15min。

载气：氮气，纯度≥99.999%，流速为8.4mL/min。

进样口温度：250℃。

检测器温度：300℃。

进样量：1.0μL。

进样方式：不分流进样。

燃气：氢气，纯度≥99.999%，流速为80mL/min。

助燃气：空气，流速为110mL/min。

7.2.1.6 定性及定量

以目标农药的保留时间定性。被测试样中目标农药双柱上色谱峰的保留时间与相应标准色谱峰的保留时间相比较，相差应在±0.05min之内。以外标法定量。

7.2.1.7 结果计算

试样中被测农药残留量以质量分数ω计，单位以“mg/kg”表示，按下式计算。

$$\omega=\frac{V_1\times A\times V_3\times\rho}{V_2\times A_S\times m}$$

式中，ω为试样中被测组分含量（mg/kg）；V_1为提取溶液总体积（mL）；V_2为提取液分取体积（mL）；V_3为待测溶液定容体积（mL）；A为待测溶液中被测组分峰面积；A_S为标准溶液中被测组分峰面积；m 为试样质量（g）；ρ 为标准溶液中被测组分质量浓度（mg/kg）。

计算结果应扣除空白值，计算结果以重复性条件下获得的 2 次独立测定结果的算术平均值表示，保留 2 位有效数字。当结果超过 1mg/kg 时，保留 3 位有效数字。

7.2.1.8　色谱图

以标准中第二组标准溶液色谱图为例，见图 7-1。

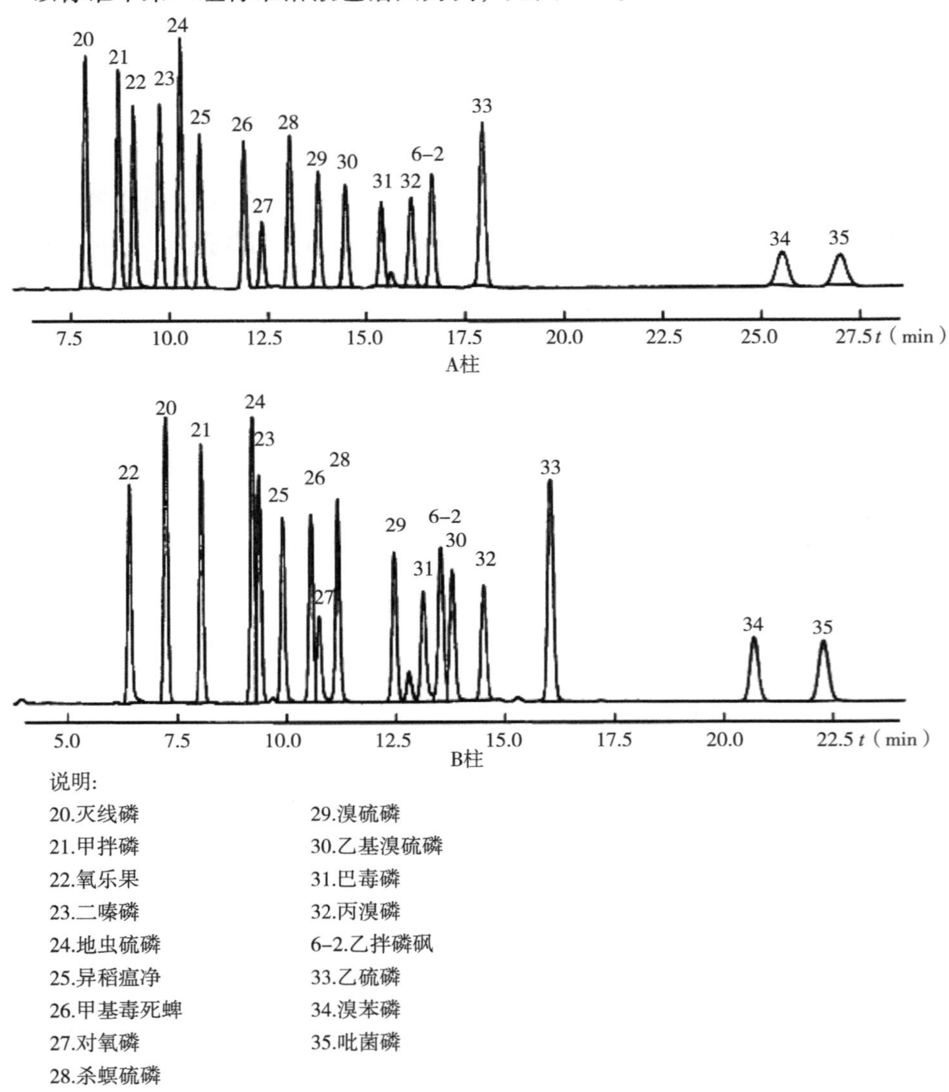

图 7-1　标准中第二组标准溶液色谱

7.2.2　粮食作物中应用

《粮食作物中脂肪酸含量的测定　气相色谱法》（NY/T 3566—2020）

7.2.2.1 原理

乙酰氯与甲醇反应得到的盐酸-甲醇使试样中的脂肪和游离脂肪酸甲酯化，用甲苯提取后，经气相色谱仪分离检测，外标法定量。

7.2.2.2 试剂与标准品

除非另有说明，所用试剂均为分析纯，水为GB/T 6682规定的一级水。

（1）试剂。甲醇（CH_3OH）：色谱纯；甲苯（C_7H_8）：色谱纯；乙酰氯（C_2H_3ClO）；无水碳酸钠（Na_2CO_3）。

（2）试剂配制。乙酰氯甲醇溶液（10%，体积比）：量取80mL甲醇于200mL烧杯中，准确吸取10.0mL乙酰氯逐滴缓慢加入，不断搅拌，冷却后转移，并用甲醇定容至100mL容量瓶中，临用时现配（注意：乙酰氯具有刺激性和腐蚀性，在配制乙酰氯甲醇溶液时应不断搅拌以防止喷溅，注意防护，建议在通风橱中操作）。0.5mol/L碳酸钠溶液：称取5.3g碳酸钠，用水溶解，并稀释定容至100mL。

（3）标准品。各脂肪酸甘油三酯标准品：纯度≥99%。各个脂肪酸甘油三酯标准品标准工作液：根据样品中脂肪酸含量称取适量单个脂肪酸甘油三酯置于10mL容量瓶中，用甲苯定容，分别得到不同脂肪甘油三酯的单标溶液，储存于-20℃冰箱，有效期6个月。

7.2.2.3 仪器和设备

气相色谱仪：带有氢火焰离子检测器（FID）。

天平：感量为0.01mg。

离心机：转速≥5 000r/min。

水浴锅。

氮吹仪。

冷冻干燥机。

谷物粉碎机。

匀浆机。

螺口玻璃管15mL，具塞离心管50mL，0.45μm滤膜，有机相。

7.2.2.4 分析步骤

称取干试样0.5g（精确至0.001g）于15mL螺口玻璃管中，加入5.0mL甲苯，再加入6.0mL的乙酰氯甲醇溶液，充氮气后，旋紧螺旋盖，振荡混合后置于80℃水浴2h，其间每隔20min取出振摇10s，取出冷却至室温。将试液转移至50mL离心管中，分别用3.0mL碳酸钠溶液清洗玻璃管3次，合并碳酸钠溶液于50mL离心管中，摇匀，以5 000r/min离心10min，取适量上清液，过0.45μm微孔滤膜后，待测。

7.2.2.5 气相色谱仪器参考条件

色谱柱：HP-88毛细管柱100m×250μm×0.2μm，或性能相当的柱子。

载气及流速：氮气，纯度≥99.999%，流速为1.0mL/min。

分流比：10∶1。

进样量：1.0μL。

进样口温度：250℃。

检测器：FID，温度250℃。

柱温箱升温程序见表7-1。

表7-1　柱温箱升温程序

阶段	升温速度（℃/min）	下一温度（℃）	保持时间（min）
初始阶段		120	0
第一阶段	30	170	2
第二阶段	6	200	2
第三阶段	20	220	0
第四阶段	2	230	5
第五阶段	1	232	2
第六阶段	3	240	5

7.2.2.6　测定

分别准确吸取1.0μL脂肪酸甘油三酯标准测定液及样品待测液注入色谱仪，进行测定，以色谱峰面积定量。

7.2.2.7　结果表示

试样中各脂肪酸含量计算均以质量分数ω计，单位以“g/100g”表示，按下式计算：

$$\omega=\frac{A_i\times m_{si}\times F_j}{A_{si}\times m\times 20}\times 1\ 000$$

式中，ω为试样中各脂肪酸的含量（g/100g）；A_i为试样测定液中某个脂肪酸的峰面积；m_{si}为标准工作液中某个脂肪酸甘油三酯的质量（g）；F_j为各脂肪酸甘油三酯转换为脂肪酸的换算系数；A_{si}为标准测定液各脂肪酸甲酯的峰面积；m为试样的质量（g）；20为测定液中各脂肪酸甘油三酯含量稀释的倍数。

以重复条件下获得的两次平行测定结果的算术平均值表示，计算结果保留小数点后3位。

7.2.2.8　精密度

当样品含量<0.1g/100g时，在重复性条件下获得的两次独立测定结果的绝对差值不大于这两个测定值的算术平均值的20%。

当样品含量≥0.1g/100g时，在重复性条件下获得的两次独立测试结果的绝对差值不大于这两个测定值的算术平均值的10%。

7.2.2.9 脂肪酸甲酯标准溶液（35 种）参考色谱图

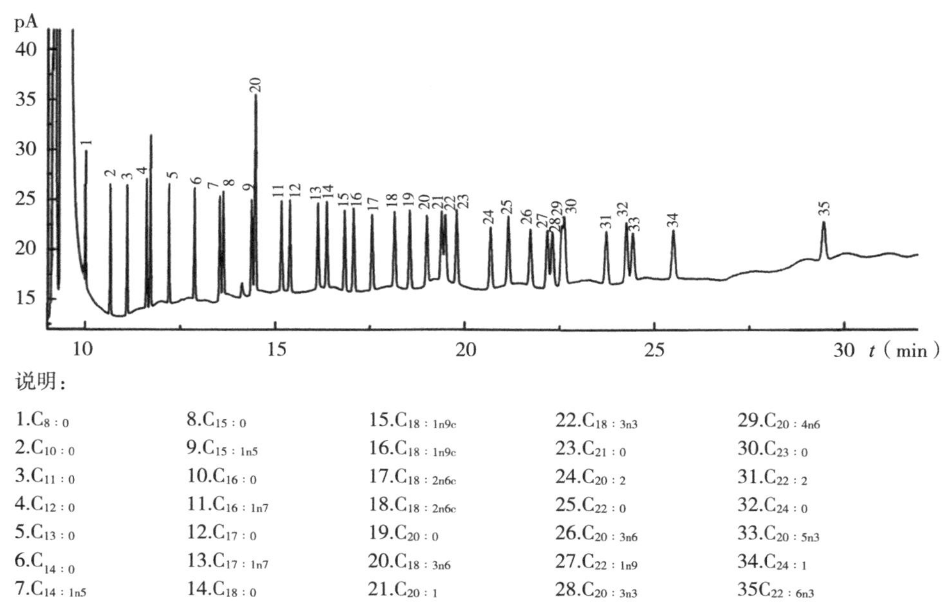

图 7-2 脂肪酸甲酯标准溶液参考色谱

7.2.3 肉及肉制品中应用

《肉及肉制品中残杀威残留量的测定 气相色谱法》（GB/T 23200.106—2016）。

7.2.3.1 原理

试样用环己烷-乙酸乙酯（1+1，体积比）均质提取，提取液用凝胶渗透色谱净化，浓缩、定容后用气相色谱测定，外标法定量。

7.2.3.2 试剂与材料

除另有规定外，所用试剂均为分析纯，水为 GB/T 6682 规定的一级水。

（1）试剂。环己烷（C_6H_{12}）：色谱纯；乙酸乙酯（$C_4H_8O_2$）：色谱纯；正己烷（C_6H_{14}）：色谱纯；甲苯（C_7H_8）：色谱纯；无水硫酸钠（Na_2SO_4）：用前在 650℃灼烧 4h，储于干燥器中，冷却后备用。

（2）试剂配制。环己烷-乙酸乙酯混合溶剂（1+1，体积比）：取 100mL 环己烷，加入 100mL 乙酸乙酯，摇匀备用。

（3）标准品。残杀威标准物质（propoxur；分子式 $C_{11}H_{15}NO_3$；CAS No. 114-26-1）：纯度≥99%。

（4）标准溶液配制。残杀威标准储备溶液：准确称取适量的残杀威标准物质（精确至 0.1mg），用甲苯配成浓度为 1.0mg/mL 的标准储备液，保存于 4℃冰箱内。残杀威标准工作溶液：根据检测要求，分别吸取上述标准储备液用正己烷稀释成适当浓度的标准工作溶液，保存于4℃冰箱内。

(5) 材料。滤膜：0.45μm，有机系。无水硫酸钠柱：在筒形漏斗（内径1.5cm），内装约5cm高的无水硫酸钠。

7.2.3.3 仪器和设备

气相色谱仪：配有氮磷检测器（NPD）。

分析天平：感量0.01g和0.000 1g。

凝胶渗透色谱仪。

离心机。

旋转蒸发仪。

氮气吹干仪。

均质器。

7.2.3.4 分析步骤

(1) 提取。称取10g试样（精确至0.01g）于盛有20g无水硫酸钠的100mL离心管中，加入30mL环己烷-乙酸乙酯混合溶剂，用均质器在15 000r/min均质提取1.5min后，在3 000r/min离心3min。上清液通过装有无水硫酸钠的筒形漏斗，收集于100mL梨形瓶中。残渣用30mL环己烷-乙酸乙酯混合溶剂同上提取操作，合并2次提取液，用少量的环己烷-乙酸乙酯混合溶剂洗涤无水硫酸钠柱。将提取液于40℃水浴旋转蒸发至约2mL，待净化。

(2) 凝胶渗透色谱仪器条件。

净化柱：400mm×25mm，内装BIO-Beads S-X3填料或相当者。

流动相：环己烷-乙酸乙酯（1+1，体积比）。

流速：5mL/min。

进样量：5mL。

开始收集时间：1 200s。

结束收集时间：1 800s。

(3) 净化。将浓缩的提取液转移至10mL刻度离心试管中，并用环己烷-乙酸乙酯混合溶剂多次洗涤梨形瓶，合并洗液并定容至刻度。在4 000r/min离心5min后，将上清液用0.45μm有机相滤膜滤入凝胶渗透色谱仪进样瓶中。用凝胶渗透色谱仪净化，收集1 200～1 800s的流出液。将流出液用氮气吹干仪吹干，加入1.0mL正己烷溶解，混匀，供气相色谱仪测定。

7.2.3.5 色谱测定参考条件

色谱柱：HP-5，30m×0.32mm（i.d.），膜厚0.25μm，或相当者。

色谱柱温度：初始温度100℃，保持0.5min；以10℃/min的速度升至280℃，保持10min。

载气（N_2）：1.5mL/min。

氢气（H_2）：3.0mL/min。

空气：60mL/min。

检测器温度：280℃。

进样口温度：250℃。

进样体积：1.0μL。

进样方式：无分流进样，1.5min 后打开分流阀。

7.2.3.6 色谱测定

根据试样中残杀威的含量，选取适宜浓度的标准工作溶液与待测样液等体积进样。标准工作液和待测样液中残杀威的响应值应在仪器响应线性范围内。在上述色谱条件下，残杀威的保留时间约为 11.1min，根据峰面积外标法定量。

7.2.3.7 空白试验

除不加试样外，均按上述测定步骤进行。

7.2.3.8 结果计算和表述

用色谱数据处理机或按下式计算试样中残杀威的残留含量：

$$X=\frac{A\times c_s\times V}{A_s\times m}$$

式中，X 为试样中残杀威残留含量（mg/kg）；A 为试样溶液中残杀威色谱峰的峰面积；c_s 为标准工作溶液中残杀威的浓度（μg/mL）；V 为样液最终定容体积（mL）；A_s 为标准工作溶液中残杀威色谱峰的峰面积；m 为最终样液所代表的试样质量（g）。

注：计算结果须扣除空白值，测定结果用平行测定的算术平均值表示，保留两位有效数字。

7.2.3.9 残杀威标准品气相色谱图

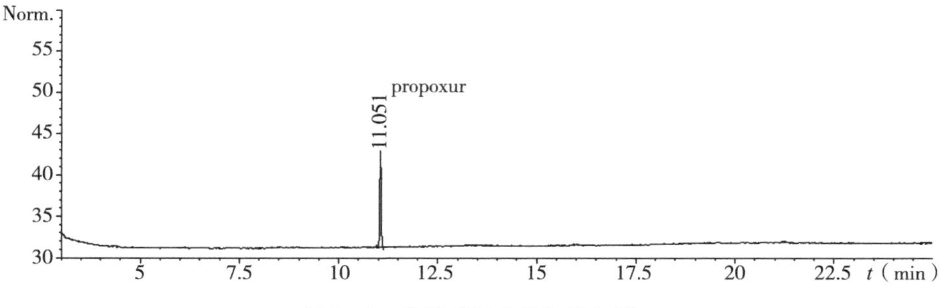

图 7-3 残杀威标准品气相色谱

7.2.4 水产品中应用

《水产品中氯氰菊酯、氰戊菊酯、溴氰菊酯多残留的测定 气相色谱法》（GB 29705-2013）。

7.2.4.1 原理

试样中残留的氯氰菊酯、氰戊菊酯和溴氰菊酯，用氯化钠脱水，乙腈提取，正己烷除脂，C_{18}柱净化，气相色谱测定，外标法定量。

7.2.4.2 试剂和材料

氯氰菊酯、氰戊菊酯、溴氰菊酯标准品：含量≥99.0%。

乙腈、甲醇、正己烷、苯、乙酸乙酯、三氯甲烷均为色谱纯。

氯化钠为优级纯，650℃灼烧4h，冷却，干燥保存，备用。

C_{18}固相萃取柱：200mg/3mL，或相当者。

氧化铝固相萃取柱：200mg/3mL，或相当者。

7.2.4.3 仪器和设备

气相色谱仪：配63Ni电子捕获检测器。

分析天平：感量0.000 01g。

均质机。

旋转蒸发仪。

离心机。

氮吹仪。

7.2.4.4 分析步骤

提取：称取试料（5±0.05）g，于50mL具塞玻璃离心管中，加乙腈15mL，振荡5min，加氯化钠1.5g振荡2min，4 000r/min离心5min，取上清液于另一具塞玻璃离心管中，残渣中加乙腈15mL，重复提取一次，合并2次上清液，加乙腈、正己烷溶液（1∶9）10mL，振荡2min，4 000r/min离心5min，除去上层正己烷溶液，乙腈液中加正己烷10mL，重复提取一次，弃上层正己烷液。取乙腈层液至鸡心瓶中，于45℃水浴旋转蒸发至干，用甲醇2mL溶解残余物，加水4mL，混匀，备用。

净化和浓缩：C_{18}柱依次用甲醇5mL、三氯甲烷5mL、甲醇水溶液5mL活化，取备用液过柱，用甲醇水溶液5mL淋洗，流干，加苯4mL洗脱，收集洗脱液，备用。氧化铝柱用乙腈5mL活化，取备用洗脱液过柱，加苯1mL洗脱，重复3次。合并3次洗脱液于10mL刻度离心管中，用苯定容至5mL，供气相色谱测定。

7.2.4.5 色谱条件

色谱柱：5%苯基和95%聚二甲基硅氧烷。

色谱柱温度：初始温度160℃，维持1min；以30℃/min的速度升至250℃，维持2min；以5℃/min升至280℃，维持10min。

柱流速：2.5mL/min，尾吹为25mL/min。

检测器温度：310℃。

进样口温度：230℃。

进样体积：1.0μL。

进样方式：无分流进样。

7.2.4.6 测定

取试样溶液和相应的标准溶液，作单点或多点校准，按外标法，以峰面积计算。标准溶液及试样溶液中氯氰菊酯、氰戊菊酯、溴氰菊酯响应值应在仪器检测的线性范围之内。

7.2.4.7 结果与计算

试样中氯氰菊酯、氰戊菊酯、溴氰菊酯的残留量按下式计算：

$$X=\frac{A\times c_s\times V}{A_s\times m}$$

式中，X 为试样中氯氰菊酯、氰戊菊酯、溴氰菊酯残留含量（μg/kg）；A 为试样溶液中氯氰菊酯、氰戊菊酯、溴氰菊酯色谱峰的峰面积；c_s 为标准工作溶液中氯氰菊酯、氰戊菊酯、溴氰菊酯的浓度（μg/mL）；V 为样液最终定容体积（mL）；A_s 为标准工作溶液中氯氰菊酯、氰戊菊酯、溴氰菊酯色谱峰的峰面积；m 为最终样液所代表的试样质量（g）。

注：计算结果须扣除空白值，测定结果用平行测定的算术平均值表示，保留 3 位有效数字。

7.2.4.8 色谱图

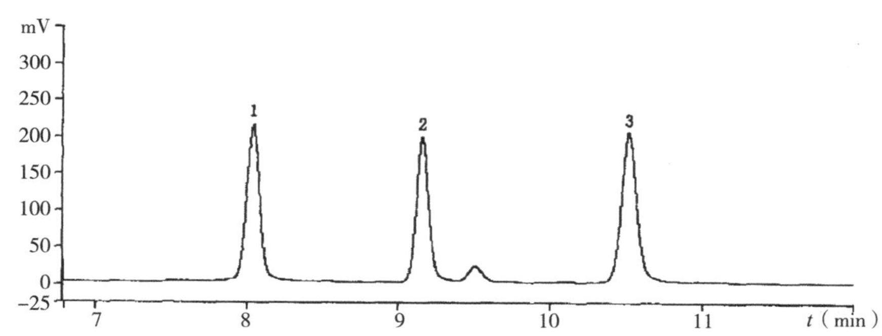

说明：

1.氯氰菊酯

2.氰戊菊酯

3.溴氰菊酯

图 7-4 氯氰菊酯、氰戊菊酯和溴氰菊酯标准溶液色谱

（氯氰菊酯 50μg/mL、氰戊菊酯 50μg/mL、溴氰菊酯 50μg/mL）

7.2.5 蛋与蛋制品中应用

《蛋与蛋制品中 ω-3 多不饱和脂肪酸的测定 气相色谱法》（NY/T 2068—2011）。

7.2.5.1 原理

样品经盐酸水解，乙醚-石油醚提取脂肪，氢氧化钾-甲醇皂化后，经三氟化硼-甲醇溶液甲酯化生成脂肪酸甲酯，通过气相色谱柱分离，以氢火焰离子化检测器检测，内标法定量。

7.2.5.2 试剂和材料

除另有说明外，所用试剂均为分析纯或以上规格，试验用水为 GB/T 6682 规定的一级水。

正己烷：色谱纯。

石油醚：沸程 30~60℃。

乙醇：体积分数≥95%。

盐酸：质量分数为 37%。

焦性没食子酸。

无水硫酸钠。

三氟化硼甲醇溶液：市售试剂的质量分数 13%~15%。

十一碳酸甘油三酯内标溶液：每毫升含十一碳酸甘油三酯 1.0mg。

脂肪酸甲酯标准物质：十一碳酸甲酯、α-亚麻酸甲酯、二十碳五烯酸甲酯、二十六碳六烯酸甲酯，纯度≥99%。

7.2.5.3 仪器设备

气相色谱仪：配 FID 检测器。

分析天平：感量 0.000 1g。

旋转蒸发仪。

离心机。

恒温水浴锅。

抽脂管。

回流装置。

7.2.5.4 分析步骤

准确称取干燥蛋制品 0.500g 样品于抽脂管中，样品中加入 100mg 焦性没食子酸、1.00mL 十一碳酸甘油三酯内标溶液以及 10mL 盐酸混匀，置于 80℃ 恒温水浴锅水解 30min，取出轻摇，冷至室温。

在抽脂管中加入 10mL 乙醇，混匀。加入 25mL 无水乙醚，加塞振摇 1min。加入 25mL 石油醚，加塞振摇 1min，静置，有机层转入磨口平底烧瓶中。再加入 25mL 无水乙醚及 25mL 石油醚，加塞振摇 1min，静置，有机层转入磨口平底烧瓶中，再加入 10mL 无水乙醚及 10mL 石油醚，加塞振摇 1min，静置，合并 3 次抽提液于磨口平底烧瓶中，用旋转蒸发仪 50℃ 下浓缩至近干。

浓缩物加入 10mL 氢氧化钾甲醇溶液置于 70℃ 水浴上回流 5~10min。再加入 5mL 三氟化硼甲醇溶液，继续回流 10min。冷却至室温，将平底烧瓶中的液体转入

50mL 离心管中，用 3mL 饱和氯化钠溶液清洗平底烧瓶，共清洗 3 次，合并饱和氯化钠溶液于 50mL 离心管，加入 10mL 正己烷，振摇后，以 5 000r/min 离心 5min，取上清液过无水硫酸钠脱水后作为试液，供气相色谱仪测定。

7.2.5.5 色谱参考条件

色谱柱：SP-2560，100m×0.25mm，0.20μm，或性能相当的色谱柱。

载气：高纯氮气（纯度大于 99.99%）。

进样口温度：220℃。

分流比：30∶1。

检测器温度：260℃。

柱温箱温度：初始温度 140℃，保持 5min，以 4℃/min 升温至 240℃，保持 15min。

载气流速：1.0mL/min。

氢气流速：30mL/min。

空气流速：300mL/min。

7.2.5.6 测定

准确吸取各不少于 2 份的 2μL 混合脂肪酸甲酯标准工作液及试液分别进样，以色谱峰面积积分定量。

7.2.5.7 结果计算

试样中各脂肪酸含量以质量分数 X_i 计，数值以“mg/100g”表示，按下式计算：

$$X_i=\frac{F_i \times A_i \times c_{c11} \times V_{c11} \times 1.0067 \times f_i}{A_{c11} \times m} \times 100$$

式中，F_i 为脂肪酸甲酯 i 的响应因子；A_i 为样品中脂肪酸甲酯 i 的峰面积；A_{c11} 为样品中的内标物十一碳酸甲酯的峰面积；c_{c11} 为十一碳酸甘油三酯的浓度（mg/mL）；V_{c11} 为样品中加入的十一碳酸甘油三酯的体积（mL）；1.006 7 为十一碳酸甘油三酯转化为十一碳酸甲酯的转换系数；f_i 为脂肪酸甲酯转化为脂肪酸的换算系数，见表 7-2；m 为样品的质量（g）。

表 7-2 脂肪酸甲酯转化为脂肪酸的换算系数一览

脂肪酸名称	f_i 转换系数
α-亚麻酸甲酯	0.952 0
二十碳五烯酸	0.955 7
二十六碳六烯酸	0.959 0

脂肪酸甲酯 i 的响应因子 F_i 按下式计算：

$$F_i=\frac{c_{si} \times A_{11}}{A_{si} \times c_{11}}$$

式中，F_i 为脂肪酸甲酯 i 的响应因子；A_{si} 为脂肪酸甲酯的峰面积；A_{11} 为十一碳酸甲酯标准溶液的峰面积；c_{11}为混标中十一碳酸甲酯的浓度（mg/mL）；c_{si}为混标中各脂肪酸甲酯 i 的浓度（mg/mL）。

7.2.5.8 气相色谱法测定各脂肪酸甲酯色谱图

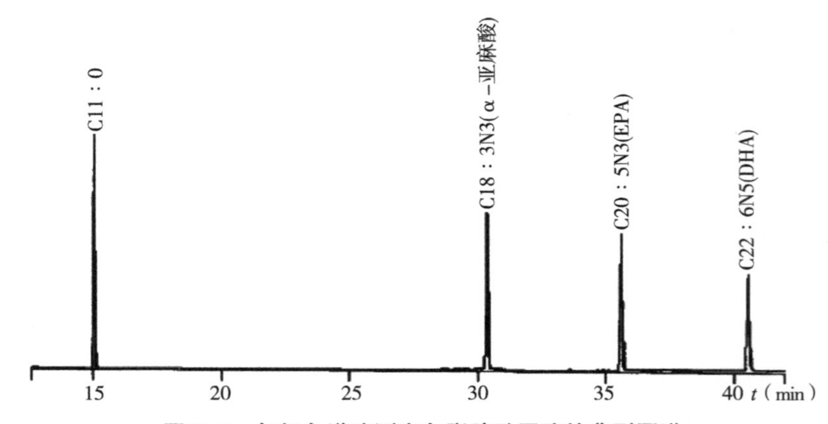

图 7-5 气相色谱法测定各脂肪酸甲酯的典型图谱

8 液相色谱法

8.1 简介

8.1.1 液相色谱理论发展简述

色谱法的分离原理为：溶于流动相中的各组分经过固定相时，由于与固定相发生作用（吸附、分配、离子吸引、排阻、亲和）的大小、强弱不同，在固定相中滞留时间不同，从固定相中先后流出。

色谱法最早由俄国植物学家茨维特（Tswett）在1906年研究用碳酸钙分离植物色素时发现的。后来在此基础上发展出纸色谱法、薄层色谱法、气相色谱法、液相色谱法。

液相色谱法开始阶段是用大直径的玻璃管柱在室温和常压下用液位差输送流动相，称为经典液相色谱法，此方法柱效低、时间长。高效液相色谱法（High performance liquid chromatography，HPLC）是在经典的液相色谱法基础上发展起来的，其以液体作为流动相，并采用颗粒极细的高效固定相的柱色谱分离技术。其分离机制与常规柱色谱相同，但填料更加精细，需高压泵推动，柱效高，分析速度快。与气相色谱不同的是液相色谱中流动相亦参与组分的分离过程，其组成、比例和pH值可灵活调节，分离模式多样。在实际操作中主要通过改变流动相的组成来调节样品在色谱柱的保留值和选择性，从而使不同样品得到分离。

高效液相色谱法的应用范围十分广泛，对样品的适用性广，不受分析对象挥发性和热稳定性的限制，几乎所有的化合物包括高沸点、极性、离子型化合物和大分子物质均可用高效液相色谱法分析测定，因而弥补了气相色谱法的不足。在目前已知的有机化合物中，可用气相色谱分析的约占20%，而80%则需用高效液相色谱来分析。HPLC因其具有分离效能高、分析速度快、检测灵敏度好、能分析和分离高沸点且不能气化的热不稳定性活性物质的特点而被广泛应用于农产品质量安全检测、食品分析、药物及临床分析等领域。

8.1.2 液相色谱分离原理

高效液相色谱法按分离机制的不同分为吸附色谱法、分配色谱法、离子色谱法、排阻色谱法及亲和色谱法。

8.1.2.1 吸附色谱法

吸附色谱法的固定相为吸附剂，色谱的分离过程是在吸附剂表面进行的，不进入固定相的内部。与气相色谱不同，流动相（即溶剂）分子也与吸附剂表面发生吸附作用。在吸附剂表面，样品分子与流动相分子进行吸附竞争，因此流动相的选择对分离效果有很大的影响，一般可采用梯度淋洗法来提高色谱分离效率。在聚合物的分析中，吸附色谱一般用来分离添加剂，如偶氮染料、抗氧化剂、表面活性剂等，也可用于石油烃类的组成分析。

8.1.2.2 分配色谱法

分配色谱的流动相和固定相都是液体，样品分子在两个液相之间很快达到平衡分配，利用各组分在两相中分配系数的差异进行分离，类似于萃取过程。

一般常用的固定液有β，β′-氧二丙腈（ODPN）和角鲨烷（SQ）。采用与气相色谱（GC）同样的方法，将固定液涂渍在多孔的载体表面，但在使用中固定液易流失。目前，应用较多的是键合固定相。在这种固体相中，固定液不是涂在载体表面，而是通过化学反应在纯硅胶颗粒表面键合上某种有机基团。如利用氯代十八烷基硅烷与硅胶表面的羟基（-OH）之间的反应就可以形成一烷基化表面。这种固定液的优点是不易被流动相剥蚀。在分配色谱法中，流动相可为纯溶剂，也可以采用混合溶剂进行梯度淋洗，其极性应与固定液差别大一些，以防两者之间相溶。通常可分为正相分配和反相分配。

8.1.2.3 离子交换色谱法

离子交换色谱通常用离子交换树脂作为固定相。一般是样品离子与固定相离子进行可逆交换，由于各组分离子的交换能力不同，从而达到色谱的分离。离子交换色谱法是新发展起来的一项现代分析技术，已大范围用于氨基酸、蛋白质的分析，也适合于某些无机离子（NO_3^-、SO_4^{2-}、Cl^-等无机阴离子和 Na^+、Ca^{2+}、Mg^{2+}、K^+等无机阳离子）的分离和分析，具有重要的作用。

8.1.2.4 排阻色谱法（SEC）

排阻色谱法亦称空间排阻色谱法或凝胶渗透色谱法，是一种根据试样分子的尺寸进行分离的色谱技术。排阻色谱的分离机理是立体排阻，样品组分与固定相之间不存在相互作用的现象。色谱柱的填料是凝胶，它是一种表面惰性，含有许多不同尺寸的孔穴或立体网状物质。凝胶的孔穴大小与被分离的试样大小相当，仅允许直径小于孔开度的组分分子进入，这些孔对流动相分子来说是相当大的，以致流动相分子可以自由地出入。对不同大小的组分分子，可分别渗入凝胶孔内的不同深度，大个的组分分子可以渗入凝胶的大孔内，但进不了小孔，甚至于完全被排斥。小个的组分分子，大孔小孔都可以进去，甚至进入很深，一时不易洗脱出来。因此，大的组分分子在色谱柱中停留时间较短，很快被洗出，它的洗脱体积（即保留时间）很小。小的组分分子在色谱柱中停留时间较长，洗脱体积较大，直到所有孔内的最小分子到达柱出口，洗脱过程才算完成。排阻色谱用于分析多肽、蛋白质、核酸、多糖等。

8.1.2.5 亲和色谱法

亲和色谱法也称为亲和层析法，是一种利用固定相的结合特性来分离分子的色谱方法。亲和色谱在凝胶过滤色谱柱上连接与待分离的物质有一定结合能力的分子，并且它们的结合是可逆的，在改变流动相条件时二者还能相互分离。亲和色谱可以用来从混合物中纯化或浓缩某一分子，也可以用来去除或减少混合物中某一分子的含量。

亲和色谱分离的通常是混合在溶液中的物质，比如细胞内容物、培养基或血浆等。待分离的分子在通过色谱柱时被固定相或介质上的基团捕获，而溶液中其他的物质可以顺利通过色谱柱。然后把固态的基质取出后洗脱，目标分子即被洗脱下来。如果分离的目的是去除溶液中某种分子，那么只要分子能与介质结合即可，可以不必进行洗脱，再生时调整流动相将杂质洗脱。

8.1.3 基本概念和术语

8.1.3.1 色谱图和峰参数

(1) 色谱图（Chromatogram）。样品流经色谱柱和检测器，所得到的信号-时间的曲线，又称色谱流出曲线（Elution profile）。

(2) 基线（Seie）。经流动相冲洗，柱与流动相达到平衡后，检测器测出一段时间的流出曲线。

(3) 噪音（Nois）。基线信号的波动。通常因电源接触不良或瞬时过载、检测器不稳定、流动相含有气泡或色谱柱被污染所致。

(4) 漂移（Drif）。基线随时间的缓缓变化。主要由于操作条件如电压、温度、流动相及流量的不稳定所引起，柱内的污染物或固定相不断被洗脱下来也会产生漂移。

(5) 色谱峰（Peak）。组分流经检测器时响应的连续信号产生的曲线，流出曲线上的突起部分。正常色谱峰近似于对称的正态分布曲线。不对称色谱峰有前延峰（Leading peak）和拖尾峰（Tailing peak）两种。

(6) 拖尾因子（Tailing factor）。用以衡量色谱峰的对称性，也称为对称因子（Symmetry factor）或不对称因子（Asymmetry factor）。

(7) 峰底（Peak base）。基线上峰的起点至终点的距离。

(8) 峰高（Peak heighth）。峰的最高点至峰底的距离。

(9) 峰宽（Peak width，W）。峰两侧拐点处所作两条切线与基线的两个交点间的距离。$W=4\sigma$。

(10) 半峰宽（Peak width at hal-height，$W_{h/2}$）。峰高一半处的峰宽。$W_{h/2}=2.355\sigma$。

(11) 标准偏差（Tandard deviation，σ）。正态分布曲线 $x=\pm1$ 时（拐点）的

峰宽之半。正常峰的拐点在峰高的 0.607 倍处。标准偏差的大小说明组分在流出色谱柱过程中的分散程度。σ 小，分散程度小、极点浓度高、峰形瘦、柱效高；反之，σ 大，峰形胖、柱效低。

（12）峰面积（Peak area，A）。峰与峰底所包围的面积。$A=1.064W_{h/2}$。

8.1.3.2 定性参数（保留值）

（1）死时间（Dead time）。不保留组分的保留时间。即流动相（溶剂）通过色谱柱的时间。

（2）死体积（Dead volume，V_0）。由进样器进样口到检测器流通池未被固定相所占据的空间。它包括 4 部分：进样器至色谱柱管路体积、柱内固定相颗粒间隙（被流动相占据，V_m）、柱出口管路体积、检测器流通池体积。

（3）保留时间（Retention time，t_R）。从进样开始到某个组分在柱后出现浓度极大值的时间。

（4）保留体积（Retention volume，V_R）。从进样开始到某组分在柱后出现浓度极大值时流出溶剂的体积，又称洗脱体积。$V=F\times t_R$（F 为流速）。

（5）调整保留时间（Adjusted retention time，t'_R）。扣除死时间后的保留时间，也称折合保留时间（Reduced retention time）。在试验条件（温度、固定相等）一定时，t'_R只决定于组分的性质。

（6）调整保留体积（Adjusted retention volume，V'_R）。扣除死体积后的保留体积。

8.1.3.3 柱效参数

理论塔板数（Theoretical plate number，N）。理论塔板数用于定量表示色谱柱的分离效率（简称柱效）。N 取决于固定相的种类、性质（粒度、粒径分布等）、填充状况、柱长、流动相的种类和流速及测定柱效所用物质的性质。理论塔板数=5.54（保留时间/半高峰宽）^{2}=16×（t/w）^{2}，其中 t 是溶质从进样到最大洗脱峰出现的时间，w 为该溶质的洗脱峰在基线处的宽度。

在一张多组分色谱图上，如果各组分在一色谱柱中用相同的洗脱条件时，不同化合物的滞留时间与其洗脱峰宽度之比接近常数。因此理论塔板数大的色谱柱效率高。当然，N 的大小和柱子长度有密切关系：理论塔板高度（H）= 柱长/N，用 H 可以衡量单位长度的色谱柱效率，H 越小，则色谱柱效率越高。

N 为常量时，w 随 t_R成正比例变化。在一张多组分色谱图上，如果各组分含量相当，则后洗脱的峰比前面的峰要逐渐加宽，峰高则逐渐降低。用半峰宽计算理论塔板数比用峰宽计算更为方便和常用，因为半峰宽更容易准确测定，尤其是对稍有拖尾的峰。

若用调整保留时间（t'_R）计算理论塔板数，所得值称为有效理论塔板数（N 有效或 Neff）= 16（t'_R/w）^{2}。

8.1.3.4 相平衡参数

（1）分配系数（Distribution coefficien，K）。分配系数是指在一定温度下，化合物在两相间达到分配平衡时，在固定相与流动相中的浓度之比。分配系数与组分、流动相和固定相的热力学性质有关，也与温度、压力有关。在不同的色谱分离机制中，K 有不同的概念：吸附色谱法为吸附系数，离子交换色谱法为选择性系数（或称交换系数），凝胶色谱法为渗透参数。但一般情况可用分配系数来表示。

在条件（流动相、固定相、温度和压力等）一定，样品浓度很低时（Cs、Cm 很小）时，K 只取决于组分的性质，而与浓度无关。这只是理想状态下的色谱条件，在这种条件下，得到的色谱峰为正常峰；在许多情况下，随着浓度的增大，K 减小，这时色谱峰为拖尾峰；而有时随着溶质浓度增大，K 也增大，这时色谱峰为前延峰。因此，只有尽可能减少进样量，使组分在柱内浓度降低，K 恒定时，才能获得正常峰。

在同一色谱条件下，样品中 K 值大的组分在固定相中滞留时间长，后流出色谱柱；K 值小的组分则滞留时间短，先流出色谱柱。混合物中各组分的分配系数相差越大，越容易分离，因此混合物中各组分的分配系数不同是色谱分离的前提。

在 HPLC 中，固定相确定后，K 主要受流动相的性质影响。实践中主要靠调整流动相的组成配比及 pH 值，以获得组分间的分配系数差异及适宜的保留时间，达到分离的目的。

（2）容量因子（Capacity factor，k）。容量因子是指在一定温度和压力下，组分在两相（固定相和流动相）分配达平衡时，分配在固定相和流动相中的质量比。容量因子常称作保留因子。

容量因子 k 与保留时间之间有如下关系：$k=t_R'/t_0$。上式说明容量因子的物理意义：表示一个组分在固定相中停留的时间（t_R'）是不保留组分保留时间（t_0）的几倍。$k=0$ 时，化合物全部存在于流动相中，在固定相中不保留，$t_R'=0$；k 越大，说明固定相对此组分的容量越大，出柱慢，保留时间越长。

容量因子与分配系数的不同点是：K 取决于组分、流动相、固定相的性质及温度，而与体积 V_s、V_m 无关；k 除了与性质及温度有关外，还与 V_s、V_m 有关。由于 t_R'、t_0较 V_s、V_m 易于测定，所以容量因子比分配系数应用更广泛。

分配系数 K 和分配比 k 的关系：$K=k\times\beta$，β 为相比率，是反映各种色谱柱柱形特点的又一个参数，$\beta=V_m/V_s$，V_m 为流动相的体积，即死时间（t_0）与流动相流速的乘积，V_s 为色谱柱中固定相的体积。对填充柱其 β 值一般为 6~35，对毛细管其 β 值为 60~600。

影响容量因子的因素有离子对试剂的种类和浓度；流动相的 pH 值；固定相、流动相性质。

（3）选择性因子（Selectivity factor，α）。选择性因子又称分配系数比、分离因子，相邻两组分的分配系数或容量因子之比。$\alpha=k_2/k_1$（设 $k_2>k_1$）。因 $k=t_R'/t_0$，则 $\alpha=t_{R2}'/t_{R1}'$，所以 α 又称为相对保留时间。

要使两组分得到分离，必须使 $\alpha\neq1$。α 与化合物在固定相和流动相中的分配性质、柱温有关，与柱尺寸、流速、填充情况无关。从本质上来说，α 的大小表示两组分在两相间的平衡分配热力学性质的差异，即分子间相互作用力的差异。

8.1.3.5 分离参数

分离度（Resolution，R）。分离度又称分辨率，为了判断分离物质在色谱柱中的分离情况，常用分离度作为柱的总分离效能指标，用 R 表示。R 越大，表明相邻两组分分离越好。

分离度计算公式：$R=2\ (t_{R2}-t_{R1})\ /\ (W_1+W_2)$，$t_{R2}$为相邻两峰中后一峰的保留时间；$t_{R1}$为相邻两峰中前一峰的保留时间；$W_1$、$W_2$为此相邻两峰的峰宽。

8.1.4 塔板理论

8.1.4.1 塔板理论的基本假设

塔板理论是 Martin 和 Synger 首先提出的色谱热力学平衡理论。塔板理论将色谱柱看作一个分馏塔，待分离组分在分馏塔的塔板间移动，在每一个塔板内组分分子在固定相和流动相之间形成平衡，随着流动相的流动，组分分子不断从一个塔板移动到下一个塔板，并不断形成新的平衡。一个色谱柱的塔板数越多，则其分离效果就越好。塔板理论的基本假设如下。

（1）塔板之间不连续。

（2）塔板之间无分子扩散。

（3）组分在各塔板内两相间的分配瞬间达至平衡，达一次平衡所需柱长为理论塔板高度 H。

（4）某组分在所有塔板上的分配系数相同。

（5）流动相以不连续方式加入，即以一个一个的塔板体积加入。

当塔板数较少时，组分在柱内达分配平衡的次数较少，流出曲线呈峰形，但不对称；当塔板数>50 时，峰形接近正态分布。根据呈正态分布的色谱流出曲线可以导出计算塔板数。虽然以上假设与实际色谱过程不符，如色谱过程是一个动态过程，很难达到分配平衡；组分沿色谱柱轴方向的扩散是不可避免的。但是塔板理论导出了色谱流出曲线方程，成功地解释了流出曲线的形状、浓度极大点的位置，能够评价色谱柱柱效。

8.1.4.2 色谱流出曲线方程及定量参数（峰高 h 和峰面积 A）

根据塔板理论，流出曲线可用下述正态分布方程来描述。

$$C=\frac{m\sqrt{N}}{V_R\sqrt{2\pi}}e^{\frac{-N(t-t_R)^2}{2t_R^2}}$$

式中，m 为某组分的质量；V_R为某组分的保留时间；N 为塔板数；t 为某时刻；t_R为保留时间。

由色谱流出曲线方程可知：当 $t=t_R$时，浓度 C 有极大值，$C_{\max}=\frac{m\sqrt{N}}{V_{R\sqrt{2\pi}}}$。$C_{\max}$就是

色谱峰的峰高。因此上式说明：①当试验条件一定时（即 σ 一定），峰高 h 与组分的量 C_0（进样量）成正比，所以正常峰的峰高可用于定量分析。②当进样量一定时，σ 越小（柱效越高），峰高越高，因此提高柱效能提高 HPLC 分析的灵敏度。

由流出曲线方程对 V（0～∞）求积分，即得出色谱峰面积 $A=\sqrt{2\pi}\sigma h_{max}\times\sigma$，将常用的定量参数 $C_{max}=h$ 和 $W_{h/2}=2.355\sigma$ 代入上式，即得 $A=1.064\times W_{h/2}\times h$，此为正常的峰面积计算公式。

8.1.5 速率理论

8.1.5.1 液相色谱速率方程

1956 年荷兰学者范第姆特（Van Deemter）等吸收塔板理论中的一些概念，并进一步把色谱分配过程与分子扩散和气液两相中的传质过程联系起来，建立了色谱过程的动力学理论，即速率理论。速率理论认为，单个组分分子在色谱柱内固定相和流动相间要发生千万次转移，加上分子扩散和运动途径等因素，它在柱内的运动是高度不规则的，是随机的，在柱中随流动相前进的速率是不均一的。与偶然误差造成的无限多次测定的结果呈正态分布相类似，无限多个随机运动的组分粒子流经色谱柱所用的时间也是正态分布的。t_R是其平均值，即组分分子的平均行为。

速率理论更重要的贡献是提出了范第姆特方程式。它是在塔板理论的基础上，引入影响塔板高度的动力学因素而导出的。它表明了塔板高度（H）与载气线速（u）以及影响 H 的 3 项因素之间的关系，其简化式为：

$$H=A+B/u+Cu$$

式中，A、B、C 为常数，A 称为涡流扩散项，B/u 称为分子扩散项，Cu 称为传质项；u 为载气线速率，即一定时间里载气在色谱柱中的流动距离，单位为 cm/s。由式中关系可见，当 u 一定时，只有当 A、B、C 较小时，H 才能有较小值，才能获得较高的柱效能；反之，色谱峰扩张，柱效能较低，所以 A、B、C 为影响峰扩张的 3 项因素。

后来 Giddings 和 Snyder 等人在 Van Deemter 方程的基础上，根据液体与气体的性质差异，提出了液相色谱速率方程（即 Giddings 方程）：

$$H=2\lambda d_p+2\gamma D_m/u+（C_{mm}'\times d_p^2/D_m+C_{sm}'\times d_p^2/D_m+C_s'\times d_f^2/D_s）u$$

式中，C_{mm}'为与色谱柱内径、形状和填料性质有关的常数；C_{sm}'为与 k 有关的常数；C_s'为与 k 有关的常数；D_m为组分在流动相中的扩散系数；D_s为组分在固定相中的扩散系数；d_p为固定相的平均颗粒直径；d_f为载体上的固定液液膜厚度；γ 为弯曲因子；λ 为固定相的填充不均匀因子。

8.1.5.2 影响柱效的因素

（1）涡旋扩散。由于色谱柱内填充剂的几何结构不同，分子在色谱柱中的流速不同而引起的峰展宽。涡流扩散项 $A=2\lambda d_p$，d_p为填料直径，λ 为填充不规则因子，填充越不均匀 λ 越大。HPLC 常用填料粒度一般为 3～10μm，最好在 3～5μm，粒度分布 RSD≤5%，但粒度太小难于填充均匀（λ 大），且会使柱压过高。大而均匀（球形或近球形）的颗粒容易填充规则均匀，λ 越小。

（2）分子扩散。由于进样后溶质分子在柱内存在浓度梯度，导致轴向扩散而引起的峰展宽。分子扩散项 $B/u=2\gamma D_m/u$。u 为流动相线速度，分子在柱内的滞留时间越长（u 小），展宽越严重。在低流速时，它对峰形的影响较大。D_m 为分子在流动相中的扩散系数，由于液相的 D_m 很小，通常仅为气相的 $10^{-5}\sim10^{-4}$，因此在 HPLC 中，只要流速不太低的话，这项可以忽略不计。γ 是考虑到填料的存在使溶质分子不能自由地轴向扩散，而引入的柱参数，用以对 D_m 进行校正。γ 一般在 0.6~0.7，毛细管柱的 $\gamma=1$。

（3）传质阻抗。由于溶质分子在流动相、静态流动相和固定相中的传质过程而导致的峰展宽。溶质分子在流动相和固定相中的扩散、分配、转移的过程并不是瞬间达到平衡，实际传质速度是有限的，这一时间上的滞后使色谱柱总是在非平衡状态下工作，从而产生峰展宽。

8.1.5.3　柱外效应

速率理论研究的是柱内峰展宽因素，实际在柱外还存在引起峰展宽的因素，即柱外效应（色谱峰在柱外死空间里的扩展效应）。色谱峰展宽的总方差等于各方差之和，即：

$$\sigma^2=\sigma^2_{柱内}+\sigma^2_{柱外}+\sigma^2_{其他}$$

柱外效应主要由低劣的进样技术、从进样点到检测池之间除柱子本身以外的所有死体积所引起。为了减少柱外效应，首先应尽可能减少柱外死体积，如使用“零死体积接头”连接各部件，管道对接宜呈流线形，检测器的内腔体积应尽可能小。

柱外效应的直观标志是容量因子 k 小的组分（如 $k<2$）峰形拖尾和峰宽增加的更为明显，k 大的组分影响不显著。由于 HPLC 的特殊条件，当柱子本身效率越高（N 越大），柱尺寸越小时，柱外效应越显得突出，而在经典 LC 中则影响相对较小。

8.1.6　高效液相色谱仪结构

8.1.6.1　流动相储液罐和溶剂处理系统

（1）储液罐的构成。储液罐的材料应耐腐蚀，可用玻璃、不锈钢、氟塑料或特种塑料聚醚酮（PEEK），一般容积为 0.5~2.0L。对凝胶色谱仪、制备型仪器，其容积应更大些。储液罐放置位置要高于泵体，以便保持一定的输液静压差。使用过程储液罐应密闭，以防溶剂蒸发引起流动相组成的变化，还可防止空气中 O_2、CO_2 重新溶解于已脱气的流动相中。

在通用的液相色谱系统中，应该使用数个溶剂储存器来提供梯度洗脱装置。对某些梯度洗脱法，溶剂的供应可采用多通阀系统从各储存器中连续不断地引出来，此多通阀系统也必须由惰性材料制成。在溶剂储存系统中经常包括这样一个多通阀，以便对不同分析或为了清洗柱的目的能够迅速地选择特定的溶剂。

（2）流动相的过滤器。所有溶剂在放入储液罐之前必须经过0.45μm滤膜过滤，除去溶剂中的机械杂质，以防输液管道或进样阀产生阻塞现象。对输出流动相的连接管路，其插入储液罐的一端，通常连有孔径为0.45μm的多孔不锈钢过滤器或由玻璃制成的专用膜过滤器。

过滤器的滤芯是用不锈钢烧结材料制造的，孔径2~3μm，耐有机溶剂的侵蚀。若发现过滤器堵塞（即流量减小的现象），可将其浸入稀HNO_3溶液中，在超声波清洗器中用超声波振荡10~15min，即可将堵塞的固体杂质洗出。若清洗后仍不能达到要求，则应更换滤芯。

（3）流动相的脱气。流动相在使用前必须进行脱气处理，以除去其中溶解的气体，以防止在洗脱过程中当流动相由色谱柱流至检测器时，因压力降低而产生气泡。若在低死体积检测池中存在气泡会增加基线噪声，严重时会造成分析灵敏度下降，从而无法进行分析。此外溶解在流动相中的氧气，会造成荧光猝灭，影响荧光检测器的检测，还会导致样品中某些组分被氧化或使柱中固定相发生降解而改变柱的分离性能。

常用的脱气方式有抽真空脱气和超声波脱气。抽真空脱气是使用微型真空泵，将压力降至0.05~0.07MPa，以除去流动相中溶解的气体。超声波脱气则是将欲脱气的流动相放于超声波清洗器中，用超声波振荡脱气，改善脱气效果可通过调节超声波发生器的功率（W）和振荡频率（Hz）来实现。

此外，一些新型的仪器系统在储液罐后会串联脱气装置，并结合膜过滤器，实现了流动相在进入输液泵前的连续脱气。这种脱气方法效果较好，已在高效液相色谱仪中推广使用。

（4）流动相溶剂的一般要求。

①高纯度，由于高效液相色谱灵敏度高，对流动相溶剂的纯度也要求高。不纯的溶剂会引起基线不稳，或产生“伪峰”。痕量杂质的存在，也影响被测组分的分离纯度。

②流动相要与固定相互不相溶，应避免使用会引起柱效损失或保留特性变化的溶剂。

③流动相要对分析样品具有合适的极性和良好的选择性，化学性质稳定，不与样品发生反应且本身不易聚合。

④低黏度，溶剂黏度过高会增加系统压力，不利于样品的分析。常用的低黏度溶剂有乙腈、甲醇、乙醇、丙酮、水等。但黏度过低的溶剂，如戊烷、乙醚等，易在色谱柱或者检测器中形成气泡，影响样品分析，也不宜采用。

8.1.6.2 高压输液泵

高压输液泵是高效液相色谱仪的重要部件，它将流动相输入到柱系统，使样品在柱系统中完成分离过程。其应具备流量稳定、输出压力高、流量范围广、耐酸碱和缓冲液腐蚀、压力变动小、空间小、易于清洗和更换溶剂及具有梯度洗脱功能等。

高压输液泵可以分为恒压泵和恒流泵两类，恒压泵可以输出一个稳定不变的压力，但当系统的阻力变化时，输入压力虽然不变，流量却随阻力而变。恒流泵则无论系统压力如何变化，都可以保证其流量基本不变。在色谱分析中，柱系统的阻力总是要变的，因此恒流泵比恒压泵显得更优越，目前使用较为普遍。

目前在高效液相色谱中使用最为广泛的是往复柱塞泵，它属于恒流泵。常用类型如下。

（1）双柱塞往复式并联泵。双柱塞往复式并联泵的结构如图 8-1 所示，其通常由电动机带动凸轮（或偏心轮）转动，再用凸轮驱动双活塞杆做往复运动，通过单向阀的开启和关闭，定期将储存在液缸里（0.1～0.5mL）的液体以高压连续输出。当改变电动机转速时，通过调节活塞冲程的频率（30～100 次/min），就可调节输出液体的流量。隔膜式往复泵的工作原理与柱塞式往复泵相似，只是流动相接触的不是活塞，而是具有弹性的不锈钢或聚四氟乙烯隔膜。此隔膜经液压驱动脉冲式地排出或吸入流动相。隔膜式往复泵的优点是可避免流动相被污染。

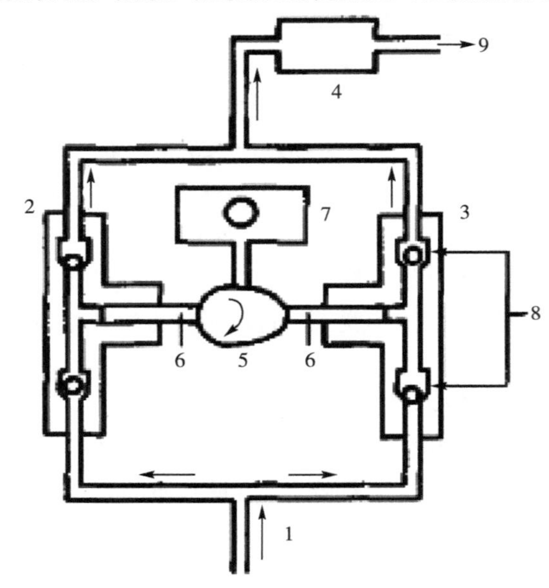

1. 流动相入口；2，3. 带有单向阀的泵头；4. 脉冲缓冲器；
5. 偏心轮；6. 活塞；7. 电动机；8. 单向阀；9. 至进样口

图 8-1 柱塞往复式并联泵示意图

（2）双柱塞往复式串联泵。双柱塞往复式串联泵结构如图 8-2 所示，它由系统控制的一个可变阻尼电动机从相反方向推动两个球形螺旋传动装置，由于球形螺旋传动装置的齿轮有不同的圆周（2∶1），使第一个活塞的运动速度是第二个活塞的 2 倍。它启动时，通过运行一个初始程序来决定两个柱塞向上移动能到达的最高位置，然后再向下移动至一个预定高度，控制器将两个活塞位置储存在记忆中，完成初始化设定，泵Ⅰ和泵Ⅱ就按设定参数操作。当驱动电动机正向运转时，泵Ⅰ流动相入口主动单向阀打开，柱塞Ⅰ向下移动，将流动相吸入泵Ⅰ内，与此同时，泵Ⅱ柱塞Ⅱ向上移动，将流动相送入色谱系统。在完成设定的第一种柱塞运行冲程长度后，驱动电动机停止，泵Ⅰ入口主动单向阀关闭。然后驱动电动机反向运转，泵

Ⅰ流动相出口被动单向阀打开，此时柱塞Ⅰ向上移动，泵Ⅱ柱塞Ⅱ向下移动，使泵Ⅰ中流动相转移至泵Ⅱ，就完成了设定的第二种柱塞运行程序。重复进行上述过程，就使泵Ⅰ吸入的流动相连续不断进入泵Ⅱ，而泵Ⅱ每次仅排出压入流动相的一半，如此实现了以恒定流量连续向色谱系统输液。双柱塞往复式串联泵的主要特点是仅在泵Ⅰ配有一组单向阀，全部操作用计算机进行控制。

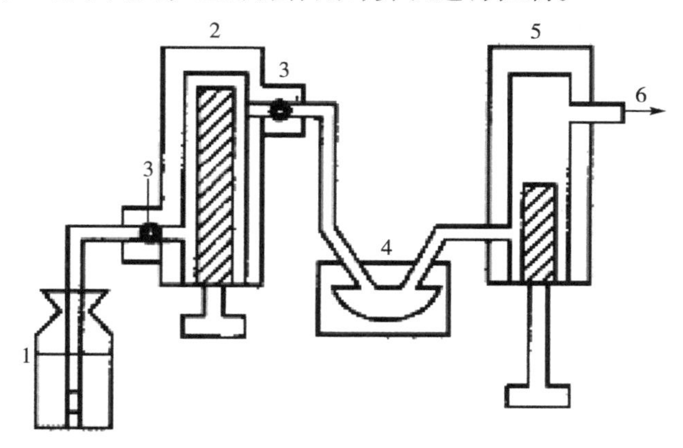

1. 储液罐；2. 泵Ⅰ（柱塞Ⅰ）；3. 单向阀；4. 阻尼器；5. 泵Ⅱ（柱塞Ⅱ）；6. 至色谱柱

图 8-2　高效液相色谱仪双柱塞往复式串联泵示意图

（3）双柱塞各自独立驱动的往复式串联泵。1996 年美国 Waters 公司研制了 Alliance 高效液相色谱系统，其中 2690 分离单元提供了双柱塞各自独立驱动的往复式串联泵，其性能优于前述双柱塞往复式并联泵和双柱塞往复式串联泵，在高效液相色谱仪和超高效液相色谱仪中已获得广泛的应用。图 8-3 为 Alliance 2690 双柱塞各自独立驱动往复式串联泵的结构示意图。

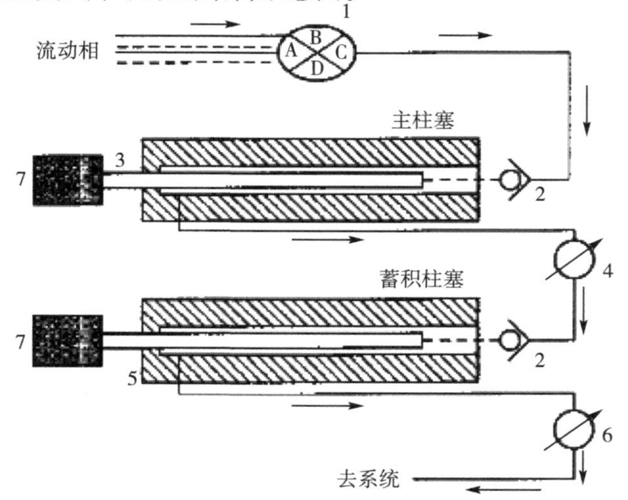

1. 梯度比例阀（GPV）；2. 进口单向阀；3. 主柱塞杆；4. 主压力传感器；5. 蓄积柱塞杆；6. 系统压力传感器；7. 独立柱塞驱动电动机

图 8-3　Alliance 2690 双柱塞各自独立驱动往复式串联泵结构示意图

Alliance 2690分离单元具有以下特点。

①主柱塞泵和蓄积柱塞泵，由两个互相独立的线性电动机分别驱动实现匀速的直线运动，二者互不影响，无压力波动，不用任何阻尼器或梯度混合器。

②蓄积柱塞泵向系统输送绝大部分溶液，主柱塞泵主要是传递溶液。

③使用两个压力传感器，实时感应并调整柱塞泵内的压力，使两个柱塞泵间溶液的交换平稳地进行。

④系统中两个泵皆没有出口单向阀，使故障率大大降低。

8.1.6.3 进样系统

进样系统是将分析样品引入色谱柱的装置，要求重复性好，死体积小，保证柱中心进样，进样时色谱柱系统流量波动要小，便于实现自动化等。常用的进样器为六通阀进样装置，其结构见图8-4。六通阀进样装置的原理与气相色谱中的气体样品的六通阀进样完全相似。此阀的阀体用不锈钢材料，旋转密封部分由坚硬的合金陶瓷材料制成，既耐磨，密封性能又好。

目前高效液相色谱常用的进样装置有手动进样和自动进样两种。

手动进样时，将进样阀手柄置“取样”位置，用特制的平头注射器（10μL）吸取比定量管体积（5μL或10μL）稍多的样品从“6”处注入定量管，多余的样品由“5”排出。再将进样阀手柄置“进样”位置，流动相将样品携带进入色谱柱。此种进样重现性好，能耐20MPa高压。

自动进样装置，有圆盘式、链式和笔标式等不同方式，由计算机自动控制定量阀完成进样工作。取样、进样、复位、样品管路清洗和样品盘的转动，全部按预定程序自动进行，一次可进行几十个或上百个样品的自动分析。自动进样的样品量可连续调节，进样重复性高，适合作大量样品分析。此装置一次性投资很高，但操作相对简单，操作者只需将制备好的样品待测液经针头式过滤器过滤后置于进样小瓶中，按顺序装入储样装置，然后在电脑的仪器工作站内设定好批进样程序即可。

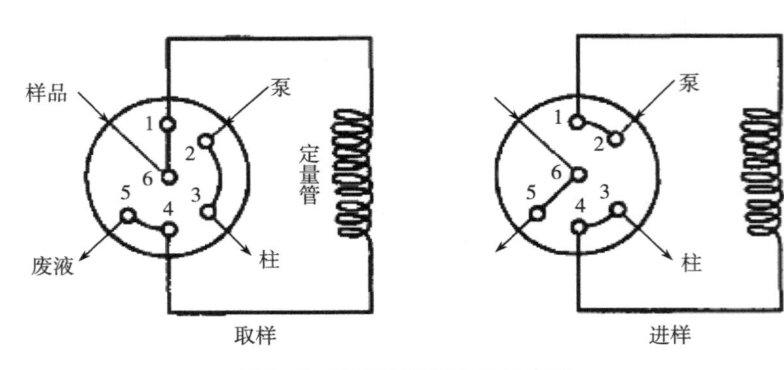

图8-4 高压六通阀进样示意图

8.1.6.4 色谱柱

色谱柱是色谱分离的核心，是高效液相色谱仪最重要的组件之一。色谱柱由柱管和固定相组成。柱管一般为内壁抛光的不锈钢管，柱头装有不锈钢烧结材料的微孔过滤片，阻挡流动相中微粒杂质以保护色谱柱。固定相采用匀浆高压装柱。

（1）色谱柱规格和填料。液相色谱柱按内径大小可大致分为常规分析柱、制备或半制备柱、小内径或微径柱、毛细管柱 4 种类型。标准填充柱柱管内径为 4.6mm 或 3.9mm，长 10~50cm，填料粒度 5~10μm。若使用 3~5μm 填料，柱长可减至 5~10cm。当使用内径为 0.5~1.0mm 的微孔填充柱或内径为 30~50μm 的毛细管柱时，柱长为 15~50cm。现在应用最多的分析柱是 25cm 长，内径 4.6mm，填料粒径 5μm，其柱效为 40 000~60 000 塔板/m。

高效液相色谱柱装填的固定相以多孔球形或无定形硅胶、三氧化二铝、二氧化锆、苯乙烯-二乙烯基苯共聚微球、脲醛树脂微球为基体，其表面经化学改性并经化学键合制成，如非极性烷基（C_4、C_8、C_{18}）、苯基固定相，弱极性的酚基、醚基、二醇基、芳硝基固定相和极性氰基、氨基、二氨基固定相；具有磺酸基和季铵基的离子色谱固定相；具有不同孔径的凝胶色谱固定相。此外还有 2~4μm 的非多孔硅胶、二氧化锆和脲醛树脂-二氧化锆复合微球为基体的键合固定相，以解决高分子量的生物大分子蛋白质、核酸的快速分析问题。

（2）保护柱。保护柱是内径为 1.0mm、2.1mm、3.2mm、4.6mm 或 10mm、20mm、40mm，长为 7.5mm、10mm 或 20~60mm 的短填充柱，通常填充和分析柱相同的填料（固定相），可看作是分析柱的缩短形式，安装在分析柱前。其作用是收集、阻断来自进样器的机械和化学杂质，以保护和延长分析柱的使用寿命。一个 1cm 长的保护柱就能提供充分的保护作用。若选用较长的保护柱，可降低污染物进入分析柱的机会，但会引起谱带扩张。因此选择保护柱的原则是在满足分离要求的前提下，尽可能选择对分离样品保留低的短保护柱。

保护柱也可装填和分析柱不同的填料，如较粗颗粒的硅胶（10~15μm）或聚合物填料，但柱体积不宜过大，以降低柱外效应的影响。

保护柱装填的填料较少，价格较低，其为消耗品，通常可分析 50~100 次样品，柱压力降呈现增大的趋向就是需要更换保护柱的信号。

（3）色谱柱的使用温度。在色谱分离时，流动相的黏度和对组分的洗脱能力受温度的影响较大，因日间与日内环境温度差异，可能造成同一组分、同一种流动相在同一台仪器上的不同时段的保留时间有差异，给物质的定性和定量测定带来不良影响。因此需要柱恒温箱来保持色谱柱工作时温度恒定，从而确保高效液相色谱仪检测的重现性。

8.1.6.5 检测器

高效液相色谱仪的检测器是检测色谱过程中组分的浓度随时间变化的部件，应具有灵敏度高、噪声低、死体积小、线性范围宽、重现性好、对温度和流速的变化不敏感、适用化合物广等特点。现有的检测器可分为两种基本类型：一种是溶质性质检测器，即只对被分离组分的物理或化学特性有响应，如紫外吸收检测器（Ultraviolet absorption detector，UV）、荧光检测器（Fluorescence detector，FLD）和电化学检测器（Electrochemical detector，ECD）；另一种是总体检测器，即对试样和流动相总的物理或化学性质有响应，如示差折光检测器（Differential refractive index detector，RID）。目前在农产品检测领域应用最多的是紫外吸收检测器（Ultraviolet absorption detector，UV）、二极管阵列检测器（Photo-diode array detector，PDAD）和荧光检测器（Fluorescence detector，FLD）。

（1）紫外吸收检测器。紫外吸收检测器是目前液相色谱中使用最普遍的检测器，其特点是灵敏度较高，线性范围宽，噪声低，适用于梯度洗脱，检测后不破坏样品，可用于制备色谱，并能与任何检测器串联使用。其检测原理和基本结构与一般光分析仪器相似，主要由光源、单色器、流通池或者吸收池和接收元件组成。

根据检测器光路设计不同，可分为单光路和双光路两种类型。根据光源和单色器不同，有单波长、多波长、紫外/可见光等多种类型。单波长检测器常采用发射254nm 的低压汞灯为光源，无滤光片或单色器，结构简单，灵敏度较高。多波长检测器以中压汞灯、氘灯或氢灯为光源，发射 200~400nm 范围连续光谱，通过滤光片选择所需工作波长，其灵敏度略低于单波长检测器。紫外/可见光吸收检测器采用反光镜切换氘灯或钨灯为光源，波长范围 190~700nm，通过光栅选择某固定波长或根据组分性质选择最佳波长，亦可连续或停留扫描获得组分光谱图，透过光的接收元件一般是光敏电阻或光电管，光电变换信号由微电流放大器放大，由记录系统或计算机接收、储存、显示。

紫外吸收检测器一般选用无紫外吸收的溶剂为流动相，用于测定具有紫外吸收的组分，其对流动相流速波动不敏感，适用于梯度淋洗。

（2）二极管阵列检测器。二极管阵列检测器是 20 世纪 80 年代发展起来的新型 UV 检测器，和一般的 UV 检测器的区别在于它可以同时获得 190~700nm 波长范围内的色谱检测信号，可提供组分的光谱定性信息。光源发出的复合光经聚焦后照射到流通池上，透过光经全息凹面衍射光栅色散，投射到 200~1 000 多个二极管组成的二极管阵列而被检测。其中二极管阵列检测元件，可由 1 024 个、512 个或 211 个光电二极管组成，可同时检测 180~600nm 的全部紫外线和可见光的波长范围内的信号，如由 211 个光电二极管构成的阵列元件，可在 10ms 内完成一次检测。因此在 1s（1 000ms）内，可进行快速扫描以采集 20 000 个检测数据，并绘制出随时间变化的光谱吸收曲线，可获得吸光度、波长、时间信息的三位立体色谱图，如图 8-5 所示。二极管阵列检测器不仅可以用于定性分析，还可以用化学计量学方法辨别色谱峰的纯度及分离情况。

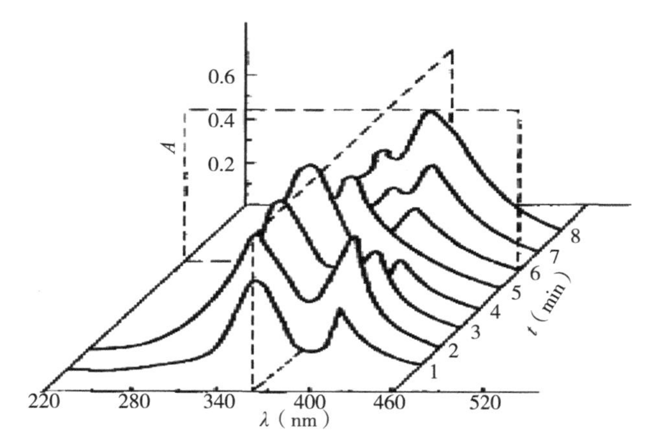

图 8-5 二极管阵列检测器三位立体色谱

（3）荧光检测器。许多化合物具有光致发光现象，即当其受到入射光照射时，吸收辐射能，并发射出比吸收波长还长的特征辐射，这类化合物成为荧光化合物。当入射光停止照射时，该特征辐射很快也消失，这种辐射光线就是荧光。液相色谱中的荧光检测器仅能测定化合物在紫外-可见波长范围内的荧光，对不产生荧光的物质，可以通过与荧光试剂反应，生成可产生荧光的衍生物进行检测。

荧光检测器是利用某些溶质在受紫外线激发后，能发射可见光（荧光）的性质来进行检测的。其具有良好的选择性，只能够用于检测能产生荧光的部分，可以避免不产生荧光的组分带来的干扰。虽然荧光检测器的线性范围较紫外吸收检测器窄，但其灵敏度比紫外吸收检测器高 2~3 个数量级，可用于梯度淋洗，特别适用于痕量组分的检测，如黄曲霉毒素、部分农药兽药、维生素 B 等。

图 8-6 是直角型荧光检测器的光路，其激发光光路和荧光发射光路相互垂直。激发光光源常用氙灯，可发射 250~600nm 连续波长的强激发光。光源发出的光经透镜、激发单色器后，分离出具有确定波长的激发光，聚焦在流通池上，流通池中的溶质受激发后产生荧光。为避免激发光的干扰，只测量与激发光呈 90°方向的荧光，此荧光强度与产生荧光物质的浓度成正比。此荧光通过透镜聚光，再经发射单色器，选择出所需检测的波长，聚焦在光电倍增管上，将光能转变成电信号。

（4）其他检测器。示差折光检测器是一种通用型检测器，对所有物质均有响应。其检测原理是基于流动相与含溶质流动相折射率的差异，其差值大小反映流动相中溶质浓度。折射率对温度和流速敏感，需要恒温，不适用于梯度淋洗，灵敏度一般低于紫外吸收检测器。示差折光检测器的光路设计上有偏转式和反射式两种。反射式示差折光检测器依据菲涅尔反射原理，光路系统见图 8-7。钨丝光源发出的光经遮光板 M_1、红外滤光片 F、遮光板 M_2后，形成两束能量相同的平行光，再经透镜 L_1分别聚焦至测量池和参比池上。透过空气-三棱镜界面、三棱镜-液体界面的平行光，由池底镜面折射后再反射出来，再经透镜 L_2 聚焦在双光电管 D 上。信号经放大后，送入记录仪或微处理机绘出色谱图。

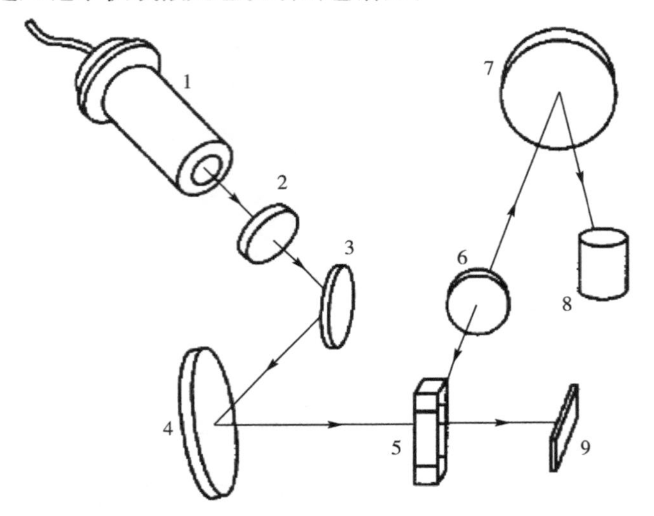

1. 氙灯；2，6. 透镜；3. 反射镜；4. 激发单色器；5. 样品流通池；
7. 发射单色器；8. 光电倍增管；9. 光二极管

图 8-6　荧光检测器光路

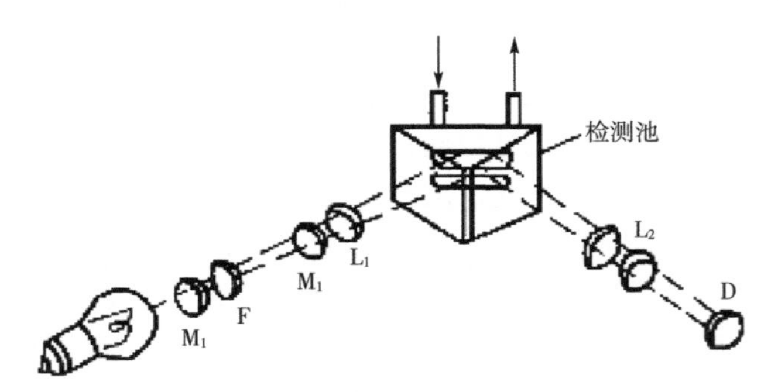

图 8-7　反射式示差折光检测器

蒸发光散射检测器（Evaporation light scattering detector，ELSD）是一种通用型检测器，对所有物质均有响应。色谱柱后流出物在通向检测器途中，被高速载气（N_2）喷成雾状液滴。在受温度控制的蒸发漂移管中，流动相不断蒸发，溶质形成不挥发的微小颗粒，被载气携带通过检测系统。检测系统由一个激光光源和一个光二极管检测器构成。在检测室中，光被散射的程度取决于检测室中溶质颗粒的大小和数量。粒子的数量取决于流动相的性质及喷雾气体和流动相的流速。当流动相和喷雾气体的流速恒定时，散射光的强度仅取决于溶质的浓度。此检测器可用于梯度洗脱，且响应值仅与光束中溶质颗粒的大小和数量有关，而与溶质的化学组成无关。

电化学检测器（Electrochemical detector，ECD）是基于物质的电化学性质（如电化学氧化还原、电导）进行检测的仪器，主要包括安培检测器、电导检测器、极谱仪等几种类型。该类型检测器具有结构简单、死体积小、灵敏度高等优点，然而其流动相要求必须具有电导性，一般只能用极性溶剂或水溶液作流动相。电导检测器结构如图 8-8 所示。其主体为由玻璃碳（或铂片）制成的导电正极和负极。两电极间用 0.05mm 厚的聚四氟乙烯薄膜分隔开。此薄膜中间开一长条形孔道作为流通池，仅有 1~3μL 的体积。正、负电极间仅相距 0.05mm，当流动相中含有的离子通过流通池时，会引起电导率的改变。此两电极构成交流电桥的臂，电桥产生的不平衡信号，经放大、整流后输入记录仪。此检测器具有较高灵敏度，能检测电导率的差值为 5×10^{-4}S/m 的组分。当使用缓冲溶液作流动相时，其检测灵敏度会下降。

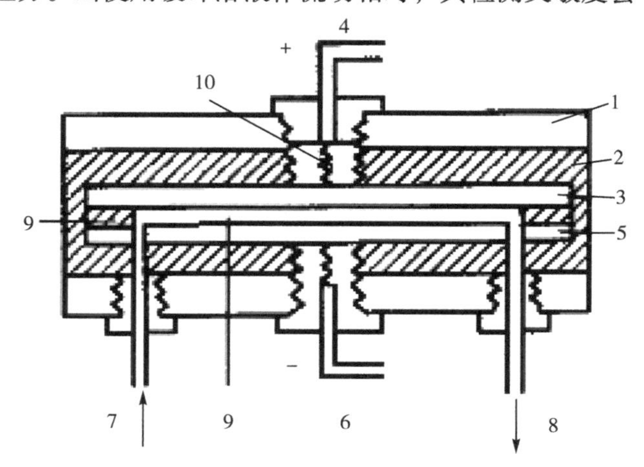

1. 不锈钢压板；2. 聚四氟乙烯绝缘层；3. 玻璃碳正极；4. 正极导线接头；
5. 玻璃碳负极；6. 负极导线接头；7. 流动相入口；8. 流动相出口；
9. 中间有条形孔槽，可通过流动相的 0.05mm 厚聚四氟乙烯薄膜；10. 弹簧

图 8-8 电导检测器结构示意图

8.2 实例分析

8.2.1 高效液相色谱法测定水产品中喹乙醇代谢物

8.2.1.1 范围

本方法规定了水产品中喹乙醇代谢物 3-甲基喹噁啉-2-羧酸（MQCA）残留量的高效液相色谱测定方法。

8.2.1.2 原理

以乙酸乙酯提取样品中残留的喹乙醇代谢物 3-甲基喹噁啉-2-羧酸，用 pH 值 8 的磷酸盐缓冲液萃取，萃取液用盐酸调至酸性，再用乙酸乙酯进行反萃取，萃取液浓缩至干后，残渣用流动相溶解，反相色谱柱分离，紫外检测器检测，外标法定量。

8.2.1.3 试剂和材料

除有特殊说明外，所用试剂均为分析纯。试验用水应符合 GB/T 6682 一级水

的要求。

甲醇：色谱纯。

乙酸乙酯：色谱纯。

盐酸。

甲酸。

0.1mol/L 磷酸盐缓冲液：称取 12.0g 磷酸二氢钠和 14.2g 磷酸氢二钠，加水溶解，用 1mol/L 氢氧化钠调 pH 值至 8.0，加水定容至 1 000mL。

1.0%甲酸水溶液：量取 10mL 甲酸并加水定容至 1 000mL。

3-甲基喹噁啉-2-羧酸标准品：纯度>98%。

MQCA 标准储备液：准确称取 10mg 的标准品，用甲醇溶解并定容至 100mL 棕色容量瓶中，配成标准储备液，浓度为 100mg/L。避光冷藏保存，保存期为 3 个月。

MQCA 标准工作液：用流动相稀释成各质量浓度的标准溶液，现配现用。

8.2.1.4 仪器

高效液相色谱仪：配紫外检测器。

天平：感量 0.01g。

分析天平：感量 0.000 01g。

涡旋混合器。

离心机：最大转速 14 000r/min。

氮吹仪。

高速组织捣碎机。

分液漏斗：150mL。

8.2.1.5 提取方法

按 SC/T 3016 的规定制备样品。称取（5±0.02）g 样品置于 50mL 离心管中，加入 15mL 乙酸乙酯，匀浆 5min，涡旋混匀，4 000r/min 离心 5min，取上清液转入 150mL 分液漏斗中。再用 15mL 乙酸乙酯重复提取一次，合并提取液于同一分液漏斗中。往样品残渣中加入 0.1mol/L 磷酸盐缓冲液 10mL，涡旋混匀，振荡 30s，8 000r/min 离心 10min，取上清液合并到分液漏斗中。手摇振荡分液漏斗 30s，静置分层，收集下层溶液至 25mL 具塞离心管中。加入盐酸 200μL，混匀，加入乙酸乙酯 6mL，涡旋混匀，振荡 30s，8 000r/min 离心 10min，上层溶液转入玻璃试管中，再用 6mL 乙酸乙酯重复提取一次，合并上层溶液于同一玻璃试管中，55℃ 氮气流下吹干，用 1mL 流动相溶解残渣，涡旋混匀，0.45μm 微孔滤膜过滤，待测。

8.2.1.6 样品测定

（1）色谱条件。

色谱柱：ZORBAXSB-C_{18}柱（250mm×4.6mm，5μm）；或性能相当者。

流动相：甲醇+1.0%甲酸水溶液（40+60）。

流速：1.0mL/min。

柱温：30℃。

进样量：50μL。

检测波长：320nm。

（2）标准工作曲线的制作。准确取 MQCA 标准储备液，用流动相稀释成为 0.005μg/mL、0.01μg/mL、0.05μg/mL、0.25μg/mL、0.50μg/mL、1.0μg/mL 系列标准工作液，供高效液相色谱分析。

（3）色谱分析。根据样品液中 MQCA 残留量情况，选定峰面积相近的标准工作溶液进行定量。分别注入 50μL MQCA 标准工作溶液及样品溶液于液相色谱仪中，按上述色谱条件进行分析，记录峰面积，响应值均应在仪器检测的线性范围之内。根据 MQCA 标准品的保留时间定性，外标法定量。

（4）空白试验。除不加试样外，均按上述测定步骤进行。

（5）结果计算。样品中 MQCA 的残留量按下式计算，计算结果需扣除空白值。结果保留 3 位有效数字。

$$X=\frac{c\times V}{m}\times 1\ 000$$

式中，X 为试样中 MQCA 的含量（μg/kg）；c 为试样溶液中 MQCA 的含量（μg/mL）；m 为试样质量（g）；V 为试样溶液体积（mL）。

8.2.1.7　方法灵敏度、准确度和精密度

本方法最低定量限为 4μg/kg。添加浓度为 4.0～200μg/kg 时，加标回收率为 70%～120%。批内相对标准偏差<15%，批间相对标准偏差<15%。

8.2.2　高效液相色谱法测定水果和蔬菜中阿维菌素

8.2.2.1　范围

本方法规定了水果及蔬菜中阿维菌素检测的制样和液相色谱检测方法。

8.2.2.2　原理

试样中的阿维菌素用丙酮提取，经浓缩后，用 SPE C_{18} 柱净化，并用甲醇洗脱。洗脱液经浓缩、定容、过滤后，用配有紫外检测器的高效液相色谱测定，外标法定量。

8.2.2.3　试剂和材料

除另有规定外，所有试剂均为分析纯，水为符合 GB/T 6682 中规定的一级水。

丙酮（C_3H_6O）：色谱纯。

甲醇（CH_3OH）：色谱纯。

阿维菌素标准品（分子式 $C_{48}H_{72}O_{14}$）：纯度≥96.0%。

阿维菌素标准储备液：称取 0.1g（准确至 0.000 2g）阿维菌素标准品于 100mL 容量瓶中，用甲醇溶解并定容至刻度配制成浓度为 1.0mg/mL 的标准储

备液。

阿维菌素标准工作液：根据需要移取适量的阿维菌素标准储备液，用甲醇稀释成适当浓度。标准工作液需每周配制一次。

8.2.2.4　仪器和设备

高效液相色谱仪：配有紫外检测器。

分析天平：感量 0.01g 和 0.000 1g。

组织捣碎机。

振荡器。

旋转蒸发器。

固相萃取柱：SPE C_{18}。60mg/3mL 使用前用 5mL 甲醇和 5mL 水活化。

8.2.2.5　提取方法

称取试样约 20g（精确至 0.1g）于 100mL 具塞锥形瓶中，加入 50mL 丙酮，于振荡器上振荡 0.5h 用布氏漏斗抽滤，用 20mL×2 丙酮洗涤锥形瓶及残渣。合并丙酮提取液，于 40℃水浴旋转蒸发至约 2mL。

将上述的浓缩提取液完全转入 SPE C_{18}柱，再用 5mL 水淋洗，去掉淋洗液。最后用 5mL 甲醇洗脱，收集洗脱液，用氮气吹至近干。准确加入 1.0mL 甲醇溶解残渣，用 0.45μm 滤膜过滤，滤液供液相色谱测定。外标法定量。

8.2.2.6　测定

（1）高效液相色谱参考条件。

色谱柱：ODS-C_{18}反相柱，4.6mm×125mm。

流动相：甲醇：水=（90+10，体积比）。

流速：1.0mL/min。

检测波长：245nm。

柱温：40℃。

进样量：20μL。

（2）色谱测定。根据样液中阿维菌素含量情况，选定峰高相近的标准工作液。标准工作液和样液中阿维菌素响应值均应在仪器检测线性范围内，标准工作液和样液等体积进样。

（3）空白试验。除不加试样外，均按照上述测定步骤进行。

（4）结果计算与表述。按下式计算试样中阿维菌素残留量。

$$X=\frac{h \cdot c \cdot V}{hs \cdot m}$$

式中，X 为试样中阿维菌素残留量（mg/kg）；h 为样液中阿维菌素峰面积；hs 为标准工作液中阿维菌素峰面积；c 为标准工作液中阿维菌素浓度（mg/L）；V 为样液最终定容体积（mL）；m 为最终样液代表的试样量（g）。

计算结果须扣除空白值，测定结果用平行测定的算术平均值表示，保留两位有效数字。

8.2.2.7 方法灵敏度、准确度和精密度

本方法的定量限为0.01mg/kg。

在重复性条件下获得的两次独立测定结果的绝对差值与其算术平均值的比值（百分率），应符合表8-1的要求。

在再现性条件下获得的两次独立测定结果的绝对差值与其算术平均值的比值（百分率），应符合表8-2的要求。

表8-1 实验室内重复性要求

被测组分含量（mg/kg）	精密度（%）
$x \leq 0.001$	36
$0.001 < x \leq 0.01$	32
$0.01 < x \leq 0.1$	22
$0.1 < x \leq 1$	18
$x > 1$	14

表8-2 实验室间再现性要求

被测组分含量（mg/kg）	精密度（%）
$x \leq 0.001$	54
$0.001 < x \leq 0.01$	46
$0.01 < x \leq 0.1$	34
$0.1 < x \leq 1$	25
$x > 1$	19

8.2.3 高效液相色谱法测定牛奶中喹诺酮类药物

8.2.3.1 范围

本方法规定了牛奶中喹诺酮类药物残留检测的高效液相色谱法。

本方法适用于牛奶中环丙沙星、达氟沙星、恩诺沙星、沙拉沙星和二氟沙星单个或多个药物残留量的检测。

8.2.3.2 原理

样品中残留的喹诺酮类药物，用乙腈提取，旋转蒸发至近干，流动相溶解。高效液相色谱-荧光测定，外标法定量。

8.2.3.3 试剂与材料

以下所用的试剂，除特别注明者外均为分析纯试剂。水为符合GB/T 6682规定的一级水。

达氟沙星、恩诺沙星、盐酸环丙沙星、盐酸沙拉沙星和盐酸二氟沙星对照品：含量≥99.0%。

磷酸。

氢氧化钠。

乙腈：色谱纯。

三乙胺。

氢氧化钠饱和溶液：取氢氧化钠适量，加水振摇使其成为饱和溶液，冷却后，置于聚乙烯塑料瓶中。

5mol/L 氢氧化钠溶液：取氢氧化钠饱和溶液 28mL，用水溶解并稀释至 100mL。

0.03mol/L 氢氧化钠溶液：取 5mol/L 氢氧化钠溶液 0.6mL，用水溶解并稀释至 100mL。

0.05mol/L 磷酸三乙胺溶液：取磷酸 3.4mL，用水溶解并稀释至 1 000mL，用三乙胺调 pH 值至 2.4。

喹诺酮类药物混合标准储备液。精密称取达氟沙星对照品 10mg，恩诺沙星、环丙沙星、沙拉沙星和二氟沙星对照品各 50mg，于 50mL 量瓶中，用 0.03mol/L 氢氧化钠溶液溶解并稀释至刻度，配制成达氟沙星浓度为 0.2mg/mL，环丙沙星、恩诺沙星、沙拉沙星和二氟沙星浓度为 1mg/mL 的喹诺酮类药物混合标准储备液。2~8℃保存，有效期 3 个月。

喹诺酮类药物混合标准工作液：精密量取喹诺酮类药物混合标准储备液 1.0mL，于 100mL 容量瓶中，用流动相稀释，配制成达氟沙星浓度为 2μg/mL，环丙沙星、恩诺沙星、沙拉沙星和二氟沙星浓度 10μg/mL 的喹诺酮类药物混合标准工作液 2~8℃保存，有效期 1 周。

8.2.3.4 仪器设备

高效液相色谱仪：配荧光检测器。

分析天平：感量 0.000 01g。

天平：感量 0.01g。

振荡器。

离心机。

8.2.3.5 提取方法

称取试料（2±0.05）g 于 50mL 离心管中，加磷酸 100μL，乙腈 4mL，涡旋混匀，中速振荡 5min，10 000r/min 离心 10min，取上清液于另一离心管中，加正己烷 5mL，涡旋 1min，静置，取下层清液于 25mL 鸡心瓶中。残渣中加乙睛 4mL，重复提取一次，上清液经同一份正己烷分配，合并 2 次提取液，于 50℃旋转蒸发至仅剩余不易蒸干的黄色油滴。用流动相 1.0mL 溶解残余物，滤膜过滤，供高效液相色谱法测定。

8.2.3.6 测定

（1）色谱条件。

色谱柱：C_{18}（250mm×4.6mm，粒径 5μm），或相当者。

流动相：0.05mol/L 磷酸-三乙胺+乙腈（90+10，体积比），滤膜过滤。

流速：1.8mL/min。

检测波长：激发波长 280nm，发射波长 450nm。

柱温：30℃。

进样量：20μm。

（2）测定方法。取试样溶液和相应的标准溶液，作单点或多点校准，按外标法，以峰面积计算。标准溶液及试样溶液中环丙沙星、达氟沙星、恩诺沙星、沙拉沙星和二氟沙星响应值应在仪器检测的线性范围之内。

（3）空白试验。除不加试料外，采用完全相同的测定步骤进行平行操作。

（4）结果计算和表述。样品中喹诺酮类药物残留量（μg/kg）按下式计算。

$$X=\frac{c\times V}{m}$$

式中，X 为供试试料中相应的喹诺酮类药物残留量（μg/kg）；c 为试样溶液中相应的喹诺酮类药物浓度（ng/mL）；V 为溶解残渣所用流动相体积（mL）；m 为供试试料质量（g）。

8.2.3.7 检测方法灵敏度、准确度和精密度

本方法环丙沙星、恩诺沙星、沙拉沙星和二氟沙星的检测限为 5μg/kg，定量限为 10μg/kg；达氟沙星的检测限为 1μg/kg，定量限为 2μg/kg。在 10～100μg/kg 添加浓度水平上的回收率为 60%～100%。批内相对标准偏差≤15%，批间相对标准偏差≤20%。

8.2.4 高效液相色谱法测定饲料中黄曲霉毒素 B_1、B_2、G_1、G_2

8.2.4.1 范围

本方法规定了饲料中黄曲霉毒素 B_1、B_2、G_1、G_2的免疫亲和层析净化-高效液相色谱法的测定方法。

8.2.4.2 原理

试样经过甲醇-水提取后，提取液经过滤、稀释后，滤液经过含有黄曲霉毒素特异抗体的免疫亲和层析柱层析净化，经高效液相色谱仪分离，荧光检测器柱后光化学衍生测定黄曲霉毒素 B_1、B_2、G_1、G_2的含量。

8.2.4.3 试剂

除非另有说明，均为分析纯的试剂；实验室用水符合 GB/T 6682 中二级用水规定，标准溶液和流动相用水符合一级用水规定。

甲醇：色谱纯。

苯：色谱纯。

乙腈：色谱纯。

黄曲霉毒素标准储备溶液：用苯+乙腈（98+2）溶液分别配制 0.100mg/mL 的

黄曲霉毒素 B_1、B_2、G_1、G_2标准储备液，保存于4℃备用，可使用1年。

黄曲霉毒素混合标准工作液：准确移取适量的黄曲霉毒素 B_1、B_2、G_1、G_2标准储备溶液，50℃下氮吹仪吹干，用适量的甲醇+水（45+55）溶液定容为混合标准工作液，浓度分别为0ng/mL、1ng/mL、5ng/mL、10ng/mL、50ng/mL。

PBS缓冲溶液：称取8.0g氯化钠、1.2g磷酸氢二钠、0.2g磷酸二氢钾、0.2g氯化钾，用990mL纯水溶解，然后用浓盐酸调节pH值至7.0，最后用纯水稀释至1 000mL。

次氯酸钠。

8.2.4.4 仪器和设备

（1）高速均质器，18 000~22 000r/min，或振荡器。

（2）黄曲霉毒素免疫亲和柱，柱容量≥300ng。

（3）玻璃纤维滤纸，直径11cm，孔径1.5μm。

（4）玻璃定量管，10mL。

（5）氮吹仪。

8.2.4.5 提取方法

称取试样50.0g于250mL具塞锥形瓶中，加入5.0g氯化钠，准确加入100.0mL甲醇+水（8+2）溶液，以均质器高速搅拌提取2min，或振荡器振荡30min。定量滤纸过滤，准确移取10.0mL滤液并加入40.0mL PBS缓冲溶液稀释，用玻璃纤维滤纸过滤1~2次，至滤液澄清，备用。将免疫亲和柱连接于10.0mL玻璃定量管下。准确移取10.0mL样品提取液注入玻璃定量管中，将空气压力泵与玻璃定量管连接，调节压力使溶液以不超过2mL/min流速缓慢通过免疫亲和柱，待溶液全部流出后，以10.0mL纯水清洗柱子2次，弃去全部流出液。准确加入1.0mL甲醇洗脱，流速不超过1mL/min，收集全部洗脱液于玻璃试管中，加纯水定容为2.0mL，供高效液相色谱检测。

8.2.4.6 测定

（1）色谱条件。

色谱柱：C_{18}柱，长150mm，内径4.6mm，填料直径5μm或相当者。

流动相：甲醇+水（45+55）溶液。

流速：0.8mL/min。

检测波长：激发波长360nm，发射波长440nm。

光化学衍生系统。

柱温：30℃。

进样量：20μL。

（2）色谱测定。分别取相同体积样液和标准工作溶液注入高效液相色谱仪，在上述色谱条件下测定试样的响应值（峰高或峰面积）。经过与黄曲霉毒素 B_1、B_2、G_1、G_2标准溶液谱图比较响应值得到试样中黄曲霉毒素的浓度 B_1、B_2、G_1、

G_2的浓度 c（μg/mL）。

（3）结果计算。试样中黄曲霉毒素 B_1、B_2、G_1、G_2含量以质量分数 X 计（μg/kg），按以下公式计算。

$$X_i=\frac{P_i\times V\times c_{st}}{P_{st}\times m}\times f$$

式中，P_i为试样溶液中黄曲毒毒素 B_1、B_2、G_1、G_2各组分的峰面积值；V 为试样的定容体积（mL）；c_{st}为黄曲霉毒素 B_1、B_2、G_1、G_2各标准溶液浓度（ng/mL）；f 为试样溶液的稀释倍数；P_{st}为黄曲霉毒素 B_1、B_2、G_1、G_2各标准溶液峰面积平均值；m 为试样质量（g）。

8.2.4.7 重复性

在重复性条件下，获得的两次独立测试结果的绝对差值不大于其算术平均值的 15%。

8.2.5 高效液相色谱法测定水果、蔬菜中多菌灵

8.2.5.1 范围

本方法规定了水果、蔬菜中多菌灵残留量的高效液相色谱测定方法。

8.2.5.2 原理

水果、蔬菜样品中多菌灵经加速溶剂萃取仪（ASE）萃取，萃取液经固相萃取（SPE）分离、净化，浓缩、定容后上高效液相色谱仪检测，外标法定量。

8.2.5.3 试剂和材料

除另有说明外，所用试剂均为分析纯，试验用水均为 GB/T 6682 规定的一级水。

甲醇：色谱纯。

0.1mol/L 盐酸。

2%氨水（体积分数）：2mL 氨水（25%~28%）+98mL 水。

2%氨水-甲醇溶液（体积分数）：2mL 氨水（25%~28%）+98mL 甲醇。

4%氨水-甲醇溶液（体积分数）：4mL 氨水（25%~28%）+96mL 甲醇。

磷酸盐缓冲溶液（0.02mol/L，pH 值=6.8）：1.38g 磷酸二氢钠和 1.41g 磷酸氢二钠溶于 900mL 水中，用磷酸调 pH 值至 6.8，定容至 1 000mL。

固相萃取小柱（Oasis MCX 6mL，150mg，或相当者），使用前需依次用 2mL 甲醇、3mL 2%氨水进行活化。

多菌灵标准溶液：100μg/mL，低温避光保存。

多菌灵标准工作溶液：取上述标准溶液根据需要用流动相配制成适当浓度的标准系列工作溶液，需现配现用。

8.2.5.4 仪器和设备

液相色谱仪：配二极管阵列检测器（DAD）或紫外检测器（UV）。

加速溶剂萃取仪（ASE）：萃取参考条件为，34mL 萃取池，温度 100℃，压强 13. 80MPa（2 000psi），加热 5min，以甲醇为溶剂静态萃取 5min，60%溶剂快速冲洗试样，60s 氮气吹扫。

固相萃取仪（SPE）。

旋转蒸发器。

氮吹装置。

分析天平：感量 0. 1mg。

8. 2. 5. 5　测定步骤

按 GB/T 8855 取水果、蔬菜可食用部分，粉碎，装入密闭洁净容器中做好标记。试样置于 4℃冷藏保存。

称取制备样 5. 00g，加入硅藻土适量，上加速溶剂萃取仪，使用 34mL 萃取池，温度 100℃，压强 13. 80MPa（2 000psi），加热 5min，以甲醇为溶剂静态萃取 5min，60%溶剂快速冲洗试样，60s 氮气吹扫，循环一次，收集提取液，于 45℃水浴中减压浓缩近干，用 10mL 0. 1mol/L 盐酸溶液将残余物溶解。将溶液移入活化后的固相萃取小柱，依次用 2mL 2%氨水、2mL 2%氨水-甲醇溶液、2mL 0. 1mol/L 盐酸溶液、3mL 甲醇淋洗小柱，弃去淋洗液。最后用 3mL 4%氨水-甲醇溶液洗脱柱子，收集洗脱液，置于 45℃水浴中用氮气吹干，用 1mL 流动相溶解残渣，过 0. 45μm 滤膜后供液相色谱测定用。

8. 2. 5. 6　测定

（1）参考色谱条件。

色谱柱：C_{18}柱（4. 6mm×250mm，5μm）。

流动相：磷酸盐缓冲溶液+乙腈（80+20），使用前经 0. 45μm 滤膜过滤。

流速：1. 0mL/min。

检测波长：286nm。

进样量：20μL。

（2）平行试验。按以上步骤对同一试样进行平行试验测定。

（3）空白试验。除不称取样品外，均按上述步骤进行。

（4）结果计算。试样中多菌灵残留量按下式计算。

$$X=\frac{c\times V\times 1\ 000}{m\times 1\ 000}$$

式中，X 为试样中多菌灵残留量（mg/kg）；c 为从标准曲线上得到的多菌灵浓度（μg/mL）；V 为样品定容体积（mL）；m 为称取试样的质量（g）。

8. 2. 5. 7　检测方法精密度

在再现性条件下获得的两次独立的测试结果的绝对差值不大于这两个测定值的算术平均值的 15%。

8.2.6 高效液相色谱法测定水产品中青霉素类药物

8.2.6.1 范围

本方法适用于水产品可食性组织中青霉素G、苯唑西林、双氯青霉素和乙氧萘青霉素单个或多个药物残留量的高效液相色谱法检测。

8.2.6.2 原理

试料中残留的青霉素类药物，用乙腈提取，HLB柱净化，1,2,4-三氮唑和氯化汞溶液衍生，高效液相色谱-紫外测定，外标法定量。

8.2.6.3 试剂与材料

以下所用的试剂，除特别注明外均为分析纯试剂，水应符合GB/T 6682规定的一级水。

青霉素G、苯唑西林、双氯青霉素和乙氧萘青霉素标准品：含量≥98%。

甲醇。

乙腈。

五水硫代硫酸钠。

二水磷酸二氢钠。

无水磷酸氢二钠。

硫酸铵。

氢氧化钠。

正己烷。

1,2,4-三氮唑。

氯化汞（Ⅱ）。

HLB固相萃取柱：60mg/3mL，或相当者。

流动相A：取五水硫代硫酸钠3.9g，用水溶解，再加入二水磷酸二氢钠10.2g、无水磷酸氢二钠4.9g、硫酸铵6.8g，用水溶解，并稀释至1 000mL，滤膜过滤。

氯化汞（Ⅱ）溶液：取氯化汞（Ⅱ）0.27g，用水溶解并稀释至10mL，现配现用。

5mol/L氢氧化钠溶液：取氢氧化钠20g，用水溶解并稀释至100mL。

衍生化试剂：取1,2,4-三氮唑13.78g，用水60mL溶解，加氯化汞溶液10mL，用5mol/L氢氧化钠溶液调节pH值至9.0，用水稀释到100mL。2~8℃避光保存，有效期3个月。

1mg/mL青霉素类药物标准储备液：精密称取青霉素G、苯唑西林、双氯青霉素和乙氧萘青霉素的标准品各10mg，分别于10mL量瓶中，用水溶解并稀释至刻度，配制成浓度为1mg/mL的青霉素G、苯唑西林、双氯青霉素和乙氧萘青霉素标准储备液，分装，立刻于-20℃以下避光保存，有效期1个月。使用时不得反复冻融。

10μg/mL 青霉素 G 标准工作液：精密量取 1mg/mL 青霉素 G 标准储备液 1.0mL，于 100mL 量瓶中，用水溶解并稀释至刻度，配制成浓度为 10μg/mL 的青霉素 G 标准工作液，分装，立刻于-20℃以下避光保存，有效期 1 个月。使用时不得反复冻融。

10μg/mL 苯唑西林、双氯青霉素和乙氧萘青霉素混合标准工作液：精密量取 1mg/mL 苯唑西林、双氯青霉素和乙氧萘青霉素标准储备液各 1.0mL，于 100mL 量瓶中，用水溶解并稀释至刻度，配制成浓度为 10μg/mL 的苯唑西林、双氯青霉素和乙氧萘青霉素混合标准工作液，分装，立刻于-20℃以下避光保存，有效期 1 个月。使用时不得反复冻融。

8.2.6.4 仪器和设备

高效液相色谱仪：配紫外检测器。

分析天平：感量 0.000 01g。

天平：感量 0.01g。

冷冻高速离心机。

恒温水浴锅。

涡旋混合器。

固相萃取装置。

组织匀浆机。

氮气吹干装置。

离心管：50mL。

滤膜：0.45μm。

8.2.6.5 提取方法

称取试料（5±0.05）g，于 50mL 离心管中，加乙腈 15mL，混匀，加正己烷 5mL，涡旋混匀，6 000r/min 离心 15min，弃正己烷层，取下层液于另一离心管中。残渣中再加乙腈 10mL、正己烷 5mL，涡旋混匀，6 000r/min 离心 15min，弃正己烷层，合并 2 次下层液，于 40℃水浴旋转蒸干，用水 5mL 溶解残余物，备用。将 HLB 柱依次用甲醇 3mL 和水 3mL 活化，取备用液过柱，用水 1mL 淋洗，乙腈 3mL 洗脱，收集洗脱液，于 45～50℃水浴氮气吹干。用流动相 1.0mL 溶解残余物，涡旋混匀，备用。准确量取备用液 500μL 于 1.5mL 聚丙烯离心管中，加衍生化试剂 500μL，涡旋混匀，于 65℃水浴反应 10min，快速冰浴冷却，于 4℃下 10 000r/min 离心 10min，取上清液，供高效液相色谱测定。

8.2.6.6 测定

（1）色谱条件。

①色谱柱：C_{18}（250mm×4.6mm，粒径 5μm），或相当者。

②流动相：流动相 A+乙腈（65+35，体积比）。

③流速：1mL/min。

④紫外检测波长：325nm。

⑤柱温：30℃。

⑥进样量：50μL。

（2）测定法。取试样溶液和相应的标准溶液，作单点或多点校准，按外标法，以峰面积计算。标准溶液及试样溶液中青霉素类药物响应值应在仪器检测的线性范围之内。

（3）标准曲线的制备。分别精密量取10μg/mL青霉素G标准工作液及10μg/mL苯唑西林、双氯青霉素和乙氧萘青霉素混合标准工作液适量，用流动相稀释，配制成青霉素G浓度为20μg/mL、50μg/mL、100μg/mL、200μg/mL、400μg/mL、800μg/mL和1 600μg/mL，苯唑西林、双氯青霉素和乙氧萘青霉素浓度为100μg/mL、200μg/mL、400μg/mL、800μg/mL、1 600μg/mL、3 200μg/mL和6 400μg/mL的系列青霉素类药物混合标准溶液，各取500μL，按衍生化步骤操作，供高效液相色谱测定。以测得峰面积为纵坐标，对应的标准溶液浓度为横坐标，绘制标准曲线。求回归方程和相关系数。

（4）空白试验。除不加试料外，采用完全相同的步骤进行平行操作。

（5）结果计算和表述。试料中青霉素类药物的残留量（μg/kg）按下式计算。

$$X=\frac{A\times c_s\times V}{A_s\times m}$$

式中，X为供试试料中相应的青霉素类药物残留量（μg/kg）；A为试样溶液中相应的青霉素类药物衍生物峰面积；c_s为标准工作液中相应的青霉素类药物浓度（μg/L）；V为衍生化后所得溶液总体积（mL）；A_s为标准工作液中相应的青霉素类药物衍生物峰面积；m为供试试料质量（g）。

注：计算结果需扣除空白值，测定结果用平行测定的算术平均值表示，保留3位有效数字。

8.2.6.7　检验方法灵敏度、准确度和精密度

本方法青霉素G的检测限为3μg/kg，定量限为10μg/kg，苯唑西林、双氯青霉素、乙氧萘青霉素的检测限为10μg/kg，定量限为50μg/kg。在10~600μg/kg添加浓度水平上的回收率为70%~110%。批内相对标准偏差<20%，批间相对标准偏差<20%。

主要参考文献

安徽省市场监督管理局，2020. 饲料中锑的测定 原子荧光光谱法（DB 34/T 3662—2020）［S］.

范孝英，李芳，2021. 酶联免疫吸附（ELISA）法在食品微生物检测中的应用分析［J］. 食品安全导刊（9）：152-154.

贡松松，顾欣，曹慧，等，2014. 超高效液相色谱-四极杆飞行时间质谱法快速筛查生鲜牛乳中的14种磺胺类药物［J］. 分析测试学报，33（12）：1342-1348.

郭丹，匡佩琳，张威，2020. 转基因食用农产品的快速检测方法［J］. 食品安全质量检测学报，11（11）：3398-3407.

郭忠利，2021. 关于农产品质量安全检测工作中存在的问题及应对探讨［J］. 食品安全导刊（26）：187-188.

国家粮食局，2017. 粮油检验 稻米中镉的快速检测　固体进样原子荧光法（LS/T 6125—2017）［S］. 北京：中国标准出版社.

国家食品药品监督管理总局，2017. 动物源性食品中克伦特罗、莱克多巴胺及沙丁胺醇的快速检测　胶体金免疫层析法（KJ 201706）［S］. 北京：中国标准出版社.

何秋蓉，2018. 农产品质量安全追溯关键技术研究［D］. 广州：华南农业大学.

江西省市场监督管理局，2020. 稻米中有机硒和无机硒含量的测定　氢化物原子荧光光谱法（DB 36/T 1243—2020）［S］.

李俊，2021. 食用农产品质量安全监管与检测技术动态［J］. 食品安全质量检测学报，12（11）：4317-4318.

辽宁省质量技术监督局，2002. 蔬菜中有机磷及氨基甲酸酯农药残留量的简易检验方法　酶抑制法：GB/T 18630—2002［S］. 北京：中国标准出版社.

林伟琦，2020. 食品安全快速检测技术的应用研究进展［J］. 食品安全质量检测学报，11（3）：961-967.

刘桂华，周健，张建清，等，2002. 高分辨气相色谱/双聚焦磁式质谱联用仪（HRGC/HRMS）检测奶粉中二噁英［J］. 中国卫生检验杂志，12（5）：3.

刘迎贵，姚一萍，武金凤，等，2013. 实用农畜产品质量安全检测技术［M］. 北京：化学工业出版社.

全国植物检疫标准化技术委员会，2018. 转基因产品检测 实时荧光定性聚合酶链式反应（PCR）检测方法：19495.4—2018［S］．北京：中国标准出版社．
苏焕斌，张燕，彭宏威，2018. 生物芯片在食品安全检测中的应用研究进展［J］．食品安全质量检测学报，9（11）：2756-2761.
孙甜，2021. 国外农产品质量安全检测体系对我国的农产品检测机构发展的启示［J］．食品安全导刊（26）：187-188.
田红静，刘通，王秀娟，2020. 动物源性食品中抗生素残留的快速检测方法［J］．食品安全质量检测学报，11（11）：3391-3397.
王红，沈伟健，陈国强，等，2021. 同位素稀释高分辨气相色谱-高分辨磁质谱法测定大闸蟹中二噁英及其类似物［J］．食品安全质量检测学报，12（10）：8.
王伟，蔡文，李晓芹，等，2020. 乳品中食源性致病菌快速检测技术研究进展［J］．食品安全质量检测学报，11（9）：2887-2895.
魏福祥，王振川，王金梅，2007. 乙酰胆碱酯酶生物传感器法测定蔬菜水果中有机磷农药残留［J］．食品科学（2）：229-231.
吴海燕，陈佳琦，董晨帆，等，2020. UHPLC-LTQ-Orbitrap-MS 非定向筛查贝类中氮杂螺环酸毒素及其代谢产物［J］．海洋与湖沼，51（6）：8.
吴洁珊，倪清泉，任永霞，等，2020. 气相色谱高分辨飞行时间质谱法快速筛查水果中 283 种农药残留［J］．食品安全质量检测学报，11（6）：6.
武汉大学，2016. 分析化学［M］．北京：高等教育出版社．
邢玮玮，2018. 酶联免疫吸附法在食品安全检测中的应用综述［J］．柳州职业技术学院学报，18（1）：121-125.
叶云，2016. 农产品质量追溯系统优化技术研究［D］．广州：华南农业大学．
展云娟，2021. 农产品质量安全检测对现代农业发展的重要性［J］．农业开发与装备（29）：5-6.
张洁，严丽娟，潘晨松，等，2012. 超高效液相色谱/高分辨飞行时间质谱法同时检测乳制品中 19 种抗生素［J］．色谱，30（10）：6.
赵颖，王双节，柳颖，等，2019. 毒死蜱等 10 种农药多残留快速检测芯片研究［J］．分析化学，47（11）：1759-1766.
中华人民共和国国家质量监督检验检疫总局，2012. 出口动物源性食品中硫柳汞残留量的测定　液相色谱-原子荧光光谱法（SN/T 3134—2012）［S］．
中华人民共和国农业部，2006. 稻米中总砷的测定　原子荧光光谱法（NY/T 1099—2006）［S］．北京：中国农业出版社．
中华人民共和国农业部，2009. 动物性食品中己烯雌酚残留检测　酶联免疫吸附测定法：农业部 1163 号公告-1—2009［S］．北京：中国农业出版社．
中华人民共和国农业部，2015. 蜂产品中砷和汞的形态分析　原子荧光法（NY/T 2822—2015）［S］．
中华人民共和国卫生部，2003. 蔬菜中有机磷和氨基甲酸酯类农药残留量的快速检测：GB/T 5009.199—2003［S］．北京：中国标准出版社．
周焕英，高志贤，孙思明，等，2008. 食品安全现场快速检测技术研究进展及应用［J］．分析测试学报，27（7）：788-794.
朱东晓，申海荣，2021. 快速检测技术在果蔬农产品检测中的应用［J］．农业科技与信息（12）：46-47.